普通高等学校建筑安全系列规划教材

建筑施工安全专项设计

主 编 翟 越 李 艳

副主编 刘军生 石 韵

北 京

冶金工业出版社

2019

内 容 提 要

本书系统地阐述了建筑施工安全设计计算的原理、理论和方法，以及安全专项方案编制的原则、内容和要点。主要内容包括建筑施工安全专项设计概论、建筑施工安全专项设计基本理论、基坑支护与降水工程施工安全专项设计、脚手架工程施工安全专项设计、模板工程施工安全专项设计、起重吊装工程施工安全专项设计、预埋构件的计算、建筑施工临时用电安全专项设计以及建筑施工安全专项方案编制实例等。

本书为高等院校土木工程、安全工程等专业的教材，也可供相关领域工程技术人员参考。

图书在版编目（CIP）数据

建筑施工安全专项设计/翟越，李艳主编 . —北京：
冶金工业出版社，2019.3
普通高等学校建筑安全系列规划教材
ISBN 978-7-5024-7961-9

Ⅰ.①建… Ⅱ.①翟… ②李… Ⅲ.①建筑施工—
安全设计—高等学校—教材 Ⅳ.①TU714

中国版本图书馆 CIP 数据核字（2019）第 022505 号

出 版 人 谭学余
地　　址 北京市东城区嵩祝院北巷 39 号　邮编　100009　电话　（010）64027926
网　　址 www.cnmip.com.cn　电子信箱 yjcbs@cnmip.com.cn
责任编辑 杨　敏　美术编辑 吕欣童　版式设计 禹　蕊
责任校对 卿文春　责任印制 牛晓波
ISBN 978-7-5024-7961-9
冶金工业出版社出版发行；各地新华书店经销；三河市双峰印刷装订有限公司印刷
2019 年 3 月第 1 版，2019 年 3 月第 1 次印刷
787mm×1092mm　1/16；16.75 印张；403 千字；253 页
39.00 元
冶金工业出版社　投稿电话　（010）64027932　投稿信箱　tougao@cnmip.com.cn
冶金工业出版社营销中心　电话　（010）64044283　传真　（010）64027893
冶金工业出版社天猫旗舰店　yjgycbs.tmall.com
　　　　　　　　　（本书如有印装质量问题，本社营销中心负责退换）

普通高等学校建筑安全系列规划教材
编审委员会

序

人类所有生产、生活都源于生命的存在，而安全是人类生命与健康的基本保障，是人类生存的最重要和最基本的需求。安全生产的目的就是通过人、机、物、环境、方法等的和谐运作，使生产过程中各种潜在的事故风险和伤害因素处于有效控制状态，切实地保护劳动者的生命安全和身体健康。它是企业生存和实施可持续发展战略的重要组成部分和根本要求，是构建和谐社会，全面建设小康社会的有力保障和重要内容。

当前，我国正处在经济建设和城市化加速发展的重要时期，建筑行业规模逐年增加，其从业人员已成为我国最大的行业劳动群体；建筑项目复杂程度越来越高，其安全生产工作的内涵也随之发生了重大变化。总的来看，建筑安全事故防范的重要性越来越大，难度也越来越高。如何保证建筑工程安全生产，避免或减少安全事故的发生，保护从业人员的安全和健康，是我国当前工程建设领域亟待解决的重大课题。

从我国建设工程安全事故发生起因来看，主要涉及人的不安全行为、物的不安全状态、管理缺失及环境影响等几大方面，具体包括设计不符合规范、违章指挥和作业、施工设备存在安全隐患、施工技术措施不当、无安全防范措施或不能落实到位、未作安全技术交底、从业人员素质低、未进行安全技术教育培训、安全生产资金投入不足或被挪用、安全责任不明确、应急救援机制不健全等等，其中，绝大多数事故是从业人员违章作业所致。造成这些问题的根本原因在于建筑行业中从事建筑安全专业的技术和管理人才匮乏，建设工程项目管理人员缺乏系统的建筑安全技术与管理基础理论及安全生产法律法规知识，不能对广大一线工作人员进行系统的安全技术与事故防范基础知识的教育与培训，从业人员安全意识淡薄，缺乏必要的安全防范意识以及应急救援能力。

近年来，为了适应建筑业的快速发展及对安全专业人才的需求，我国一些高等学校开始从事建筑安全方面的教育和人才培养，但是由于安全工程专业设置时间较短，在人才培养方案、教材建设等方面尚不健全。各高等院校安全工程专业在开设建筑安全方向的课程时，还是以采用传统建筑工程专业的教材为主，因这类教材从安全角度阐述建筑工程事故防范与控制的理论较少，并不完全适应建筑安全类人才的培养目标和要求。

随着建筑工程范围的不断拓展，复杂程度不断提高，安全问题更加突出，在建筑工程领域从事安全管理的其他技术人员，也需要更多地补充这方面的专业知识。

为弥补当前此类教材的不足，加快建筑安全类教材的开发及建设，优化建筑安全工程方向大学生的知识结构，在冶金工业出版社的支持下，由长安大学组织，西安建筑科技大学、西安科技大学、中国人民武装警察部队学院、天津城建大学、天津理工大学等兄弟院校共同参与编纂了这套"建筑安全工程系列教材"，包括《建筑工程概论》《建筑结构设计原理》《地下建筑工程》《建筑施工组织》《建筑工程安全管理》《建筑施工安全专项设计》《建筑消防工程》《工程地质学及地质灾害防治》等。这套教材力求结合建筑安全工程的特点，反映建筑安全工程专业人才所应具备的知识结构，从地上到地下，从规划、设计到施工等，给学习者提供全面系统的建筑安全专业知识。

本套系列教材编写出版的基本思路是针对当前我国建设工程安全生产和安全类高等学校教育的现状，在安全学科平台上，运用现代安全管理理论和现代安全技术，结合我国最新的建设工程安全生产法律、法规、标准及规范，系统地论述建设工程安全生产领域的施工安全技术与管理，以及安全生产法律法规等基础理论和知识，结合实际工程案例，将理论与实践很好地联系起来，增强系列教材的理论性、实用性、系统性。相信本套系列教材的编纂出版，将对我国安全工程专业本科教育的发展和高级建筑安全专业人才的培养起到十分积极的推进作用，同时，也将为建筑生产领域的实际工作者提高安全专业理论水平提供有益的学习资料。

祝贺建筑安全系列教材的出版，希望它在我国建筑安全领域人才培养方面发挥重要的作用。

2014 年 7 月于西安

前　言

随着我国建筑及相关行业进入高速发展阶段，建筑规模越来越大，施工复杂程度越来越高，使得建筑业成为一个事故率较高的行业，因此建筑施工安全问题受到越来越广泛的重视。"安全第一、预防为主"是党和国家安全生产工作的方针，搞好安全生产工作，要以安全责任为中心，加强安全生产管理，采取有效的安全防护技术，消除事故隐患，防止伤亡事故的发生，同时还要保证在生产过程中避免职业卫生问题。这些关系到每一个职工的切身利益和千家万户的幸福快乐；关系着企业生产的顺利进行和经济效益的稳步增长；关系着社会的安定繁荣和人民的安居乐业。因此，安全问题绝不能掉以轻心，必须认真对待。在全面加强施工现场安全管理的同时，必须努力提高安全设施的设计水平，加快施工现场设施安全设计计算的数字化步伐。施工安全设计计算是一门复杂的、多学科交叉的工程计算技术，它不同于一般的建筑结构的设计计算，是一种纯粹为施工质量及安全控制和管理所需要的设计计算，具有实用性、临时性、计算边界条件复杂性，使用周期短、随机性大等显著特点，因此施工安全设计要求高、难度大。为了更好地实现安全生产目标，必须提高高等院校安全工程专业和土木工程专业学生的施工安全专项设计计算能力，同时提高从事土木工程施工的广大技术人员学习和掌握施工现场设施安全计算和安全专项方案的编制能力。为此作者在收集大量资料的基础上，依据我国相关法律、规范、标准，并结合多年的教学、科研和工程实践经验编写了本书。

本书比较系统地介绍了建筑施工安全设计计算的原理、理论和方法，以及安全专项方案编制的原则、内容和要点，力求体现科学性、系统性和先进性，力争反映当前建筑施工安全专项设计研究的新进展。全书内容共9章，包括建筑施工安全专项设计概论、建筑施工安全专项设计基本理论、基坑支护与降水工程施工安全专项设计、脚手架工程施工安全专项设计、模板工程施工安全专项设计、起重吊装工程施工安全专项设计、预埋构件的计算、建筑施工临时用电安全专项设计以及建筑施工安全专项方案编制实例等。

　　本书由长安大学翟越教授和李艳博士担任主编。其中，第1章、第2章和第8章由翟越编写；第3章~第5章由李艳编写；第6章和第7章由陕西省建筑科学研究院石韵编写；第9章由陕西省建筑科学研究院刘军生编写。长安大学屈璐博士、侯亚楠博士分别参与了第1章、第2章和第8章部分内容的编写。

　　在本书编写过程中，参考了有关文献，在此对文献作者表示衷心的感谢。

　　由于时间仓促并限于编者水平，书中不足之处，敬请读者批评指正。

编　者
2018 年 8 月

目　录

1 建筑施工安全专项设计概论 …………………………………………… 1

1.1 危险性较大分部分项工程安全管理 ………………………………… 1
1.1.1 危险性较大的分部分项工程及辨识 …………………………… 1
1.1.2 危险性较大工程安全监管 ……………………………………… 3
1.1.3 各责任主体安全监控职责 ……………………………………… 6
1.1.4 重大安全生产事故的应急救援 ……………………………… 12
1.2 建筑施工安全专项方案的编制与实施 …………………………… 13
1.2.1 建筑施工安全专项方案的编制 ……………………………… 13
1.2.2 建筑施工安全专项方案的实施 ……………………………… 17
1.3 建筑施工安全专项设计计算编制 ………………………………… 19
1.3.1 建筑施工安全专项设计计算的主要职责要求 …………… 19
1.3.2 建筑施工安全专项设计计算作用和编制流程 …………… 19
1.4 课程的学习方法 …………………………………………………… 20
复习思考题 ………………………………………………………………… 21

2 建筑施工安全专项设计基本理论 ………………………………… 22

2.1 结构设计基本概念 ………………………………………………… 22
2.1.1 作用及作用效应 ……………………………………………… 22
2.1.2 材料强度及结构抗力 ………………………………………… 27
2.1.3 结构可靠度和可靠度指标 …………………………………… 30
2.2 极限状态设计方法 ………………………………………………… 36
2.2.1 承载力极限状态设计 ………………………………………… 36
2.2.2 正常使用极限状态 …………………………………………… 38
2.3 建筑施工安全专项设计的基本方法 ……………………………… 39
复习思考题 ………………………………………………………………… 41

3 基坑支护与降水工程施工安全专项设计 ………………………… 42

3.1 基坑支护结构的形式及适用范围 ………………………………… 42
3.1.1 基坑支护结构的形式 ………………………………………… 42
3.1.2 基坑支护结构的适用范围 …………………………………… 43
3.2 基坑支护结构的设计内容及原则 ………………………………… 44
3.2.1 基坑支护结构的设计内容 …………………………………… 44

3.2.2 基坑支护结构的设计原则 …………………………………………… 46

3.3 基坑支护结构的荷载计算 ………………………………………………… 46

3.3.1 支护结构上的荷载 …………………………………………………… 46

3.3.2 土水压力计算方法 …………………………………………………… 46

3.3.3 土的抗剪强度指标的确定 …………………………………………… 48

3.4 基坑支护结构的内力计算 ………………………………………………… 48

3.4.1 悬臂式支护结构内力计算 …………………………………………… 48

3.4.2 锚撑式支护结构内力计算 …………………………………………… 51

3.4.3 土钉墙支护结构内力计算 …………………………………………… 53

3.5 基坑支护结构的稳定性验算 ……………………………………………… 53

3.5.1 支护结构稳定性验算的内容 ………………………………………… 53

3.5.2 边坡稳定性验算 ……………………………………………………… 54

3.5.3 基坑抗隆起稳定性验算 ……………………………………………… 55

3.5.4 整体稳定性验算 ……………………………………………………… 57

3.5.5 坑底抗渗流稳定性验算 ……………………………………………… 57

3.5.6 承压水的影响 ………………………………………………………… 58

3.6 降水工程技术方法及平面布置 …………………………………………… 59

3.6.1 降水工程技术方法 …………………………………………………… 59

3.6.2 降水工程平面布置 …………………………………………………… 62

3.7 降水工程计算 ……………………………………………………………… 63

3.7.1 动水压力 ……………………………………………………………… 63

3.7.2 基坑总排水量计算 …………………………………………………… 63

3.7.3 单井最大出水量计算 ………………………………………………… 65

3.7.4 井点间距计算 ………………………………………………………… 65

3.7.5 降深与降水预测 ……………………………………………………… 66

复习思考题 ……………………………………………………………………… 67

4 脚手架工程施工安全专项设计 …………………………………………… 68

4.1 脚手架的类型 ……………………………………………………………… 68

4.2 脚手架安全专项施工方案的编制要求与内容 …………………………… 69

4.3 扣件式钢管脚手架安全技术设计 ………………………………………… 70

4.3.1 基本构造组成及搭设要求 …………………………………………… 70

4.3.2 工程设计基本规定 …………………………………………………… 74

4.3.3 荷载计算 ……………………………………………………………… 76

4.3.4 工程设计计算 ………………………………………………………… 81

4.3.5 配件配备量计算 ……………………………………………………… 90

4.4 门式钢管脚手架施工安全技术设计 ……………………………………… 92

4.4.1 基本构造组成及搭设要求 …………………………………………… 92

4.4.2 工程设计基本规定 …………………………………………………… 96

　　　4.4.3　荷载计算 ·· 97
　　　4.4.4　工程设计计算 ·· 101
　　4.5　附着式升降脚手架安全技术设计 ······························ 105
　　　4.5.1　基本构造组成 ·· 105
　　　4.5.2　工程设计基本规定 ·· 107
　　　4.5.3　荷载计算 ·· 108
　　　4.5.4　工程设计计算 ·· 110
　　4.6　悬挂式吊篮脚手架安全技术设计 ······························ 111
　　　4.6.1　基本构造组成 ·· 111
　　　4.6.2　工程设计计算 ·· 111
　　复习思考题 ·· 113

5　模板工程施工安全专项设计 ··· 114
　　5.1　模板的类型与要求 ·· 114
　　　5.1.1　模板的类型 ·· 114
　　　5.1.2　模板的要求 ·· 117
　　5.2　模板用量计算 ··· 118
　　　5.2.1　各种截面柱模板用量 ·· 118
　　　5.2.2　主梁和次梁模板用量 ·· 119
　　　5.2.3　楼板模板用量 ··· 119
　　　5.2.4　墙模板用量 ·· 120
　　5.3　现浇混凝土模板的安全技术设计 ··································· 121
　　　5.3.1　模板工程设计原则及基本规定 ································· 121
　　　5.3.2　荷载计算 ·· 124
　　　5.3.3　工程设计计算 ·· 127
　　5.4　大模板安全技术设计 ·· 146
　　　5.4.1　大模板的基本组成及要求 ······································· 146
　　　5.4.2　大模板设计原则及内容 ·· 147
　　　5.4.3　大模板荷载及荷载效应组合 ···································· 147
　　　5.4.4　大模板设计计算 ·· 148
　　5.5　液压滑动模板安全技术设计 ·· 151
　　　5.5.1　主要设计内容 ··· 151
　　　5.5.2　液压滑动模板的基本组成及规定 ····························· 152
　　　5.5.3　液压滑模荷载及荷载效应组合 ································· 152
　　　5.5.4　液压滑动模板的设计计算 ······································· 154
　　5.6　爬升模板安全技术设计 ·· 155
　　　5.6.1　爬升模板的基本组成及规定 ···································· 155
　　　5.6.2　爬升模板荷载及荷载效应组合 ································· 155
　　　5.6.3　爬升模板的设计计算 ·· 156

复习思考题 ·· 157

6 起重吊装工程施工安全专项设计 ·· 159

6.1 起重吊装绳索计算与选型 ··· 159
6.1.1 麻绳计算与选型 ·· 159
6.1.2 钢丝绳计算与选型 ··· 160
6.1.3 吊索计算与选型 ·· 165
6.1.4 吊钩的选型 ·· 168
6.2 汽车式起重机 ··· 168
6.2.1 起重机械的选择及使用 ·· 168
6.2.2 构件吊装 ·· 171
6.3 塔式起重机设计计算 ··· 176
6.3.1 起重机的选型 ··· 176
6.3.2 塔式起重机基础设计计算 ·· 177
6.4 施工电梯安全施工专项设计 ·· 179
6.4.1 选型 ··· 179
6.4.2 基础设计计算 ··· 179
复习思考题 ·· 186

7 预埋构件的计算 ··· 187

7.1 地脚螺栓的设计计算 ··· 187
7.1.1 地脚螺栓荷载计算 ··· 187
7.1.2 地脚螺栓固定架的设计计算方法 ···································· 187
7.1.3 地脚螺栓锚固强度和深度的计算 ···································· 199
7.2 水平（卧式）锚碇计算 ··· 202
7.2.1 在垂直分力作用下锚碇的稳定性计算 ································ 202
7.2.2 在水平分力作用下侧向土壤强度计算 ································ 202
7.2.3 锚碇横梁计算 ··· 203
7.3 预埋铁件计算 ··· 204
7.3.1 由锚板和对称布置的直锚筋所组成的预埋件计算 ···················· 204
7.3.2 由锚板和对称布置的弯折锚筋及直锚筋共同承受剪力的预埋件计算 ····· 205
7.4 马镫计算 ··· 206
7.4.1 基本概念 ·· 206
7.4.2 技术条件 ·· 206
复习思考题 ·· 207

8 建筑施工临时用电安全专项设计 ·· 208

8.1 建筑施工现场临时用电的特点与主要问题 ································ 208
8.1.1 建筑施工现场临时用电的特点 ······································ 208

8.1.2　建筑施工现场临时用电存在的主要问题 …………………… 208
8.2　施工临时用电的设计计算 ……………………………………… 209
8.2.1　临时用电的设计计算依据 ………………………………… 209
8.2.2　施工方案 …………………………………………………… 209
8.2.3　负荷计算 …………………………………………………… 210
8.2.4　配电导线截面计算 ………………………………………… 212
8.2.5　动力配电箱至开关箱导线截面及开关箱元件选择 ……… 213
8.2.6　临时用电示意图 …………………………………………… 215
8.3　防雷设计与接地装置设计 ……………………………………… 217
8.3.1　防雷设计 …………………………………………………… 217
8.3.2　避雷器的选择 ……………………………………………… 219
8.3.3　避雷针的配置 ……………………………………………… 219
8.3.4　接地装置设计 ……………………………………………… 220
复习思考题 ……………………………………………………………… 220

9　建筑施工安全专项方案编制实例 …………………………………… 221

9.1　落地式脚手架施工安全专项方案 ……………………………… 221
9.1.1　工程概况 …………………………………………………… 221
9.1.2　编制依据 …………………………………………………… 221
9.1.3　设计计算 …………………………………………………… 221
9.1.4　施工准备 …………………………………………………… 228
9.1.5　施工要求 …………………………………………………… 229
9.1.6　施工方法 …………………………………………………… 230
9.1.7　安全注意事项 ……………………………………………… 231
9.1.8　事故应急措施 ……………………………………………… 233
9.2　钢桁架吊装安全专项方案 ……………………………………… 234
9.2.1　工程概况 …………………………………………………… 234
9.2.2　编制依据 …………………………………………………… 234
9.2.3　设计计算 …………………………………………………… 234
9.2.4　施工准备 …………………………………………………… 236
9.2.5　施工要求 …………………………………………………… 237
9.2.6　施工方法 …………………………………………………… 240
9.2.7　安全注意事项 ……………………………………………… 242
9.2.8　事故应急救援措施 ………………………………………… 245
复习思考题 ……………………………………………………………… 246

附录 …………………………………………………………………………… 247

附录1　施工安全专项方案的主要编制依据 ………………………… 247
附录2　附表 …………………………………………………………… 249

参考文献 …………………………………………………………………… 253

建筑施工安全专项设计概论

建筑施工安全生产不仅关系到施工人员的生命和健康，关系到设备财产安全，还关系到改革发展和社会稳定的大局。因此要以施工安全生产为前提，对施工中各个分部分项工程的危险有害因素进行全程控制，制订安全防范措施，从而有效遏制重大伤亡事故的发生，大幅度减少或避免工伤事故的出现。依据《建设工程安全生产管理条例》和《危险性较大工程施工安全专项方案编制及专家论证审查办法》，危险性较大工程应当在施工前单独编制施工安全专项方案。目前，危险性较大工程施工安全专项方案的编制处于刚刚起步阶段，编制水平较低，针对性较差，可实施性较弱，因此，需要将危险性较大分部分项工程的施工安全专项方案编制系统化、理论化，并结合实际工程，体现出工程特点，提高针对性和可操作性。本章主要论述危险性较大分部分项工程的安全管理要点，在此基础上讲述建筑施工安全专项方案的主要内容、编制原则和要点、审核程序、实施步骤，以及安全专项设计计算的基本要求等；最后重点介绍本课程的主要内容和学习方法。

1.1 危险性较大分部分项工程安全管理

《建设工程安全生产管理条例》第二十六条明确规定：施工单位应当在施工组织设计中编制安全技术措施和施工现场临时用电方案。对由国务院建设行政主管部门会同国务院其他有关部门制定的达到一定规模的危险性较大的分部分项工程编制施工安全专项方案，并附具安全验算结果，经施工单位技术负责人、总监理工程师签字确认后实施，并由专职安全生产管理人员进行现场监督。对工程中涉及深基坑、地下暗挖工程、高大模板工程等具有一定规模的危险性较大分部分项工程的施工安全专项方案，施工单位还应当组织相关专家进行论证、审查。

1.1.1 危险性较大的分部分项工程及辨识

（1）危险性较大的分部分项工程。危险性较大工程是指依据《建设工程安全生产管理条例》第二十六条所指的七项分部分项工程，主要是指在建筑工程施工过程中存在可能导致作业人员群死群伤或造成重大财产损失和不良社会影响的分部分项工程，主要包括以下七大类。

1）基坑支护、降水工程的开挖深度超过 3m（含 3m），或虽未超过 3m，但地质条件和周边环境复杂的基坑（槽）支护、降水工程。

2）土方开挖工程的开挖深度超过 3m（含 3m）的基坑（槽）的土方开挖工程。

3）模板工程及支撑体系，主要包括下列几个方面：

① 各类工具式模板工程，包括大模板、滑模、爬模、飞模等工程。

② 混凝土模板支撑工程，搭设高度 5m 及以上；搭设跨度 10m 及以上；施工总荷载 10kN/m 及以上；集中线荷载 15kN/m 及以上；高度大于支撑水平投影宽度且相对独立无

联系构件的混凝土模板支撑工程。

③ 承重支撑体系，如用于钢结构安装等满堂支撑体系。

4）起重吊装及安装拆卸工程，主要包括下列几个方面：

① 采用非常规的起重设备、方法，且单件起吊重量在 10kN 及以上的起重吊装工程。

② 采用起重机械进行安装的工程。

③ 起重机械设备自身的安装、拆卸。

5）脚手架工程，主要包括下列几个方面：

① 搭设高度 24m 及以上的落地式钢管脚手架工程。

② 附着式整体和分片提升脚手架工程。

③ 悬挑式脚手架工程。

④ 吊篮脚手架工程。

⑤ 自制卸料平台、移动操作平台工程。

⑥ 新型及异型脚手架工程。

6）拆除、爆破工程，主要包括下列几个方面：

① 建筑物、构筑物的拆除工程。

② 采用爆破拆除的工程。

7）其他危险性较大工程，主要包括下列几个方面：

① 幕墙的安装工程。

② 钢结构、网架和索膜结构的安装工程。

③ 人工挖扩孔桩工程。

④ 地下暗挖、顶管及水下作业工程。

⑤ 预应力工程。

⑥ 采用新技术、新工艺、新材料、新设备及尚无相关技术标准的危险性较大的分部分项工程。

危险性较大的分部分项工程的施工安全专项方案（以下简称"专项方案"），是指施工单位在编制施工组织设计的基础上，针对危险性较大的分部分项工程单独编制的安全技术措施文件。

（2）超过一定规模的危险性较大的分部分项工程范围。施工单位对超过一定规模的危险性较大的分部分项工程的安全专项方案，应当组织专家进行论证、审核。所谓超过一定规模的危险性较大的分部分项工程包括下列内容。

1）深基坑工程。

① 开挖深度超过 5m（含 5m）的基坑（槽）的土方开挖、支护、降水工程。

② 开挖深度虽未超过 5m，但地质条件、周围环境和地下管线复杂，或影响毗邻建筑（构筑）物安全的基坑（槽）的土方开挖、支护、降水工程。

2）模板工程及支撑体系。

① 工具式模板工程，包括滑模、爬模、飞模工程。

② 混凝土模板支撑工程的搭设高度 8m 及以上；搭设跨度 18m 及以上；施工总荷载 15kN/m 及以上；集中线荷载 20kN/m 及以上。

③ 承重支撑体系，用于钢结构安装等满堂支撑体系，承受单点集中荷载 700kg 以上。

3）起重吊装及安装拆卸工程。

① 采用非常规起重设备、方法，且单件起吊重量在 100kN 及以上的起重吊装工程。

② 起重量 300kN 及以上的起重设备安装工程；高度 200m 及以上内爬起重设备的拆除工程。

4）脚手架工程。

① 搭设高度在 50m 及以上的落地式钢管脚手架工程。

② 提升高度在 150m 及以上的附着式整体和分片提升脚手架工程。

③ 架体高度 20m 及以上悬挑式脚手架工程。

5）拆除、爆破工程。

① 采用爆破拆除的工程。

② 码头、桥梁、高架、烟囱、水塔或拆除中容易引起有毒有害气（液）体或粉尘扩散、易燃易爆事故发生的特殊建、构筑物的拆除工程。

③ 可能影响行人、交通、电力设施、通信设施或其他建、构筑物安全的拆除工程。

④ 文物保护建筑、优秀历史建筑或历史文化风貌区控制范围的拆除工程。

6）其他分部分项工程。

① 施工高度 50m 及以上的建筑幕墙安装工程。

② 跨度大于 36m 及以上的钢结构安装工程；跨度大于 60m 及以上的网架和索膜结构安装工程。

③ 开挖深度超过 16m 的人工挖孔桩工程。

④ 地下暗挖工程、顶管工程、水下作业工程。

⑤ 采用新技术、新工艺、新材料、新设备及尚无相关技术标准的危险性较大的分部分项工程。

（3）危险性较大分部分项工程的辨识。建筑工程项目实施前，承包项目的施工企业首先应对项目的危险性较大分部分项工程进行辨识。常用的辨识方法主要是安全调查表法。其主要内容是以前述由国务院建设行政主管部门会同国务院其他有关部门制定的达到一定规模的危险性较大的七大分部分项工程为调查对象，调查内容主要是它们的规模、结构形式、结构材料等。常用危险性较大的分部分项工程的辨识登记表见表 1.1。

施工前，施工单位应当在编制施工组织设计的基础上，针对危险性较大的分部分项工程单独编制安全技术措施文件，即施工安全专项方案。对于超过一定规模的危险性较大的分部分项工程，施工单位还应当组织相关专家对安全专项方案进行评审论证，通过后方可实施。

1.1.2　危险性较大工程安全监管

危险性较大工程的安全监控管理体系是指在危险性较大的分部分项工程实施全过程中为避免施工中存在或可能导致不可接受的事故风险而建立的包含策划、实施与运行方案，检查、监督、监测和纠正等制度，效果评价以及持续改进等措施的有机整体。

（1）危险性较大工程的监管原则。

1）全过程监管原则。将施工前的施工许可证审查、实施过程中监测检查和对危险性较大分部分项工程在准备阶段、实施阶段、验收等全过程监督管理有机结合起来，实现对危险性较大分部分项工程进行全过程监督管理。

表 1.1　危险性较大的分部分项工程项目辨识登记表

项目名称：　　　　　　　　　　　项目地址：

建设单位负责人： 联系电话：		施工单位责任人： 联系电话：	监理单位责任人： 联系电话：
序号	项目	内　容	
1	基坑 工程	（1）开挖深度 □ 3m 以下，地质条件、周围环境及地下管线不复杂； □ 3m 以下，地质条件、周围环境及地下管线极其复杂； □ 3m 至 8m　　□8m 以上； （2）地下室层数　　　□二层以下　　□二层以上（含二层）	
2	模板 工程	（1）水平混凝土构件模板支撑系统搭设高度： □ 8m 以下　　　　□8m 至 18m　　　　□18m 以上； （2）水平混凝土构件模板支撑系统搭设跨度　□18m 以下　　□18m 以上； （3）水平混凝土构件模板支撑系统施工总荷载： □ 10kN/m² 　　□10kN/m² 至 15kN/m² 　　□15kN/m² 以上； （4）水平混凝土构件模板支撑系统集中线荷载： □ 15kN/m 以下　　□15kN/m 至 20kN/m 　　□20kN/m 以上； （5）承重支撑体系，单点集中荷载 700kg 以上：　　□有　　　　□无； （6）采用滑模、爬模、飞模等工艺：　　　　　　□有　　　　□无	
3	外脚手架	（1）建筑高度：□24m 以下　□60m 以下　□60m 至 100m　□100m 以上； （2）类型：□竹木脚手架　□钢管脚手架　□门式架　□悬挑架　□升降式架	
4	人工孔桩	孔桩直径（m）、孔桩深度（m）、孔桩地质、孔桩数量（根）	
5	幕墙	（1）类型：□金属幕墙　□石材幕墙　□玻璃幕墙　□干挂贴　□湿贴； （2）幕墙高度：□30m 以下　□幕墙高度31m 至 50m 以下　□幕墙高度50m 以上	
6	起重设备	□ 物料提升机、台安装高度 m、施工电梯台、塔吊台	
7	钢结构工程	（1）跨度：　　　□30m 以下　　　□30m 至 36m　　　□36m 以上； （2）单层建筑面积：□2000m² 以下　　□2000m² 以上	
8	网架结构	（1）重量：　　□200 吨以下　　　□200 吨以上； （2）建筑面积：□2000m² 以下　　□2000m² 以上； （3）跨度：　　□30m 以下　　　□30m 以上	
9	其他		
辨识结果：□ 本工程无危险性较大的分部分项工程项目； 　　　　　□ 本工程存在危险性较大的分部分项工程，其分布在上述第　项目。			
施工单位（盖章）　　　　　　　　　　　施工现场负责人（签字）：　　年　月　日			
监理审查意见：辨识情况　□符合设计图纸、施工组织设计要求 其他			
监理单位（盖章）　　　　　　　　　　　总/专业监理工程师（签字）：　　年　月　日			
建设单位负责人： 联系电话：		施工单位责任人： 联系电话：	监理单位责任人： 联系电话：

注：1. 以上内容应如实填写，如有变更应进行重新登记。

　　2. 涉及施工安全专项方案论证的工程施工前需书面告知我站监督联系人员。

　　3. 在所选项目"□"打"√"。

2）分类分级论证原则。将工程建设中可能遇到的各类危险源按照不同分部分项工程进行分类和分级，特别是对于超过一定规模的危险性较大的分部分项工程，按照不同类别和等级委托不同专业的安全专家进行分析论证；并要求各级政府监管部门加强安全专项方案论证的监管。

3）动态监管原则。危险性较大的分部分项工程的内容、级别会随着设计变更、施工方案的改变、周边环境和气候条件等变化而变化，要及时掌握动态变化，及时进行巡查、检查和督导。

4）责任到人原则。按照分级监管的责任分工，每一级监管人员负责对危险性较大分部分项工程进行监督管理，并进行验收。对监管不力而导致重大事故的，要严肃追究有关部门和人员的责任。

5）分级督导原则。在危险性较大分部分项工程的监督管理过程中，当地建设行政主管部门和建设工程安全监督管理机构除认真履行管理职责外，还应按照危险性较大的分部分项工程的分级，接受上级建设行政主管部门和建设工程安全监督管理机构的分级督导。

6）重点监控原则。施工企业是危险性较大分部分项工程安全生产管理的第一责任人，按照施工企业施工能力、管理水平、信誉度和项目的风险度，确定对危险性较大分部分项工程的监控重点和监控频率，优化监管资源，强化监管效果。

（2）危险性较大分部分项工程的监管内容。危险性较大分部分项工程的监管内容主要是监督检查施工单位和监理单位及其从业人员是否做到以下重要工作。

1）是否建立危险性较大的分部分项工程安全管理制度。

2）是否进行了危险性较大分部分项工程辨识，并制定相应的控制措施。

3）是否独立编制了危险性较大分部分项工程施工安全专项方案，是否进行企业内部审批，是否通过项目总监理工程师审核；需要专家论证的专项方案，是否在属地安全生产监督机构的监督下组织召开了专家论证会，是否按专家论证意见进行修改、完善。

4）安全专项方案实施前，编制人员或项目技术负责人是否向现场管理人员和作业人员进行安全技术交底。

5）施工单位和监理单位是否建立了危险性较大分部分项工程监控台账，是否及时建立工程实施档案，是否能及时反映工程进展情况。

6）安全专项方案实施过程中，预防监控措施是否落实，施工单位是否指定专人进行现场监管和按规定进行监测，监理单位是否进行现场监理。

7）对按规定需要验收的危险性较大分部分项工程，施工单位和监理单位是否组织有关人员进行验收。

8）危险性较大分部分项工程实施过程中的预警监测是否按计划进行，应急预案编制是否可行，遇到紧急情况能否立即启动实施救援。

（3）安全监管方法。

1）危险性较大分部分项工程信息上报制度。

2）安全专项方案的专家论证制度。

3）危险性较大分部分项工程施工过程监管验收制度。

4）信息化实时监控制度。

（4）监督管理实施。监理单位应当对安全专项方案实施情况进行现场监理，对不按安全专项方案实施的，应当责令整改，施工单位拒不整改的，应当及时向建设单位报告；接到监理单位报告后，建设单位应当立即责令施工单位停工整改；施工单位仍不停工整改的，建设单位或监理单位应当及时向住房城乡建设行政主管部门报告。

（5）处罚要求。对有下列情形之一的，各级住房城乡建设行政主管部门应当依据有关法律法规予以相应的处罚：

1）建设单位未按规定提供危险性较大的分部分项工程清单和安全管理措施，未责令施工单位停工整改的，未向住房城乡建设主管部门报告的。

2）监理单位未按规定审核专项方案，未对危险性较大的分部分项工程实施监理的。

3）施工单位未按规定编制、实施安全专项方案的。

（6）危险性较大的分部分项工程验收要求。对按规定需要验收的危险性较大的分部分项工程，施工单位、监理单位应当组织有关人员进行验收。验收合格的，经施工单位项目技术负责人及项目总监理工程签字后，方可进入下一道工序。

1）验收的主要方面。

① 材料验收。危险性较大分部分项工程中所涉及的工程结构安全性的主要材料的验收，包括产品合格证、使用指标要求以及各类抽检报告等。

② 隐蔽工程验收。危险性较大分部分项工程凡是在上道工序将被下道工序隐蔽前，必须进行隐蔽工程验收。

③ 分段验收。面积较大或工程量较大的危险性较大分部分项工程，可按照工程的伸缩变形缝或者现场的实际情况划分区段进行分段验收。

④ 总体验收。危险性较大分部分项工程完成后的总体验收。

2）验收的依据。

① 与危险性较大分部分项工程有关的国家、行业、地方的安全法律、法规、规范、规定、规程、技术标准等。

② 与危险性较大分部分项工程有关的图纸、工程技术资料等。

③ 危险性较大分部分项工程的施工技术与安全专项方案。

3）验收的主要内容。

① 是否存在方案变更，以及变更后的方案是否按照规定进行审批、确认。

② 所用的施工设备和设施是否进行了进场报验和验收。

③ 是否按专项方案组织施工，并设置监控点和配置检测设备。

④ 各项工程参数的偏差是否在专项施工方案的设计要求控制允许范围内。

⑤ 重点针对高大模板支撑系统、深基坑支护系统、悬挑脚手架等的材料、安装进行组织验收。

1.1.3　各责任主体安全监控职责

建设工程项目的各参与单位都是项目的安全责任主体，其各层次人员都应该明确和履行自己相应的安全监控职责。

（1）建设单位安全监控职责。

1）建设单位法人代表安全监控职责。

① 必须遵守国家安全生产法律、法规的规定，保证建设工程安全生产，依法承担建设工程安全生产责任。

② 不得对勘察、设计、施工、工程监理等单位提出不符合建设工程安全生产法律、法规和强制性标准规定的要求，不得任意压缩合同约定的工期。

③ 保证工程所需的安全技术措施费的支付。

④ 不得明示或者暗示施工单位购买、租赁、使用不符合安全施工要求的安全防护用具、机械设备、施工机具及配件、消防设施和器材。

⑤ 负责建立健全本单位危险性较大工程安全监控体系。

2）项目负责人安全监控职责。

① 在申请领取施工许可证或办理安全监督手续时，应当提供危险性较大的分部分项工程清单和安全管理措施。

② 不得任意压缩施工工期、建设造价，保证工程所需的安全技术措施费的支付。

③ 督促施工方做好安全专项方案的编制、审核、审定和组织召开安全专项方案的专家论证工作。

④ 做好设计、勘察、监理、施工等参建各方工作协调。

⑤ 监督施工单位、监理单位按强制性标准及法律、法规、规范规定和安全专项方案组织实施。

⑥ 施工单位不按专项方案实施的，应立即责令其停工整改，凡施工单位拒不整改的，应及时向当地建设主管部门报告。

3）建设单位相关责任人的安全监控职责。

① 参与对施工安全专项方案审核，并参加施工安全专项方案的专家论证会。

② 督促设计、勘察、监理、施工各方对危险性较大工程实施过程进行监控，并检查各方进行监控实施情况。

③ 参与危险性较大工程实施过程各阶段的安全检查和验收。

（2）施工单位安全监控职责。

1）施工单位法人代表安全监控职责。

① 依法对本单位的安全生产工作全面负责。

② 建立健全安全生产责任制度和安全生产教育培训制度。

③ 制定安全生产规章制度和操作规程。

④ 保证本单位安全生产条件所需资金的投入。

⑤ 设立安全生产管理机构，配备专职安全生产管理人员。

⑥ 负责建立健全本单位危险性较大工程安全监控体系。

2）施工单位技术负责人安全监控职责。

① 负责审批危险性较大工程施工安全专项方案。

② 参加施工安全专项方案专家论证会。

③ 定期巡查施工安全专项方案实施情况。

3）施工单位分公司相关责任人安全监管责任。

① 应制定并落实危险性较大的分部分项工程安全管理制度。

② 审批项目开工报告时，应检查项目部提交的危险性较大的分部分项工程清单及管

理措施，不符合条件的决不允许开工。

③ 对项目危险性较大工程清单进行审核、备案。

④ 组织人员编制危险性较大工程施工安全专项方案，组织施工技术、安全、质量等部门专业技术人员进行审核。

⑤ 指导项目部组织应急救援预案的培训和演练。

⑥ 参加施工安全专项方案专家论证会。

⑦ 检查项目部危险性较大工程安全专项方案的实施情况，督促项目部落实专人对专项方案实施情况进行现场监督和按规定进行监测。

⑧ 参加对危险性较大的工程各阶段的安全验收，定期检查项目部安全生产情况。

4）项目经理安全监管责任。

① 对危险性较大的分部分项工程实施全过程负全面责任。

② 负责制定项目部危险性较大工程安全管理制度，建立健全项目部危险性较大工程安全监控体系。

③ 审批项目危险性较大工程清单，确保施工所需的人、财、物的供给到位。

④ 参加施工安全专项方案专家论证会。

⑤ 负责组织项目部应急救援预案的培训和演练。

⑥ 负责组织危险性较大工程实施各阶段的安全验收。

5）项目部相关责任人安全监控责任。

① 负责组织项目部危险性较大的分部分项工程辨识和各阶段重大危险源的辨识。

② 了解和掌握施工安全专项方案的相关要求。

③ 参加施工安全专项方案专家论证会。

④ 负责组织重大危险源控制措施，组织实施项目部应急救援预案的培训和演练。

⑤ 负责采购的材料规格、质量符合规范和专项方案要求。

⑥ 严格按照专项方案组织施工，不得擅自修改、调整专项方案。

⑦ 负责向现场管理人员和作业人员进行安全技术交底。

⑧ 检查危险性较大工程实施过程中安全监视、监测的执行落实情况。

⑨ 组织各班组各工序的安全质量自检和互检，组织危险性较大工程各阶段的安全验收。

6）项目施工专业班组长安全生产责任。

① 负责对班组作业人员进行施工安全技术交底。

② 严格按施工安全专项方案要求进行施工，不得违章作业。

③ 对班组安全生产情况进行检查。

④ 负责组织班组所施工的工序自检。

⑤ 参与班组工序交接的互检。

（3）监理单位安全监控职责。

1）监理单位法人代表安全监控职责。

① 按照法律、法规和工程建设强制性标准实施监理，并对建设工程安全生产承担监理责任。

② 制定危险性较大的分部分项工程安全管理制度。

③ 负责建立健全本单位危险性较大工程安全监控体系。

2）监理单位技术负责人安全监控职责。

① 审查施工组织设计中的安全技术措施或者专项施工方案是否符合工程建设强制性标准。

② 负责将危险性较大的分部分项工程列入监理规划和监理实施细则，制定安全监理工作流程、方法和措施。

③ 负责审批本监理规划。

3）项目总监理工程师安全监控职责。

① 负责审核施工安全专项方案。

② 参加施工安全专项方案专家论证会。

③ 负责组织编制监理规划、监理实施细则和旁站方案，落实对危险性较大的分部分项工程监理的安全技术措施。

④ 参与并检查项目部应急救援预案的培训和演练。

⑤ 督促检查监理工程师对危险性较大工程的各项监理工作。

⑥ 按控制要求，组织危险性较大的分部分项工程各道工序的安全验收。

⑦ 对不按专项方案实施的，应当责令整改，施工单位拒不整改的，应当及时向建设单位和当地建设主管部门报告。

4）项目专业监理工程师安全监控职责。

① 审查施工安全专项方案。

② 参加施工安全专项方案专家论证会。

③ 抽查施工企业项目部安全技术交底情况。

④ 参与并检查项目部应急救援预案的培训和演练实施情况。

⑤ 负责对施工方进场的机械设备、设施和材料进行检查。

⑥ 负责对施工方的各项安全检查验收情况进行检查。

⑦ 参加危险性较大工程的安全验收。

⑧ 对专项方案实施情况进行现场检查、巡查和旁站监理。

5）项目监理员安全监控职责。

① 协助监理工程师抽查施工企业项目部安全技术交底的效果。

② 参与项目部应急救援预案的培训和演练。

③ 协助监理工程师对施工方进场的机械设备、设施和材料进行检查。

④ 协助监理工程师对施工方的各项安全检查验收情况进行检查。

⑤ 参加危险性较大工程的安全验收。

⑥ 协助监理工程师对专项方案实施情况进行现场检查、巡查和旁站监理。

（4）设计单位安全监控职责。

1）设计单位法人代表安全监控职责。

① 按照法律、法规和工程建设强制性标准进行设计，防止因设计不合理导致生产安全事故的发生，对本单位安全生产负全面责任。

② 针对施工安全操作和防护的需要，对涉及施工安全的重点部位和环节在设计文件中注明，并对防范生产安全事故提出指导意见。

③ 负责建立健全本单位危险性较大工程安全监控体系。

2）设计单位技术负责人安全监控职责。

① 负责对完成后的施工图进行安全专项审查。未经安全专项审查或安全专项审查不合格的施工图设计文件不得用于工程建设项目。

② 负责对分阶段设计审查进行严格监管，确保所审批的施工图满足建设工程安全生产的需要。

3）设计单位项目负责人安全监控职责。

① 审查结构设计的安全性。

② 审查各专业设计内容是否符合工程建设项目强制性标准。

③ 审查危险性较大的分部分项工程安全技术措施的可靠性和有效性。

④ 严格执行国家有关工程建设项目的法律、行政法规、设计规范和强制性标准，防止因设计不合理导致生产安全事故的发生。

⑤ 负责组织勘察设计安全技术交底，参与危险性较大分部分项工程的验收。

4）设计单位专业设计人员安全监控职责。

① 严格执行国家有关工程建设项目的法律、行政法规、设计规范和强制性标准，防止因设计不合理导致生产安全事故的发生。

② 工程设计采用新技术、新工艺、新材料的，必须确保技术、工艺和材料的可靠性与安全性，并在设计中提出保障施工作业人员安全和预防安全事故发生的措施、建议。

③ 涉及危险性较大分部分项工程初步设计或者施工图设计说明中必须编制安全专篇，安全专篇应包括以下内容。

a. 施工现场毗邻建筑物、构筑物、地下管线和设施的安全防护措施。

b. 安全施工所需防护用品和用具、施工机械和机具、消防设施和器械等以及应达到的具体技术要求。

c. 危险性较大的分部分项工程及施工现场易发生生产安全事故的部位和环节的安全技术措施。

d. 及时发现和解决施工中所遇到的设计问题。

（5）勘察单位安全监控职责。

1）勘察单位法人代表安全监控职责。

① 对本单安全生产负全面责任。

② 确保本单位的勘察按照法律、法规和工程建设强制性标准进行，提供的勘察文件应当真实、准确，满足建设工程安全生产的需要。

③ 负责建立健全本单位危险性较大工程安全监控体系。

2）勘察单位技术负责人安全监控职责。

① 严格执行国家有关工程建设项目的法律、行政法规、设计规范和强制性标准，防止因设计不合理导致生产安全事故的发生。

② 负责对勘察设计文件的安全性进行审批。

3）勘察单位项目负责人安全监控职责。

① 依照国家有关工程勘察的法律、行政法规和强制性标准进行工程勘察，提供的工程勘察文件应当真实、准确，满足建设工程安全生产的需要。

② 负责组织勘察设计安全技术交底，及时发现和解决施工中所遇到的勘察设计问题。

③ 勘察作业时，应当严格执行操作规程，采取措施保证各类管线、设施和周边建筑物、构筑物的安全。

④ 参与危险性较大的分部分项工程的验收。

4）勘察单位专业人员安全监控职责。

① 在进行勘察时，应当严格遵守勘察作业操作规程，采取措施保证各类管线、设施和周边建筑物、构筑物的安全。

② 明确施工现场毗邻建筑物、构筑物、地下管线和设施的安全防护措施。

③ 明确勘察设计中所涉及的危险性较大的分部分项工程及施工现场易发生生产安全事故的部位和环节的安全技术措施。

（6）建设行政主管部门安全监控职责。

1）及时了解、掌握本地区危险性较大工程的总体状况，按照"属地管理、层级监控"的原则进行安全监督管理。

2）县级以上建设行政主管部门应当根据本行政区域内的安全生产状况，组织有关部门按照职责分工，对本行政区域内危险性较大的分部分项工程进行层级督导，发现事故隐患应当及时处理。

3）县级以上建设行政主管部门组织安全生产监管部门和有关部门根据省应急救援总体预案，制定本行政区域内生产安全事故的应急救援预案，建立应急救援体系。

4）对各责任主体未按规定实施应急救援预案的，必须依据有关法律法规予以处罚。

5）依照危险性较大的分部分项工程应急救援预案，制定实施细则。

6）建设单位、施工单位提供危险性较大的分部分项工程清单和安全管理措施后，才能办理施工许可证。

（7）安全监督机构安全监控职责。

1）省安全生产监督管理部门应当会同有关部门建立全省重大危险源信息监管系统，对重大危险源实施省、市、县（市、区）三级监管。

2）各级安全监督机构制定专家资格审查办法和管理制度并建立专家诚信档案，及时更新专家库，做好对专家论证过程的监督。

3）按照"分级管理、属地负责"原则，各级安全监督机构在监督检查中应当互相配合，实行联合检查，确需分别进行检查的，应当互通情况，发现存在的安全问题应当由其他有关部门进行处理的，应当及时移送其他有关部门并形成记录备查，接受移送的部门应当及时进行处理。

4）对检查中发现的事故隐患，应当责令立即排除，重大事故隐患排除前或者排除过程中无法保证安全的，应当责令施工单位从危险区域内撤出人员，并责令其暂时停工或者局部停工，重大事故隐患排除后，经审查同意，方可恢复施工。

5）在办理建设工程安全监督手续时，应要求建设单位提供该项目建设的危险性较大分部分项工程辨识清单和安全管理措施，并在危险性较大工程安全监管系统网上及时登记。

6）在施工现场安全监督管理过程中，应将对危险性较大分部分项工程实施过程的安全监督管理作为监督工作重点，监督方案中明确危险性较大工程的安全监督要求。

（8）社会监督职责。任何单位和个人发现生产经营单位存在重大事故隐患或者安全生产违法行为的，有权向安全生产监管部门和有关部门举报；对举报有功人员，由安全生产监管部门或有关部门给予奖励。一些省、市还可以组织安全专家进行微服私访，及时发现施工现场的危险性较大工程安全隐患，及时处理。

1.1.4　重大安全生产事故的应急救援

重大安全生产事故的发生，往往造成一定范围的人员伤害事故，为做到有备无患，应对重大危险性较大分部分项工程编制安全生产事故的应急救援预案。

（1）现场应急救援小组组成及职责

1）组成。现场必须成立以项目经理为首的安全生产事故应急救援小组，主要包括工程抢险组、救护组、通信材料组、安全保卫组等。

2）职责。安全生产事故应急救援小组的职责是应对突发事件，负责救险人员和器材、车辆、通信联络等救援工作的组织协调，具体工作内容如下：

① 工程抢险组负责具体的抢险救援工作，防止事故扩大，尽力救出伤员。

② 救护组负责现场对伤员的紧急救治，尽快送往医院抢救。

③ 通信组、材料组负责保证对医院、消防、电力、公安局、上级主管部门的通信通畅。

④ 安保组负责维护现场秩序，保证绿色通道畅通。

（2）控制现场事态发展的技术措施和抢救手段。

1）成立应急抢险专家库，一旦出现险情，紧急联系专家，制定出有效的抢险救护方案。

2）采用吊车、切割机、型钢支架等各种设备设施，在专家及专业技术人员指挥下，尽量迅速控制事态不再扩大，并尽量抢救遇险伤员，同时专人立即电话联系医院，做好抢救伤员的准备工作。

（3）现场抢救运送伤员的应急措施。

1）救护组人员必须经过专业培训，要求拥有一定的救护专业知识，还应定期进行再培训和针对性的应急救护演练。

2）救护组在现场对伤员尽快采取止血、止痛、吸氧、防止休克等紧急处理措施，在救治搬运伤员过程中，不得强拉硬扯，应按规定整体搬运，防止二次伤害；如伤员停止呼吸，应及时实施人工复苏术并立即送往医院抢救。

（4）应急救援工作程序。

1）当事故发生时，小组成员立即向组长汇报，由组长立即上报公司，必要时向当地政府相关部门汇报。

2）由应急救援领导小组组织项目部全体员工投入事故应急救援抢险工作，尽快控制险情蔓延，并配合、协助事故的处理调查工作。

3）事故发生时，组长和其他组员不在现场时，由在现场的其他人员作为临时现场救援人员负责现场的救援指挥工作。

4）项目部指定专人负责事故的收集、统计、审核和上报工作，并严格遵守事故报告的真实性和时效性。

5）经业主、监理单位同意后，清理现场恢复生产。

6）现场项目部将事故的调查处理情况向单位领导报告。

7）做好死亡者的善后工作，对其家属进行抚恤。

8）在事故处理后，将所有调查资料分别报送业主、监理单位和有关安全管理部门。

1.2　建筑施工安全专项方案的编制与实施

1.2.1　建筑施工安全专项方案的编制

（1）施工安全专项方案的编制目的。

1）编制建筑施工安全专项方案是全面提高施工现场的安全生产管理水平，有效预防伤亡事故的发生，确保职工的安全和健康，实行检查评价工作标准化、规范化管理的需要，也是衡量企业现代化管理水平优劣的一项重要标志。

2）编制建筑施工安全专项方案是为了贯彻落实《中华人民共和国建筑法》、《中华人民共和国安全生产法》及有关建设工程质量、安全技术标准和规范，从而加强建设工程项目的安全技术管理与安全生产监督管理，防止建筑施工安全事故，保障人民群众生命和财产的安全。

3）编制建筑施工安全专项方案是为了认真贯彻落实国务院安全生产委员会第五次全体会议和全国安全生产电视电话会议精神，深入开展重点行业和领域安全专项整治工作。国务院安委会办公室决定在 2006 年开展重点行业和领域安全专项整治工作的基础上，在房屋与市政工程建设、铁路工程建设、公路工程建设、水利工程建设和电力工程建设等领域继续深入开展建筑施工安全专项整治工作。2007 年 3 月 16 日原建设部印发了《关于组织开展建筑施工安全专项整治工作的通知》（建质〔2007〕79 号），要求进一步强化建筑施工安全监督管理工作，完善落实建设工程各方主体的安全生产责任，特别是落实建筑施工企业安全生产责任制度；促进企业加大安全投入，提高施工现场安全防护水平；提高建筑业从业人员特别是农民工操作技能和安全防范能力，有效遏制建筑施工中高处坠落、各类坍塌等重、特大事故的发生。

近年来，安全生产越来越受到重视，而针对各分部分项工程编制施工安全专项方案对于安全生产具有直接的指导性意义，是非常重要和必要的。

（2）建筑施工安全专项方案的编制主体。施工安全专项方案应当由施工总承包单位组织编制。其中，起重机械安装拆卸工程、深基坑工程、附着式升降脚手架等专业工程实行分包的，其专项方案可由专业承包单位组织编制。

（3）建筑施工安全专项方案的编制思路和步骤。

1）调查收集工程的详细信息及相关规范、图纸、地勘报告等详细技术资料。

2）针对工程实际情况进行分析，辨识工程项目存在的危险源。

3）针对危险源对工程进行安全分析与评价，进行安全等级分类。

4）根据安全等级，对工程危险源进行安全专项方案的编制、计算等。

（4）建筑施工安全专项方案的编制依据。

建筑施工安全专项方案编制的主要依据包括：

1）我国现行的针对建筑勘察、设计与施工相关规范、规程和标准（详见附录1）。

2）建筑物设计文件图纸、地质报告、地下管线及周边建筑物等情况调查报告。

3）本工程施工组织总设计及其他相关文件等。

（5）建筑施工安全专项方案编制的内容与格式。

1）建筑施工安全专项方案编制的主要内容。

① 工程概况，主要包括危险性较大的分部分项工程概况、施工平面布置、施工要求和技术保证条件。

② 编制依据，主要包括相关法律法规、规范、标准、图纸（国标图集）、施工组织设计等。

③ 影响质量、安全的危险源辨识，根据工程的特点、施工工艺、施工方法、施工步骤、施工设备、工程周边环境等相关因素进行辨识，其重点是对地基沉降、荷载、爆炸等具有主动力学性能的危险源进行分析。由于工程条件各异，相应的危险源也不同，应具体结合工程实际情况仔细分析、比较、辨识。

④ 方案选型、设计计算书和设计施工图等设计文件。

⑤ 施工计划，主要包括施工进度计划、材料与设备计划等。

⑥ 施工准备和部署，质量检测和相关观测预警措施，现场平面布置图。

⑦ 施工工艺技术，主要包括技术参数、工艺流程、施工方法、检查验收等。

⑧ 施工安全保障措施，主要包括组织保障、技术措施、管理措施、应急预案、监测监控等。

⑨ 劳动计划，主要包括组织安排专职安全生产管理人员、特种作业人员等。

⑩ 应急预案，一般包括预案适用范围、重特大事故应急处理指挥系统及组织构架、指挥部系统职责及责任人、重特大事故报告和现场保护、应急处理预案，以及其他事项。

⑪ 安全专项工程安全检查和评价，依据《施工企业安全生产评价标准》（JGJ/T77）执行。

2）安全专项方案标题与封面格式

① 标题："××工程××安全专项方案"，经评审的需要标注"按专家论证审查报告修订"的字样。

② 封面内容设置：编制、审查、审批三个栏目，分别由编制人签字、公司技术部门负责人审核签字、公司技术负责人审批签字。

（6）安全专项方案编制中应注意的事项。

1）编制安全专项方案应将安全和质量、进度与投资相互联系、相互促进、有机结合。

2）构建的临时安全措施，构筑物设计重点是它与永久结构交叉部分的相互影响，荷载、位移和结构的变形。这部分是施工管理人员与建筑设计人员的交叉部分和盲区。施工安全专项方案编制的重点之一就是要解决施工管理人员在构筑物设计中的力学模型构建上的协调问题。将次要影响因素约束和简化，建立相关力学模型，进行局部和整体的强度、刚度、稳定性验算。对于简化了的影响因素，通过采用构造措施，保证力学模型约束条件成立来解决。

3）相互关联的危险性较大工程应系统分析，重点对交叉部分的危险源作具体、详细分析，采取相应措施，控制好危险源。如深基坑的土方开挖支护、地下水人工降水等分项工程施工安全专项方案要系统考虑，统一编制。

4）建筑施工安全专项方案的编制必须结合安全生产保证体系，在安全策划时，必须针对不同的专业施工项目，根据施工现场的实际情况进行编制，相关安全技术措施必须与施工工艺和方法相结合。

5）各类施工安全专项方案应针对工程特点、施工现场环境、施工方法、劳动组织、作业方法、使用的机械、动力设备、变配电设施、架设工具等确定，采取切实可行的措施和方法，切实保证施工安全，具有可操作性。

6）将危险源辨识与分析、安全与质量控制措施、事故预防处理措施等进行系统化阐述，从而形成规范化、程序化、系统化的施工安全专项方案。

7）在专项方案中应明确安全检查的组织机构，安全检查的目的、内容、形式和要求，从而达到安全生产的可控性。任何系统都存在控制和失控状态，为了将失控状态变成可控，专项施工方案还应包括应急预案和事故处理。

（7）建筑施工安全专项方案的自审查程序与审核要求。

1）建筑施工安全专项方案的自审查程序。施工安全专项方案由建筑施工企业专业工程技术人员编制，施工企业技术负责人审查签字后，提交监理单位审查；监理单位由专业监理工程师初审，监理单位总监理工程师审查签字，即初审完成。建筑施工企业对施工安全专项方案的自审查程序如图1.1所示。

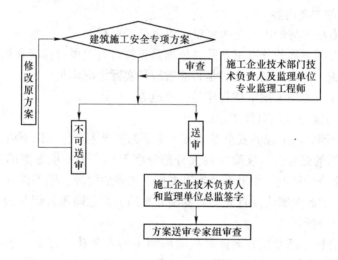

图1.1　建筑施工企业对建筑施工安全专项方案的自审查程序

2）建筑施工安全专项方案审核要求。建筑施工安全专项方案中有关的设计计算，必须由施工单位委托具有设计资质的单位设计或经设计单位复核审查，并加盖正式设计出图章方才有效。

监理单位对专项施工方案的审核重点是该方案的编制、审核、组织、实施、应急措施可行性以及行为主体和客体是否符合国家、行业及地方的法律法规、规范标准、规程等。

（8）建筑施工安全专项方案的专家论证和修改程序。对于具有一定规模的危险性较大的分部分项工程，建筑施工企业应组织工程安全、质量监督部门认可的专家进行论证审查，并依据专家论证会论证意见和建议，修改完善后方可施工。

1）专项方案论证组成员要求。

① 各地住房城乡建设主管部门应当根据本地区实际情况，按专业类别建立省、市两级专家库。一级、二级重大事故隐患的危险性较大工程安全专项的论证、审查，可由设区市专家库的专家组成。特级重大事故隐患和周边环境、地质、结构复杂的一级重大事故隐患的危险性较大工程安全专项方案的审查，由省级专家库的专家组成。

② 专家库的专业类别及专家数量应根据本地实际情况设置，并制定专家资格审查办法和管理制度，建立专家诚信档案，及时更新专家库，专家名单应当予以公示。专家库的专家应当具备的基本条件包括诚实守信、作风正派、学术严谨，从事专业工作 15 年以上或具有丰富的专业经验，具有高级专业技术职称。参加专家论证会成员的组成要求如下：

a. 专家组成员应当由 5 名或以上符合相关专业要求的专家组成。

b. 建设单位项目负责人或技术负责人。

c. 监理单位项目总监理工程师及相关人员。

d. 施工单位分管安全的负责人、技术负责人、项目负责人、项目技术负责人、专项方案的编制人员、项目专职安全生产管理人员。

e. 勘察、设计单位项目技术负责人及相关人员。

f. 项目参建方的人员不得以专家身份参加专家论证会。

2）专家论证的主要内容。

① 审查安全专项方案的内容是否完整，方案是否可行。

② 审查安全专项方案的计算书和验算依据是否符合有关现行标准和规范。

③ 审查安全施工要求的基本条件是否能被现场实际情况满足。

④ 审查施工安全专项方案审核程序是否规范等。

3）安全专项方案论证的具体要求。

危险性较大分部分项工程的安全专项方案论证的要求主要包含以下内容：

① 危险源辨识的充分性。危险性较大分部分项工程安全专项方案的首要内容是对工程的危险源进行充分的辨识。如果不能找出真正的主要危险源，则不能在方案中制定出针对性的安全措施，因此专家论证首先要对专项方案的工程危险源辨识是否全面、充分，是否有针对性地作出分析评价。

② 方案的适宜性，即专项方案针对危险源制定的安全技术方案，选取的工艺、技术是否有针对性，是否有效。因此专家论证有必要对专项方案选取的工艺、技术措施的适宜性进行分析，并作出适宜性评价。

③ 安全专项方案的安全性和可靠性。论证中要审查安全专项方案的相关技术参数、构造要求、设备选型、数量是否正确，是否满足规范要求，是否有针对性地编制监控方案、应急预案、救援预案等，最终对专项安全方案作出安全性和可靠性分析评价。

④ 安全专项方案可实施的价值。安全专项方案可实施的价值就是指在保证安全可靠的基础上对方案的优化及经济性分析。专家论证在保证专项方案安全可靠的基础上也要对其经济性作出评价。

4）专家论证报告。

专项方案经论证后，专家组应当提交论证报告，对论证的内容提出明确的意见，并在论证报告上签字。该报告将作为专项方案修改完善的指导意见。论证报告实例见表 1.2。

表1.2 超过一定规模的危险性较大的分部分项工程专家论证报告

工程名称				
总承包单位		项目负责人		
分包单位		项目负责人		
分部分项工程名称				

专家论证意见（可另加附页）：

结论性意见：□通过；□修改后通过；□不通过。

组长（签字）：　　年　月　日

专家一览表

姓名	性别	年龄	工作单位	职称	专业	签字

总承包单位（盖章）：　　年　月　日

5）安全专项方案的修改。

施工单位应当严格按照专项方案组织施工，不得擅自修改、调整专项方案。如因设计、结构、外部环境等因素发生变化确需修改的，修改后的专项方案应当重新审核。

对于超过一定规模的危险性较大分部分项工程的专项方案，施工单位应当根据论证报告修改完善专项方案，并经施工单位技术负责人、项目总监理工程师、建设单位项目负责人签字后，方可组织实施。专项方案经论证后需要做重大修改的，施工单位应当根据论证报告修改，并重新组织专家进行论证。安全专项方案的专家审查和修改程序如图1.2所示。

1.2.2 建筑施工安全专项方案的实施

（1）安全生产技术交底。施工安全专项方案实施前，编制人员或项目技术负责人应当向现场管理人员和作业人员进行安全技术交底，并由参与技术交底的人员签字确认。技术交底的主要内容如下：

1）本工程项目的施工作业特点和危险源、危险点。

2）针对危险源和危险点的具体防范措施。

3）相应的安全操作规程和标准。

4）安全操作要求与要领。

5）应注意的安全事项。

6）应急预案的启动和应急组成员的各自职责。

7）发生事故后应该采取的避难和紧急救援措施等。

（2）安全生产技术交底效果检查。项目监理部要对施工方的危险性较大工程实施的安全生产技术交底实施与否，以及实施效果进行检查，其主要内容包括：

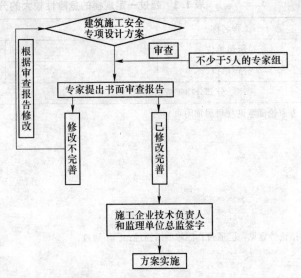

图1.2　建筑施工安全专项方案的专家审查和修改程序图

1）是否按规定组织了各级安全生产技术交底。

2）安全生产技术交底的主要内容是否完整，有针对性。

3）参加的人员是否符合要求和是否经本人签字确认。

4）抽查安全生产技术交底在施工过程中的实施效果。

（3）施工安全专项方案实施监督管理。施工单位应当指定专人对安全施工专项方案实施情况进行现场安全监督和按规定进行监测。发现不按安全施工专项方案施工的，应当要求其立即整改；发现有危及人身安全的紧急情况的，应当立即组织作业人员撤离危险区域。施工单位的技术负责人应当定期巡查安全施工专项方案的实施情况。

（4）应急预案和应急救援预案的演练。危险性较大分部分项工程实施之前，项目经理或项目技术负责人要将危险性较大分部分项工程的安全施工专项方案中的应急救援预案，有针对性地组织演练。演练至少应包括以下步骤和内容：

1）应急预案和应急救援预案的培训或交底。

2）应急预案和应急救援预案演练的组织实施。

3）应急预案和应急救援预案演练的效果评价。

4）对应急预案和应急救援预案的修改建议。

项目监理工程师要对演练的实施情况进行抽查，保留对应急预案和应急救援预案演练的抽查记录。

（5）施工安全专项方案实施评价。危险性较大分部分项工程的安全专项方案实施完成后，施工单位技术负责人或安全负责人应及时组织有关人员对实施情况进行评价，其主要评价内容包括以下几个方面：

1）危险性较大分部分项工程的安全专项方案实施效果的实用性评价。

2）危险性较大分部分项工程的安全专项方案实施效果的经济性评价。

3）危险性较大分部分项工程的安全专项方案实施效果的安全性评价。

4）危险性较大分部分项工程的安全专项方案组织实施效果评价。

5）是否涉及现行管理规章制度修正的评价。

6）是否涉及现行施工工法、作业指导书修正的评价。

7）危险性较大分部分项工程安全专项方案存在的缺陷和不足评价。

1.3 建筑施工安全专项设计计算编制

建筑施工安全专项设计计算是以满足结构目标可靠度的概率极限设计的理论和方法为基础，为保证施工安全而进行施工设施的设计计算，它是建筑施工安全专项方案中的核心资料和主要技术依据。这部分的理论知识、计算方法及其实践应用是本书的主要阐述内容。

1.3.1 建筑施工安全专项设计计算的主要职责要求

为保证建筑施工安全设计计算书的有序进行，施工企业应根据本单位的具体情况，制定有关人员的职责，包括项目经理职责、项目技术负责人职责、项目安全资料员职责、项目材料设备员职责。监理公司应当制定现场监理工程师的职责。

施工企业应负责汇集整理所承包范围内的工程施工安全技术资料。实行总包的工程项目，总包单位负责对各分包单位编制的施工安全设计计算书和施工安全资料进行审查。分包单位应各自负责对分包项目的施工安全技术资料和施工安全设计计算书进行整理。未实行总包的工程项目建设单位，应委托一家施工单位负责收集、整理各分包单位的施工安全资料。

施工企业应加强对建筑施工安全设计计算书资料管理工作的领导。各级职能部门及其管理工作应配备工程技术人员，并经建委或企业培训考核合格后，方可从事该项管理工作。工程项目施工现场应设资料员专人负责收集、管理资料工作。

建筑施工安全设计计算书及安全技术资料管理职责必须明确，项目部实行项目经理、总工程师负责制。项目必须建立健全岗位责任制，明确各部门及专业责任人员职责。

1.3.2 建筑施工安全专项设计计算作用和编制流程

（1）安全专项设计计算书的作用。

1）作为编制建筑施工安全专项方案的主要依据。建筑施工安全设计计算书经过项目总工（项目技术负责人）审批后即可作为编制施工组织设计或施工安全专项方案的主要依据，待施工组织设计或专项施工方案编制完成后，报监理工程师审批。

2）利用计算书的数据进行设备调配或采购。施工组织设计或施工安全专项方案批准后，材料设备员根据施工组织设计及施工安全专项方案中的计算书数据规定的设备规格和数量进行调配或采购。

3）按照施工组织设计或施工安全专项方案组织施工。施工组织设计或施工安全专项方案经过监理工程师批准后，施工员组织施工。如发现问题应及时报告项目总工（项目技术负责人），不得随意变更。经审核批准后方可变更。

（2）编制建筑施工安全专项设计计算书的项目。

1）天然地基塔吊基础设计计算。

2）落地式楼板模板支架和满堂楼板模板支架计算。

3）梁模板及支撑架计算设计，墙、柱模板的设计计算。

4）格构式型钢井架设计计算。

5）落地式钢管脚手架的设计计算。

6）大型构件起重吊装的设计计算。

7）临时用电的设计计算。

8）地基基坑及山体边坡的支护设计计算。

（3）建筑施工安全专项设计计算书编制流程。项目安全员应按照施工安全专项设计计算书编制总流程图（图 1.3）的要求，逐项进行建筑施工安全设计的计算，特别需要注意的是，一定要根据本企业、本项目部的现有机械设备情况进行计算，如果计算结果中只有部分计算项目符合要求，那就需要重新调整计算参数，重新进行计算；如果按已有机械设备计算结果还不满足项目要求，那就需要根据本企业的具体财力和设备情况，确定所需机械设备型号，决定是在全公司范围内进行调整还是购买新设备，然后打印出建筑施工安全专项设计计算书。

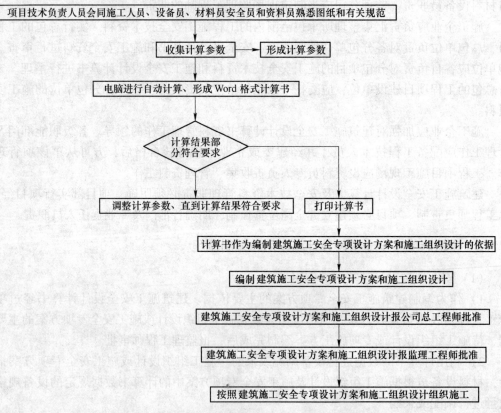

图 1.3   建筑施工安全专项设计计算书编制总流程图

1.4   课程的学习方法

"建筑施工安全专项设计"是一门综合性较强的课程，该课程主要教学内容包括：建筑施工安全专项设计基本概念和理论，危险性较大分部分项工程的安全专项设计的理论、方法和构造要求，以及安全专项方案编制实例等。学习和研究建筑施工安全专项设计要以唯物辩证法为指导，树立系统的学习思想，同时综合运用各种方法，吸收和采用多种学科知识，从系统的观点出发，联系实际，实事求是，这样才能真正掌握完整的建筑安全专项设计体系和方法。具体学习要求如下：

（1）遵循唯物辩证法的指导思想。建筑工程施工安全专项设计，是建设项目实施过程中安全生产实践经验的科学总结和理论概括。为此，研究和学习建筑安全专项设计，首先必须树立辩证的观念，明确建筑施工中安全与质量、进度、投资等目标之间辩证与统一关系，它们之间存在矛盾与制约的同时又是相互支撑、相互依托、相互促进的。同时必须坚持实事求是的态度，深入安全生产实践活动中，进行调查研究，总结实践经验，应用判断和推理的方法，将建筑施工安全专项设计实践上升为理论，同时又要将理论联系实际，用实践去检验。

（2）树立系统性的学习方法。要学习掌握好建筑施工安全专项设计，必须对影响建筑施工的各种因素及其相互之间的关系进行总体的、系统的分析研究，才能形成可行的基本理论和合理的设计方案。系统的学习方法，就是用系统的观点来分析、研究和学习。所谓系统是指由相互作用和相互依赖的若干组成部分结合成的、具有特定功能的有机整体。根据这个定义，安全专项设计的概念、理论和方法就是一个系统。学习建筑施工安全专项设计的概念、理论和方法要用系统的观点来进行指导。

（3）掌握具体学习技巧。在上述学习指导思想和系统学习方法的基础上，还应采取一些具体的学习技巧，如归纳与演绎的方法、比较研究的方法、案例分析法等等，而且应注重对现有施工安全技术规范及标准的了解和掌握。

复习思考题

1-1 危险性较大的分部分项工程有哪些？

1-2 哪些分部分项工程的安全专项方案需要进行专家论证？

1-3 危险性较大的分部分项工程验收内容有哪些？

1-4 简述安全专项方案的专家审查和修改程序。

1-5 简述建筑施工安全专项方案编制的意义和重要性。

2 建筑施工安全专项设计基本理论

针对建筑施工现场安全设施设置的要求和特点，依据有关国家、行业和地方制定的相关法规、规范、标准而编制的施工安全专项设计计算书是编制施工安全专项方案的主要依据，也是施工组织设计的主要内容之一，是保证安全施工的重要技术资料，也是提高建筑施工管理水平的重要保障。本章主要介绍建筑施工安全专项方案中的安全设计计算的主要理论、原理和基本计算方法等。

2.1 结构设计基本概念

2.1.1 作用及作用效应

施工设施的结构在安装、施工和使用期间要承受各种"作用"。为了使设计的结构既可靠又经济，必须进行两方面的研究：一方面研究各种"作用"在结构中产生的各种效应，另一方面研究结构或构件内在的抵抗这些效应的能力。由此可见，结构设计中的首要工作就是确定结构上各种"作用"的类型和大小。

（1）作用的概念。作用是指施加在结构上的集中力或分布力，以及引起结构外加变形或约束变形的原因。按形式不同，作用可以分为：

1）以力的形式直接施加在结构上，如结构自重、在结构上的人或设备重量（风压、雪压、土压等），这些称为直接作用，即荷载；

2）引起外加变形或约束变形的原因，如基础沉降、温度变化、混凝土墙的收缩和徐变、焊接变形等，这类作用不是直接以力的形式出现，称为间接作用。

（2）作用的分类。建筑结构和施工临时设施上的作用按随时间的变异性和出现的可能性分以下三种（详见表2.1）：

1）永久作用。作用在结构上不随时间变化或变化与平均值相比较可以忽略不计者称为永久作用，如结构自重、脚手架和脚手板自重、模板及支撑体系自重、土压力、预加应力、基础沉降、焊接等。其中自重和土压力称为永久荷载或恒荷载。

2）可变作用。作用在结构上随时间变化且变化与平均值相比不可忽略不计者称为可变作用。如安装荷载、混凝土振捣荷载、施工人员荷载、施工设备及机具荷载、楼面活荷载、屋面活荷载和积灰荷载、风荷载、雪荷载、吊车荷载、温度变化等。这些荷载（温度变化除外）称为可变荷载或活荷载。

3）偶然作用。偶然作用是指在设计基准期内不一定出现，但一旦出现其量值很大而持续时间很短的作用。如地震、爆炸、撞击等。

作用按随空间位置的变异分类：固定作用，在结构上具有固定分布的作用；自由作用，在结构上一定范围内可以任意分布的作用。按结构的反应特点分类：静态作用，使结构产生的加速度可以忽略不计的作用；动态作用，使结构产生的加速度不可忽略不计的作用。

表 2.1　建筑施工作用的分类

编号	作用分类	作用名称
1	永久作用（恒载）	结构重力（包括结构附加重力）
2		脚手架、脚手板自重
3		模板及支撑的重力
4		土侧压力
5		混凝土收缩及徐变作用
6		水的浮力
7		基础变位作用
8	可变作用（活载）	施工设备、工具荷载
9		施工人员
10		浇筑混凝土荷载
11		混凝土振捣荷载
12		风力
13		温度（均匀温度和梯度温度）作用
14		支座摩阻力
15	偶然作用	地震作用
16		船舶或漂流物的撞击作用
17		汽车撞击作用

（3）荷载代表值。作用在结构上的荷载是随时间而变化的不确定的变量，如风荷载（其大小和方向是变化的）、施工活荷载（大小和作用位置均随时间而变化）。即使是恒荷载（如脚手架、脚手板自重），也会随其材料比重的变化以及实际尺寸与设计尺寸的偏差而变化。在设计表达式中如果直接引用反映荷载变异性的各种统计参数，将造成很多困难，也不便于应用。为了简化设计表达式，对荷载给予一个规定的量值，称为荷载代表值。其值可根据作用在设计基准期内最大概率分布的某一分值确定；若无充分资料时，可根据工程经验，经分析后确定。永久荷载采用标准值作为代表值；可变荷载采用标准值、准永久值、组合值或频遇值为代表值。

1）荷载的标准值。荷载标准值是指在结构使用期间，在正常情况下可能出现的最大荷载值。荷载标准值可由设计基准期最大荷载概率分布的某一分位值确定，若为正态分布，则如图 2.1 中的 P_k。荷载标准值理论上应为结构在使用期间，在正常情况下，可能出现的具有一定保证率的偏大荷载值。例如，若取荷载标准值为

$$P_k = \mu_p + 1.645\sigma_p \qquad (2.1)$$

则 P_k 具有 95%的保证率，亦即在设计基准期内超过此标准值的荷载出现的概率为 5%。

式（2.1）中，μ_p 为荷载的统计平均值；σ_p 为荷载的统计标准差。

然而，实际工程中，很多可变荷载并不具备充分的统计资料，难以给出符合实际的概率分布，只能结合工程经验，经分析判断确定。我国《建筑结构荷载规范》（GB 50009—2012）对各类荷载标准值的取法都做了明确规定，其中，永久荷载的标准值 G_k 是根据结构的设计尺寸、材料和构件的单位自重计算确定的，可变荷载的标准值 Q_k 按《建筑结构

荷载规范》（GB 50009—2012）规定采用。

2）荷载准永久值。可变荷载准永久值是按正常使用极限状态准永久组合设计时采用的荷载代表值，是在结构预定使用期内经常达到和超过的荷载值。其对结构的影响，在性质上类似永久荷载。准永久值一般依据在设计基准期内，荷载达到和超过该值的总持续时间与设计基准期的比值为 0.5 的原则确定。记为 $\psi_k Q_k$，其中 ψ_k 为准永久值系数。

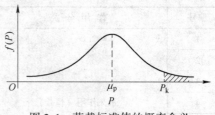

图 2.1　荷载标准值的概率含义

准永久值是对在结构上经常出现的且量值较小的荷载作用取值，结构在正常使用极限状态按长期效应（准永久）组合设计时采用准永久值作为可变作用的代表值，实际上是考虑可变作用的长期作用效应而对标准值的一种折减。

3）荷载的频遇值。对于可变荷载，在设计基准期内，其超过的总时间为规定的较小比率或超越次数为规定次数的荷载值。它是指结构上较频繁出现的且量值较大的荷载作用取值。正常使用极限状态按短期效应（频遇）组合设计时，采用频遇值为可变作用的代表值。可变作用频遇值为可变作用标准值乘以频遇值系数，记为 $\psi_f Q_k$，其中 ψ_f 为可变荷载频遇系数。

4）荷载组合值。当结构上作用多种荷载，且具有两种或两种以上的可变荷载时，同时以各自最大值出现的可能性很小，因此需要结合相应的设计状况，进行作用效应组合，并取其最不利组合进行设计。作用效应组合是结构上几种作用分别产生的效应的随机叠加，而作用效应最不利组合是指所有可能的作用效应组合中对结构或结构构件产生总效应最不利的一组作用效应组合，该值作为荷载组合值，即将多种可变荷载中的第一个可变荷载（产生荷载效应为最大的荷载）以外的其他荷载标准值乘以荷载组合值系数 ψ_c 所得的荷载值。它是承载能力极限状态按作用效应基本组合设计和正常使用极限状态标准组合设计所采用的荷载代表值。记为 $\psi_c Q_k$。

《建筑结构荷载规范》（GB 50009—2012）已给出各种可变荷载的标准值和组合值、频遇值和准永久值系数及各种材料的自重，设计时可以直接查用，见表 2.2~表 2.4。

表 2.2　常用材料和构件自重

名　称	自　重	备　注
普通砖	$18kN/m^3$	684（块/m^3）
普通砖	$19kN/m^3$	机器制
灰砂砖	$18kN/m^3$	砂：石灰 = 92：8
马赛克	$0.12kN/m^3$	厚 5mm
石灰砂浆、混合砂浆	$17kN/m^3$	
水泥砂浆	$20kN/m^3$	
素混凝土	$22~24kN/m^3$	振捣或部分振捣
泡沫混凝土	$4~6kN/m^3$	

续表 2.2

名　称	自　重	备　注
加气混凝土	$5.5 \sim 7.5 kN/m^3$	
钢筋混凝土	$24 \sim 25 kN/m^3$	
浆砌机砖	$19 kN/m^3$	
水泥粉刷墙面	$0.36 kN/m^2$	20mm 厚，水泥粗砂
水刷石墙面	$0.5 kN/m^2$	25mm 厚，包括打底
石灰粗砂粉刷	$0.34 kN/m^2$	20mm 厚
木框玻璃窗	$0.2 \sim 0.3 kN/m^2$	
玻璃幕墙	$1.0 \sim 1.5 kN/m^2$	一般可按单位面积玻璃自重增大 20%～30% 采用
钢框玻璃窗	$0.4 \sim 0.45 kN/m^2$	
油毡防水层	$0.35 \sim 0.4 kN/m^2$	八层做法，三毡四油上铺小石子
三夹板顶棚	$0.18 kN/m^2$	吊木在内
铝合金龙骨吊顶	$1 \sim 0.12 kN/m^2$	一层 15mm 厚矿棉吸音板，无保温层
水磨石地面	$0.65 kN/m^2$	10mm 面层，20mm 水泥砂浆底

表 2.3　主要民用建筑楼面均布活荷载标准值及相关系数

项次	类　别	标准值 /$kN \cdot m^{-2}$	组合值系数 ψ_c	频遇值系数 ψ_f	准永久值系数 ψ_q
1	（1）住宅、宿舍、旅馆、办公楼、医院病房、托儿所、幼儿园	2.0	0.7	0.5	0.4
	（2）试验室、阅览室、会议室、医院门诊室	2.0	0.7	0.6	0.5
2	教室、食堂、餐厅、一般资料档案室	2.5	0.7	0.6	0.5
3	（1）礼堂、剧场、影院、有固定座位的看台	3.0	0.7	0.5	0.3
	（2）公共洗衣房	3.0	0.7	0.6	0.5
4	（1）商店、展览厅、车站、港口、机场大厅及其旅客等候车室	3.5	0.7	0.6	0.5
	（2）无固定座位的看台	3.5	0.7	0.5	0.3
5	（1）健身房、演出舞台	4.0	0.7	0.6	0.5
	（2）运动场、舞厅	4.0	0.7	0.6	0.3
6	（1）书库、档案库、储藏室	5.0	0.9	0.9	0.8
	（2）密集柜书库	12.0	0.9	0.9	0.8
7	通风机房、电梯机房	7.0	0.9	0.9	0.8

项次	类 别			标准值 /kN·m^{-2}	组合值系数 ψ_c	频遇值系数 ψ_f	准永久值系数 ψ_q
8	汽车通道及客车停车库	(1) 单向板楼盖（板跨不小于 2m）和双向板楼盖（板跨不小于 3m×3m）	客车	4.0	0.7	0.7	0.6
			消防车	35.0	0.7	0.5	0.0
		(2) 双向板楼盖（板跨不小于 6m×6m）和无梁楼盖（柱网不小于 6m×6m）	客车	2.5	0.7	0.7	0.6
			消防车	20.0	0.7	0.5	0.0
9	厨房	(1) 餐厅		4.0	0.7	0.7	0.7
		(2) 其他		2.0	0.7	0.6	0.5
10	浴室、卫生间、盥洗室			2.5	0.7	0.6	0.5
11	走廊、门厅	(1) 宿舍、旅馆、医院病房、托儿所、幼儿园、住宅		2.0	0.7	0.5	0.4
		(2) 办公楼、餐厅、医院门诊部		2.5	0.7	0.6	0.5
		(3) 教学楼及其他可能出现人员密集的情况		3.5	0.7	0.5	0.3
12	楼梯	(1) 多层住宅		2.0	0.7	0.5	0.4
		(2) 其他		3.5	0.7	0.5	0.3
13	阳台	(1) 可能出现人员密集的情况		3.5	0.7	0.6	0.5
		(2) 其他		2.5	0.7	0.6	0.5

注：1. 本表所给各项活荷载适用于一般使用条件，当使用荷载较大、情况特殊或有专门要求时，应按实际情况采用；

2. 第 6 项书库活荷载当书架高度大于 2m 时，书库活荷载尚应按每书架高度不小于 2.5kN/m² 确定；

3. 第 8 项中的客车活荷载只适用于停放载人少于 9 人的客车；消防车活荷载适用于满载总重为 300kN 的大型车辆；当不符合本表的要求时，应将车轮的局部荷载按结构效应的等效原则换算为等效均布荷载；

4. 第 8 项消防车活荷载，当双向板楼盖板跨介于 3m×3m~6m×6m 之间时，应按跨度线性插值确定；

5. 第 12 项楼梯活荷载，对预制楼梯踏步平板，尚应按 1.5kN 集中荷载验算；

6. 本表各项荷载不包括隔墙自重和二次装修荷载；对固定隔墙的自重应按永久荷载考虑，当隔墙位置可灵活自由布置时，非固定隔墙的自重应取不小于 1/3 的每延米长墙重（kN/m）的作为楼面活荷载的附加值（kN/m²）计入，且附加值不应小于 1.0kN/m²。

表 2.4　屋面均布活荷载标准值

项次	类 别	标准值 /kN·m^{-2}	组合值系数 ψ_c	频遇值系数 ψ_f	准永久值系数 ψ_q
1	不上人的屋面	0.5	0.7	0.5	0

续表 2.4

项次	类 别	标准值 /kN·m⁻²	组合值系数 ψ_c	频遇值系数 ψ_f	准永久值系数 ψ_q
2	上人的屋面	2.0	0.7	0.5	0.4
3	屋顶花园	3.0	0.7	0.6	0.5
4	屋顶运动场	4.0	0.7	0.6	0.4

注：1. 不上人的屋面，当施工或维修荷载较大时，应按实际情况采用；对不同结构应按有关设计规范的规定，将标准值作 0.2kN/m² 的增减；

2. 上人的屋面兼作其他用途时，应按相应楼面活荷载采用；

3. 对于因屋面排水不畅、堵塞等引起的积水荷载，应采取构造措施加以防止；必要时，应按积水的可能深度确定屋面活荷载；

4. 屋顶花园活荷载不包括花园土石等材料自重。

（4）作用效应。直接作用和间接作用都将使结构产生内力（弯矩、剪力、轴力、扭矩等）和变形（挠度、转角、拉伸、压缩、裂缝等）。这种由作用所产生的内力和变形称为作用效应，以 S 表示。

荷载效应是指当内力和变形由荷载产生时的作用效应。荷载和荷载效应之间的关系可以用近似值线性关系表示，即

$$S = CQ \tag{2.2}$$

式中 C——荷载效应系数，即结构因荷载而产生的效应值（比如变形、应变或者应力等）与结构所受荷载的比值。

2.1.2 材料强度及结构抗力

（1）结构构件材料强度。在实际工程中，按同一标准生产的钢筋、混凝土、钢管、扣件各批次之间的强度是有差异的，不可能完全相同，即使是同一炉钢轧成的钢筋、钢管或同一次配合比搅拌生产的混凝土，按照同一方法在同一台试验机上进行试验，所测得的强度值也不完全相同。因此由于受材料不均匀性和施工工艺、加荷条件、所处环境、尺寸大小以及实际结构构件与试件的差异性等因素导致结构材料强度也是一个随机变量。为了在设计中合理取用材料强度值，对材料强度的取值有强度标准值和强度设计值之分。

材料强度标准值是结构设计时采用的材料强度基本代表值。当材料服从正态分布时，材料的强度标准值按其概率分布的 0.05 分位数确定，此时具有 95% 以上的保证率，对应的保证率系数 α = 1.645，如图 2.2 所示，即其取值原则是在符合规定质量的材料强度实测值的总体中，材料强度的实际值大于等于强度标准值的概率为 95% 以上（含 95%）。所以，材料的强度标准值确定基本式为

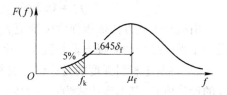

图 2.2 材料强度标准值的确定方法

$$f_k = f_m(1 - 1.645\delta_f) \tag{2.3}$$

式中 f_m——材料强度的平均值，N/mm²；

δ_f——材料强度的变异系数。

1）混凝土材料强度的标准值。

① 混凝土立方体抗压强度标准值 $f_{cu,k}$。按照标准方法制作和养护的边长为 150mm 的立方体试件，在 28 天龄期用标准试验方法测得的具有 95% 保证率的抗压强度称为混凝土立方体抗压强度标准值，按式（2.3）确定。

根据混凝土立方体抗压强度标准值进行的强度等级的划分，称为混凝土强度等级并冠以符号 C 来表示，规定混凝土强度等级有 14 级，即 C15 ~ C80，中间以 5N/mm² 进级。C50 以下为普通强度混凝土，C50 以上为高强度混凝土，C50 表示混凝土立方体抗压强度标准值为 $f_{cu,k} = 50\text{N/mm}^2$。

② 混凝土轴心抗压强度标准值 f_{ck}。设计应用的混凝土棱柱体抗压强度 f_c 与立方体抗压强度 f_{cu} 有一定的关系，其平均值的关系为

$$f_{c,m} = 0.88\alpha_{c1}\alpha_{c2}f_{cu,m} \tag{2.4}$$

式中　$f_{c,m}$，$f_{cu,m}$——分别为混凝土轴心抗压强度平均值和立方体抗压强度平均值，N/mm²；

　　　　α_{c1}——混凝土轴心抗压强度与立方体抗压强度的比值；

　　　　α_{c2}——混凝土脆性折减系数。对 C40 取 $\alpha_{c2} = 1.0$；对 C80 取 $\alpha_{c2} = 0.87$，其间按线性插入。

设混凝土轴心抗压强度 f_c 的变异系数与立方体抗压强度 f_{cu} 的变异系数相同，则混凝土轴心抗压强度标准值 f_{ck} 可由式（2.5）确定

$$f_{ck} = f_{c,m}(1 - 1.645\delta_f) = 0.88\alpha_{c1}\alpha_{c2}f_{cu,m}(1 - 1.645\delta_f)$$
$$= 0.88\alpha_{c1}\alpha_{c2}f_{cu,k} \tag{2.5}$$

③ 混凝土抗拉强度标准值 f_{tk}。根据试验数据分析，混凝土抗拉强度 f_t 与立方体抗压强度 f_{cu} 之间的平均值关系为

$$f_{t,m} = 0.88 \times 0.395\alpha_{c2}(f_{cu,m})^{0.55} \tag{2.6}$$

式中　$f_{t,m}$，$f_{cu,m}$——分别为混凝土轴心抗拉强度平均值和立方体抗压强度平均值，N/mm²。

设混凝土轴心抗拉强度 f_t 的变异系数与立方体抗压强度 f_{cu} 的变异系数相同，将式（2.6）代入式（2.3），整理后可得到

$$f_{tk} = 0.348\alpha_{c2}(f_{cu,k})^{0.55}(1 - 1.645\delta_f)^{0.45} \tag{2.7}$$

由混凝土立方体抗压强度标准值 $f_{cu,k}$，分别通过式（2.5）和式（2.7）可以得到相应混凝土强度级别的混凝土轴心抗压强度标准值和轴心抗拉强度标准值。

2）混凝土材料强度的设计值。材料强度标准值 f_k 除以材料分项系数 γ_m，即为材料强度的设计值 f，基本表达式为式（2.8）

$$f = f_k/\gamma_m \tag{2.8}$$

式中　γ_m——材料性能分项系数，须根据不同材料，进行构件分析的可靠指标是否达到规定的目标可靠指标及工程经验校准来确定。

混凝土轴心抗压、轴心抗拉强度设计值 f_c、f_t 按表 2.5 采用；取混凝土轴心抗压强度和轴心抗拉强度的材料性能分项系数为 1.45，接近按二级安全等级结构分析的脆性破坏构件目标可靠指标的要求。

表 2.5　混凝土轴心抗压强度设计值　　　　　　　　　　（N/mm²）

强度种类	混凝土强度等级													
	C15	C20	C25	C30	C35	C40	C45	C50	C55	C60	C65	C70	C75	C80
f_c	7.2	9.6	11.9	14.3	16.7	19.1	21.1	23.1	25.3	27.5	29.7	31.8	33.8	35.9
f_t	0.91	1.10	1.27	1.43	1.57	1.71	1.80	1.89	1.96	2.04	2.09	2.14	2.18	2.22

将 $\gamma_m = 1.45$ 代入式（2.8），可得到混凝土轴心抗压强度设计值 f_{cd} 和轴心抗拉强度设计值 f_{td}。

（2）钢筋（型钢）的强度标准值和强度设计值。为了使钢筋强度标准值与钢筋的检验标准统一，对有明显流幅的热轧钢筋，钢筋的抗拉强度标准值 f_{sk} 采用国家标准中规定的屈服强度标准值，国家标准中规定的屈服强度标准值即为钢筋出厂检验的废品限值，其保证率不小于 95%；对于无明显流幅的钢筋，如钢丝、钢绞线等，也根据国家标准中规定的极限抗拉强度值确定，其保证率也不小于 95%。

这里应注意，对钢绞线、预应力钢丝等无明显流幅的钢筋，取 $0.85\sigma_b$（σ_b 为国家标准中规定的极限抗拉强度）作为设计取用的条件屈服强度（指相应于残余应变为 0.2% 时的钢筋应力）。

热轧钢筋和精轧螺纹钢筋的材料性能分项系数取 1.20，对钢绞线、钢丝等的材料性能分项系数取 1.47。将钢筋的强度标准值除以相应的材料性能分项系数 1.20 或 1.47，则得到钢筋抗拉强度的设计值。

普通钢筋的抗拉强度设计值 f_y 及抗压强度设计值 f_y' 应按表 2.6 采用；钢绞线、钢丝、精轧螺纹钢筋、预应力钢筋的抗拉强度设计值 f_{py} 及抗压强度设计值 f_{py}' 应按表 2.7 采用。

钢筋抗压强度设计值按 $f_{sd}' = \varepsilon_s' E_s'$ 或 $f_{pd}' = \varepsilon_p' E_p'$ 确定。E_s' 和 E_p' 分别为热轧钢筋和钢绞线等的弹性模量；ε_s' 和 ε_p' 为相应钢筋种类的受压应变，取 ε_s'（ε_p'）等于 0.002。f_{sd}'（或 f_{pd}'）不得大于相应的钢筋抗拉强度设计值。

表 2.6　普通钢筋强度设计值　　　　　　　　　　（N/mm²）

种　　类		f_y	f_y'
热轧钢筋	HPB300	270	270
	HRB335、HRBF335、	300	300
	HRB400、HRBF400、RRB400	360	360
	HRB500、HRBF500	435	435

表 2.7　预应力钢筋强度设计值　　　　　　　　　　（N/mm²）

钢筋种类	f_{ptk}	f_{py}	f_{py}'
中强度预应力钢丝	800	510	410
	970	650	
	1270	810	
消除应力钢丝	1470	1040	410
	1570	1110	
	1860	1320	

钢筋种类	f_{ptk}	f_{py}	f'_{py}
钢绞线	1570	1110	390
	1720	1220	
	1860	1320	
	1960	1390	
预应力螺纹钢筋	980	650	435
	1080	770	
	1230	900	

注：当预应力筋的强度标准值不符合表 2.6 的规定时，其强度设计值应进行相应的比例换算。

（3）结构抗力。结构抗力是指结构构件承受外加作用的能力。对应于作用的各种效应，结构构件具有相应的抗力，如截面的承载能力、刚度、抗裂性等均为结构构件抗力，用 R 表示。

结构抗力是材料性能（强度、弹性模量）、构件截面几何特性（高度、宽度、面积、惯性矩、抵抗矩等）及计算模式的函数，其中材料性能是决定结构抗力的主要因素。由于上述各项的不确定性，所以结构构件抗力也是一个随机变量。

2.1.3　结构可靠度和可靠度指标

2.1.3.1　建筑施工结构可靠度

建筑结构和施工设施结构设计的目的，就是要使所设计的结构，在规定的时间内能够具有足够可靠性，完成全部预定功能的要求。结构的功能是由其使用要求决定的，具体有如下三个方面：

（1）安全性，即结构应能承受在正常施工和正常使用期间可能出现的各种荷载、外加变形、约束变形等的作用。同时，在偶然荷载（如地震、强风）作用下或偶然事件（如爆炸）发生时和发生后，结构仍能保持整体稳定性，不发生倒塌。

（2）适用性，即结构在正常使用条件下具有良好的工作性能，例如，不发生影响正常使用的过大变形或局部损坏。

（3）耐久性，即结构在正常使用和正常维护的条件下，在规定的时间内，具有足够的耐久性，如不发生开展过大的裂缝宽度，不发生由于混凝土保护层碳化导致钢筋的锈蚀。

结构的安全性、适用性和耐久性这三者总称为结构的可靠性。可靠性的定量描述一般用可靠度。结构可靠度是结构在规定的时间内，在规定的条件下，可完成"预定功能"的概率度量，它是建立在统计数学的基础上经计算分析确定，从而给结构的可靠性一个定量的描述。

这里所说的"规定的条件"是指结构正常设计、正常施工和正常使用的条件，即不考虑人为过失的影响；"预定功能"是指上面提到的三项基本功能。"规定时间"是指对结构进行可靠度分析时，结合结构使用期，考虑各种基本变量与时间的关系所取用的基准时间参数，即设计基准期。该值是在进行施工结构可靠性分析时，考虑持久设计状况下各项基本变量与时间关系所采用的基准时间参数。可参考结构使用寿命的要求适当选定，但不能将设计基准期简单地理解为施工结构的使用寿命，两者是有联系的，然而又不完全等同。当施工结构的使用时间超过设计基准期时，表明它的失效概率可能会增大，不能保证其目标可靠指标，但不等于结构丧失所要求的功能甚至报废。一般来说，使用寿命长，设计基准期也可以长一些；使用寿命短，设计基准期应短一些，通常设计基准期应该小于寿命期，而不应大于寿命期。影响结构可靠度的基本设计变量，如施工车辆作用、施工人群作用、风作用、温度作用等，都是随时间变化的。设计变量取值大小与时间长短有关，从而直接影响结构可靠度。因此，必须参照结构的预期使用时间、施工维护能力和措施等规定的结构设计基准期。目前，国际上对施工结构的设计基准期的取值尚不统一，但应大于施工周期。根据我国建筑施工结构的使用现状和以往的设计经验，施工结构设计基准期统一取为 2 年，属于适中时域。

2.1.3.2 结构的失效概率与可靠度指标

工程结构的可靠度通常受各种作用效应、材料性能、结构几何参数、计算模式准确程度等诸多因素的影响。在进行结构可靠度分析和设计时，应针对所要求的结构各种功能，把这些有关因素作为基本变量 X_1，X_2，$\cdots$，X_n 来考虑，由基本变量组成的描述结构功能的函数 $Z = g(X_1, X_2, \cdots, X_n)$ 称为结构功能函数，结构功能函数是以基本变量为自变量，用来描述结构完成功能状况的函数。

A 结构的失效概率

将若干基本变量组合成综合变量，即将作用效应方面的基本变量组合成综合作用效应 S，抗力方面的基本变量组合成综合抗力 R，从而结构的功能函数为 $Z = R - S$。作用效应 S 和结构抗力 R 都是随机变量，因此，结构不满足或满足其功能要求的事件也是随机的。一般把出现结构不满足功能要求的事件的概率称为结构的失效概率，记为 P_f；把出现满足功能要求的事件的概率称为可靠概率，记为 P_r。由概率论可知，这二者是互补的，即 $P_f + P_r = 1.0$。

功能函数 $Z = R - S$ 可能出现如下三种情况（图 2.3）

$Z = R - S > 0$ 结构处于可靠状态；

$Z = R - S < 0$ 结构已失效或破坏；

$Z = R - S = 0$ 结构处于极限状态。

图 2.3 中，$R = S$ 直线表示结构处于极限状态，此时作用效应 S 恰好等于结构抗力 R。图中位于直线上方的区域表示结构可靠，即 $S_1 < R_1$；位于直线下方的区域表示结构失效，即 $S_2 > R_2$。

结构可靠度设计的目的，就是要使结构处于可靠状态，至少也应处于极限状态。用功能函数表示时应符合以下要求：

$$Z = g(X_1, X_2, \cdots, X_n) \geqslant 0 \tag{2.9}$$

或

$$Z = g(R, S) = R - S \geqslant 0 \tag{2.10}$$

式（2.2）为结构或构件处于极限状态时，各有关基本变量的关系式，它是判别结构

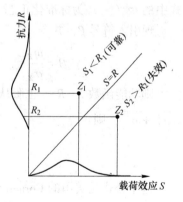

图 2.3 结构所处状态

是否失效和进行可靠度分析的重要依据。

B 服从正态分布的可靠度指标

为说明问题的方便起见，设 R 和 S 都服从正态分布，且其平均值和标准差分别为 m_R、m_S 和 σ_R、σ_S，则两者的差值 Z 也是正态随机变量，并具有平均值 $m_Z = m_R - m_S$，标准差 $\sigma_Z = \sqrt{\sigma_R^2 + \sigma_S^2}$。$Z$ 的概率密度函数为：

$$f_Z(Z) = \frac{1}{\sqrt{2\pi}\,\sigma_Z} \exp\left[-\frac{1}{2}\left(\frac{Z - m_Z}{\sigma_Z}\right)^2 \right] \quad -\infty < Z < \infty \tag{2.11}$$

其分布如图2.4所示。结构的失效概率 P_f 就是图2.4（a）中阴影面积 $P(Z<0)$，用公式表示为

$$P_f = P(Z < 0) = \int_{-\infty}^{0} \frac{1}{\sqrt{2\pi}\,\sigma_Z} \exp\left[-\frac{1}{2}\left(\frac{Z - m_Z}{\sigma_Z}\right)^2 \right] dZ \tag{2.12}$$

现将 Z 的正态分布 $N(m_Z, \sigma_Z)$ 转换为标准正态分布 $N(0, 1)$，引入标准化变量 t（$m_t = 0$，$\sigma_t = 1$），如图2.4（b）所示，现取

$$t = \frac{z - m_Z}{\sigma_Z}, \quad dz = \sigma_Z dt$$

当 $Z \rightarrow -\infty$ 时，$t \rightarrow \infty$；当 $Z = 0$ 时，$t = -m_Z/\sigma_Z$。

将以上结果代入式（2.12）后得到

$$P_f = \int_{-\infty}^{-\frac{m_Z}{\sigma_Z}} \frac{1}{\sqrt{2\pi}} \exp\left(-\frac{t^2}{2} \right) dt = 1 - \Phi\left(\frac{m_Z}{\sigma_Z}\right) = \Phi\left(-\frac{m_Z}{\sigma_Z}\right) \tag{2.13}$$

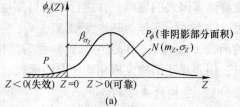

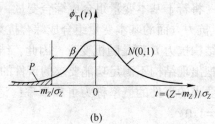

式中的 $\Phi(\cdot)$ 为标准化正态分布函数。

现引入符号 β，并令：

$$\beta = \frac{m_Z}{\sigma_Z} \tag{2.14}$$

图2.4　正态分布和标准正态分布坐标系
(a) 正态分布坐标系；(b) 标准正态分布坐标系

则功能函数 $Z = R - S$ 也服从正态分布，其平均值和标准差分别为 $m_Z = m_R - m_S$ 及 $\sigma_Z = \sqrt{\sigma_R^2 + \sigma_S^2}$，则：

$$\beta = \frac{m_Z}{\sigma_Z} = \frac{m_R - m_S}{\sqrt{\sigma_R^2 + \sigma_S^2}} \tag{2.15}$$

这个公式是美国的 Cornell 于1967年最先提出来的，它是结构可靠分析中一个最基本的公式。

由式（2.13）可得到

$$P_f = \Phi(-\beta) \tag{2.16}$$

式中　β——无量纲系数，称为结构可靠指标，反映了失效概率与可靠指标之间的关系。

由 $P_r + P_f = 1$ 还可导出可靠指标 β 同可靠概率 P_r 的一一对应关系为

$$P_r = 1 - P_f = 1 - \Phi(-\beta) = \Phi(\beta) \tag{2.17}$$

将 β 称作结构的可靠指标的原因是：

（1） β 是失效概率和可靠概率的质量，β 与 P_f 或 P_r 具有一一对应的数量关系，这可从表 2.8 和式（2.16）、式（2.17）看出来，β 越大，则失效概率 P_f 越小（即阴影面积越小），可靠概率 P_r 越大。

表 2.8　可靠指标 β 及相应的失效概率 P_f 的关系

β	1.0	1.64	2.00	3.00	3.71	4.00	4.50
P_f	15.87×10^{-2}	5.05×10^{-2}	2.27×10^{-2}	1.35×10^{-3}	1.04×10^{-4}	3.17×10^{-5}	3.40×10^{-6}

（2） 如图 2.5 所示，功能函数的概率密度函数为 $f_Z(Z)$、平均值为 m_z、标准差为 σ_z。在横坐标轴 Z 上，从坐标原点（$Z = 0$，失效点）到密度函数曲线的平均值 m_z 处的距离为 $\beta\sigma_z$，若 $\beta\sigma_z$ 大，则阴影部分的面积小，失效概率 P_f 小，结构可靠度大；反之，$\beta\sigma_z$ 小，阴影部分面积大，失效概率 P_f 大，结构可靠度小。

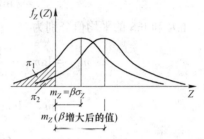

图 2.5　可靠指标 β 与平均值 m_z 关系图

（3） 功能函数为某一概率密度函数 $f_Z(z)$ 时，由 $\beta = m_z/\sigma_z$ 可知，当标准差 $\sigma_z =$ 常量时，β 只随平均值 m_z 而变。而当 β 增加时，会使概率密度曲线由于 m_z 的增加而向右移动（图 2.5 的虚线所示），即 P_f 将变小，变为 P_f'，结构可靠概率增大。

以上分析表明，结构可靠度既可用失效概率 P_f 来描述和度量，也可用 β 来描述和度量，工程上目前常用 β 表示结构的可靠程度，并称之为结构的可靠指标。

可靠指标 β 的计算式（2.15）是在 R 和 S 都服从正态分布的情况下得到的。如果 R 和 S 都不服从正态分布，但能求出 Z 的平均值 m_z 和标准差 σ_z，则由式（2.15）算出的 β 是近似的或称名义的，不过在工程中仍然具有一定的参考价值。

【例 2.1】 设某构件中某点的抗力为 R，荷载效应为 S，已知 R 和 S 的平均值、标准差分别为：$(m_R, \sigma_R) = (68540, 6431)$ N/mm^2，$(m_S, \sigma_S) = (37289, 4130)$ N/mm^2，试求其可靠度。

解： 由式（2.15）得到

$$\beta = \frac{m_R - m_S}{\sqrt{\sigma_R^2 + \sigma_S^2}} = \frac{68540 - 37289}{\sqrt{6431^2 + 4130^2}} = 4.09$$

由式（2.17）可求出相对应的可靠度

$$P_r = \Phi(\beta) = \Phi(4.09) = 99.99\%$$

C　服从对数正态分布的可靠度指标

两个对数正态分布变量 R 和 S 具有极限状态方程：

$$Z = \ln R - \ln S = 0$$

因为抗力和荷载效应大多趋向于偏态分布，按正态分布计算将产生较大的误差，因此，Rosenblueth 和 Estera 等学者建议采用 R 和 S 的对数正态分布模型。将 $\ln R$ 和 $\ln S$ 的平均值与标准差分别计为 $m\ln R$、$m\ln S$、$\sigma\ln R$、$\sigma\ln S$，由于 $\ln R$ 和 $\ln S$ 都是正态分布，因此

Z 也是正态分布，其平均值和标准差为 $m_Z = m_{\ln R} - m_{\ln S}$ 和 $\sigma_Z = (\sigma_{\ln R}^2 + \sigma_{\ln S}^2)^{1/2}$。

为了直接利用 R、S 的一阶和二阶矩，通过变换可以用 m_R、m_S 和 σ_R、σ_S 来表示 m_Z、σ_Z。根据对数正态分布的性质，$\ln R$ 和 $\ln S$ 的方差分别为

$$\sigma_{\ln R}^2 = \ln(1 + V_R^2) \quad 和 \quad \sigma_{\ln S}^2 = \ln(1 + V_S^2)$$

其中，$V_R = \dfrac{\sigma_R}{m_R}$，$V_S = \dfrac{\sigma_S}{m_S}$

故，
$$\begin{aligned}\sigma_Z &= \left[\ln(1 + V_R^2) + \ln(1 + V_S^2)\right]^{1/2}\\ &= \left\{\ln\left[(1 + V_R^2)(1 + V_S^2)\right]\right\}^{1/2}\end{aligned} \tag{2.18}$$

$\ln R$ 和 $\ln S$ 的平均值分别为

$$m_{\ln R} = \ln m_R - \frac{1}{2}\sigma_{\ln R}^2 \quad 和 \quad m_{\ln S} = \ln m_S - \frac{1}{2}\sigma_{\ln S}^2$$

故，
$$\begin{aligned}m_Z &= \ln m_R - \ln m_S - \frac{1}{2}(\sigma_{\ln R}^2 - \sigma_{\ln S}^2)\\ &= \ln\left(\frac{m_R}{m_S}\right) - \frac{1}{2}\ln\left(\frac{1 + V_R^2}{1 + V_S^2}\right)\\ &= \ln\left(\frac{m_R}{m_S}\sqrt{\frac{1 + V_S^2}{1 + V_R^2}}\right)\end{aligned} \tag{2.19}$$

最后由式 (2.14) 得到

$$\beta = \frac{m_Z}{\sigma_Z} = \frac{\ln\left(\dfrac{m_R}{m_S}\sqrt{\dfrac{1 + V_S^2}{1 + V_R^2}}\right)}{\sqrt{\ln\left[(1 + V_R^2)(1 + V_S^2)\right]}} \tag{2.20}$$

当 V_R 和 V_S 都小于 0.3 时，式 (2.16) 可进一步得到简化，这里考虑

$$\ln(1 + V_R^2) \approx V_R^2,\ \ln(1 + V_S^2) \approx V_S^2$$

其误差已小于 2%。当 V_R 和 V_S 很小或基本上相等时，有

$$\sqrt{\frac{1 + V_S^2}{1 + V_R^2}} \approx 1$$

将以上各式代入式 (2.20)，得简化后的对数正态分布可靠指标 β 的计算公式为

$$\beta = \frac{\ln(m_R/m_S)}{\sqrt{V_R^2 + V_S^2}} \tag{2.21}$$

加拿大基于可靠度理论的房屋和公路桥梁结构设计规范，以及美国基于可靠度理论的钢结构设计规范，就是采用这个公式作为构件设计的基本公式。

【例 2.2】 某构件的抗力 R 和荷载效应 S 分别服从 R：$(m_R,\ \sigma_R) = (13506,\ 1289.5)$ N/mm^2，对数正态分布；S：$(m_S,\ \sigma_S) = (5894,\ 1796.4)$ N/mm^2，对数正态分布，试求其可靠度。

解： $m_R = 13506\mathrm{N/cm}^2$，$m_S = 5894\mathrm{N/cm}^2$，$V_R = \sigma_R/m_R = 0.0955$，$V_S = \sigma_S/m_S = 0.3048$。利用式（2.20）得到：

$$
\begin{aligned}
\beta &= \frac{\ln\left(\dfrac{m_R}{m_S}\sqrt{\dfrac{1 + V_S^2}{1 + V_R^2}}\right)}{\sqrt{\ln\left[(1 + V_R^2)(1 + V_S^2)\right]}}\\[2mm]
&= \frac{\ln\left(\dfrac{13506}{5894}\sqrt{\dfrac{1 + 0.3048^2}{1 + 0.0955^2}}\right)}{\sqrt{\ln\left[(1 + 0.0955^2)(1 + 0.3048^2)\right]}}\\[2mm]
&= 2.777
\end{aligned}
$$

相对应的可靠度为

$$P_r = \varPhi(\beta) = \varPhi(2.777) = 99.72\%$$

如果利用近似式（2.21），则有：

$$\beta = \frac{\ln(m_R/m_S)}{\sqrt{V_R^2 + V_S^2}} = \frac{\ln(13506/5894)}{\sqrt{0.0955^2 + 0.3048^2}} = 2.596$$

相对应的可靠度为

$$P_r = \varPhi(2.59) = 99.52\%$$

一般说来，当 V_R 和 V_S 小于 0.3 时，近似式（2.21）的误差小于 2%。而工程结构中随机变量的变异系数值都小于 0.3，所以式（2.21）还是用得较多的。

在近似概率极限状态设计法中，通常就是以可靠指标 β 为依据来确定设计表达式中各分项系数的取值的。

2.1.3.3 目标可靠指标

用作结构设计依据的可靠指标，称为目标可靠指标。它主要是采用"校准法"并结合工程经验和经济优化原则加以确定的。所谓"校准法"就是根据各基本变量的统计参数和概率分布类型，运用可靠度的计算方法，揭示以往规范隐含的可靠度，以此作为确定目标可靠指标的依据。这种方法在总体上承认了以往规范的设计经验和可靠度水平，同时也考虑了渊源于客观实际的调查统计分析资料，无疑是比较现实和稳妥的。

根据《建筑结构可靠度设计统一标准》（GB/T 50068—2017）的规定，按持久状况进行承载能力极限状态设计时，结构的目标可靠指标应符合表 2.9 的规定。

表 2.9　结构构件的目标可靠指标

构件破坏类型	结构安全等级		
	一级	二级	三级
延性破坏	4.7	4.2	3.7
脆性破坏	5.2	4.7	4.2

表 2.9 中延性破坏系指结构构件有明显变形或其他预兆的破坏；脆性破坏系指结构构件无明显变形或其他预兆的破坏。

按偶然状况进行承载能力极限状态设计时，公路桥梁结构的目标可靠指标应符合有关规范的规定。

进行正常使用极限状态设计时，建筑施工结构的目标可靠指标可根据不同类型结构的特点和工程经验确定。

2.2　极限状态设计方法

当整个结构体系或其中一部分超过某一特定状态而不能满足设计规定的某一功能要求时，则此特定状态称为该功能的极限状态。对于结构的各种极限状态，均应规定明确的标志和限值。欧洲混凝土委员会、国际预应力混凝土协会和国际标准化组织等国际组织，一般将极限状态分为两类：承载能力极限状态和正常使用极限状态。加拿大曾提出三种极限状态，即破坏极限状态、损伤极限状态和使用极限状态。其中损伤极限状态是由混凝土的裂缝或碎裂而引起的损坏，因其对人身安全危险性较小，可允许比破坏极限状态具有较大一些的失效概率。国际上还有一种结构的极限状态为"破坏—安全"极限状态，又称为条件极限状态。超过这种极限状态而导致的破坏，是指允许结构物发生局部损坏，而对已发生局部破坏结构的其余部分，应该具有适当的可靠度，能继续承受降低了的设计荷载。其指导思想是，当偶然事件发生后，要求结构仍保持完整无损是不现实的，也是没有必要和不经济的，故只能要求结构不致因此而造成更严重的损失。所以这种设计理论可应用于桥梁抗震和连拱推力墩的计算等方面。

我国的《工程结构可靠度设计统一标准》(GB 50153—2016)将极限状态划分为承载能力极限状态和正常使用极限状态两类。同时提出，随着技术进步和科学发展，在工程结构上还应考虑"连续倒塌极限状态"，即万一个别构件局部破坏，整个结构仍能在一定时间内保持必需的整体稳定性，防止发生连续倒塌。所谓的结构可靠度设计一般是将赋予概率意义的极限状态方程转化为极限状态设计表达式，此类设计均可称为概率极限状态设计。工程结构设计中应用概率意义上的可靠度、可靠概率或可靠指标来衡量结构的安全程度。实际上，结构的设计不可能是绝对可靠的，至多是说它的不可靠概率或失效概率相当小，如5%以内。

2.2.1　承载力极限状态设计

（1）基本概念。承载力极限状态是指结构或结构构件达到最大承载能力或产生不适于继续承载的不可恢复变形的状态，如计算模板及支架结构或构件的强度、稳定性和连接强度时，应采用承载力极限状态。当出现下列状态之一，则认为结构或结构构件超过了其承载能力极限状态：

1）整个结构或结构的一部分作为刚体失去平衡，如倾覆、坍塌等；

2）结构构件或连接部位因材料强度不够而破坏（包括疲劳破坏）或因过度的塑性变形而不适于继续承载；

3）结构体系转变为机动体系；

4）结构或结构构件丧失稳定，如压屈等。

承载能力极限状态主要考虑结构的安全性，而结构是否安全关系到生命、财产的安危，因此，应严格控制出现这种极限状态的可能性。

（2）计算公式。极限状态实用设计表达式，是将极限状态方程转换为以基本变量的标准值和分项系数形式表达的极限状态实用设计表达式。承载能力极限状态设计表达式一般

情况下按设计荷载效应和材料强度设计值的组合形式表示，其具体表达式为

$$\gamma_0 S \leqslant R \tag{2.22}$$

$$R = R(\cdot) = R(f_c, f_s, \alpha_k, \cdots) \tag{2.23}$$

式中　γ_0——结构构件重要性系数，对安全等级为一级、二级、三级的结构构件分别取
　　　　　1.1、1.0、0.9；

　　　R——结构构件承载力设计值，N；

　$R(\cdot)$——结构构件的承载力函数，即抗力设计值，N/mm²；

　f_c，f_s——混凝土和钢筋的强度设计值，N/mm²；

　　　α_k——几何参数；

　　　S——荷载效应组合设计值，N。

对于承载能力极限状态荷载效应组合设计值 S 的基本组合，应从下列组合值中取其最不利值确定。

1）由可变荷载效应控制的组合，见式（2.24）

$$S = \sum_{i=1}^{m} \gamma_{G_i} S_{G_ik} + \gamma_{Q_1} S_{Q_1k} + \sum_{j=2}^{n} \gamma_{Q_j} \psi_{c_i} S_{Q_jk} \tag{2.24}$$

2）由永久荷载效应控制的组合，见式（2.25）

$$S = \gamma_G c_G G_k + \sum_{i=1}^{n} \gamma_{Q_i} c_{Q_i} \psi_{c_i} Q_{ik} \tag{2.25}$$

3）对于一般排架、框架结构，可采用简化规则，按下列组合值中取最不利值确定。

由可变荷载效应控制的组合

$$S = \gamma_G C_G G_k + \gamma_{Q_1} C_{Q_1} Q_{1k}$$

$$S = \gamma_G G_G G_k + 0.9 \sum_{i=1}^{n} \gamma_{Q_i} C_{Q_i} Q_{ik}$$

式中　γ_{G_i}——第 i 个永久作用效应的分项系数，当永久作用效应（结构重力和预应力作用）对结构承载力不利时，$\gamma_G = 1.2$，由永久荷载效应控制时取 $\gamma_G = 1.35$；对结构的承载能力有利时，其分项系数 γ_G 的取值为 1.0，当验算倾覆、滑移或漂浮时，取 0.9；

　　S_{G_ik}——第 i 个永久作用效应的标准值，kN/m²；

　　γ_{Q_j}——第 i 个可变作用效应的分项系数，取 $\gamma_{Q_j} = 1.4$，但风荷载的分项系数取 $\gamma_{Q_i} = 1.1$；当楼面活荷载标准值大于 4kN/m² 时，考虑到活荷载数值已较大，取 1.3；

　　S_{Q_jk}——在作用效应组合中第 i 个可变作用效应的标准值，kN/m²；

　　ψ_{c_i}——活荷载作用效应的组合系数，当永久作用与汽车荷载和人荷载（或其他一种可变作用）组合时，人荷载（或其他一种可变作用）的组合系数 $\psi_c = 0.80$；当其除汽车荷载（含汽车冲击力，离心力）外尚有两种可变作用参与组合时，其组合系数取 $\psi_c = 0.70$；尚有三种其他可变作用参与组合时，$\psi_c = 0.60$；尚有四种及多于四种的可变作用参与组合时，$\psi_c = 0.50$。

由永久荷载效应控制的组合仍按式（2.25）采用。

2.2.2　正常使用极限状态

（1）基本概念。正常使用极限状态是指结构或结构构件达到正常使用或耐久性能的某项规定限值的状态，它主要是考虑结构的适用性功能和耐久性功能。当出现下列状态之一时，即认为结构或结构构件超过了正常使用极限状态：

1）影响正常使用或外观的变形，如吊车梁变形过大使吊车不能平稳行驶，梁挠度过大影响外观；

2）影响正常使用或耐久性能的局部损坏，如水池开裂漏水不能正常使用，梁的裂缝过宽导致钢筋锈蚀等；

3）影响正常使用的振动，如因机器振动而导致结构的振幅超过按正常使用要求所规定的限值；

4）不宜有的损伤，如腐蚀等；

5）影响正常使用的其他特定状态，如相对沉降量过大等。

结构设计时，应根据两种不同极限状态的要求，分别进行承载能力极限状态和正常使用极限状态的计算。对一切结构或结构构件均应进行承载能力（包括压屈失稳）极限状态的计算。正常使用极限状态的验算则应根据具体使用要求进行。对使用上需要控制变形值的结构构件，应进行变形验算；对使用上要求不出现裂缝的构件，应进行抗裂验算；对使用上允许出现裂缝的构件，应进行裂缝宽度验算。

结构或结构构件达到或超过正常使用极限状态时，对生命财产的危害较承载能力极限状态小得多，因此，目标可靠指标可以低一些。《建筑结构荷载规范》（GB 50009—2012）规定对于正常使用极限状态表达式中，永久荷载和材料强度均用标准值，可变荷载用代表值，组合值、频遇值或准永久值均不大于标准值。

（2）计算公式及方法。在正常使用极限状态计算中，要考虑荷载作用持续时间不同，分别按荷载的短期效应组合和荷载的长期效应组合进行检验，以保证结构构件变形、裂缝、应力等计算不超过相应的规定限值。正常使用极限状态设计的基本表达式为：

$$S_{d} \leq C \tag{2.26}$$

式中　C——结构或结构构件达到正常使用要求的规定限值，如变形、裂缝、振幅、加速度、应力等的限值，应按各有关建筑结构设计规范的规定采用。

按正常使用极限状态设计时，应根据不同结构不同的设计要求，选用以下一种或两种效应组合：

1）荷载标准组合的效应设计值 S_d

$$S_{d} = \sum_{j=1}^{m} S_{G_jk} + S_{Q_1k} + \sum_{i=2}^{n} \psi_{c_i} S_{Q_ik} \tag{2.27}$$

式中，永久荷载及第一个可变荷载采用标准值，其他可变荷载均采用组合值。ψ_{c_i} 为可变荷载的组合值系数。

2）荷载频遇组合的效应设计值 S_d

按荷载的频遇组合时，荷载效应组合的设计值 S_d 为

$$S_{d} = \sum_{j=1}^{m} S_{G_jk} + \psi_{f_1} S_{Q_1k} + \sum_{i=2}^{n} \psi_{q_i} S_{Q_ik} \tag{2.28}$$

式中 ψ_{f_1}——可变荷载的频遇值系数。

3）荷载准永久组合的效应设计值 S_d

按荷载的准永久组合时，荷载效应组合的设计值 S_d 为

$$S_d = \sum_{j=1}^{m} S_{G_jk} + \sum_{i=1}^{n} \psi_{q_i} S_{Q_ik} \qquad (2.29)$$

式中 ψ_{q_i}——可变荷载准永久值系数。

需要注意，无论标准组合、频遇组合还是准永久组合，组合中的设计值仅适用于荷载与荷载效应为线性的情况。

通常情况下，标准组合主要用于当一个极限状态被超越时将产生严重的永久性损害的情况；频遇组合主要用于当一个极限状态被超越时将产生局部损害、较大变形或短暂振动的情况；准永久组合主要用于当长期效应是决定性因素的情况。

2.3 建筑施工安全专项设计的基本方法

结构设计的一般原则为安全、适用、耐久和经济合理。结构设计应考虑功能性要求与经济性之间的均衡，在保证结构可靠的前提下，设计出经济的、技术先进的、施工方便的结构。结构设计的一般过程和方法如下：

（1）方案设计。施工临时设施的方案设计包括结构选型、结构布置和尺寸估算。主要内容有根据建筑物的设计方案确定结构选型，进行定位轴线、构件的布置；根据变形条件和稳定条件估算水平构件尺寸，根据侧移限制条件估算竖向构件。

（2）荷载与力学分析。选用线弹性、塑性或非线性等分析方法，进行静力分析（主要包括内力分析和变形分析）和动力分析。确定临时设施的永久荷载和可变荷载；其永久荷载主要包括临时设施或架体等结构自重和构、配件自重；其可变荷载主要包括作业层上的人员、施工设备、施工材料等的自重以及风荷载。各荷载具体取值查相应的规范。

1）荷载最不利组合。确定施工临时设施的计算内容；当计算构件的强度、稳定性与连接强度时，应采用荷载效应基本组合的设计值。永久荷载分项系数应取 1.2，可变荷载分项系数应取 1.4。当根据正常使用极限状态的要求验算构件变形时，应采用荷载效应的标准组合的设计值，各类荷载分项系数均应取 1.0。设计施工临时设施的承重构件时，应根据使用过程中可能出现的荷载取其最不利组合进行计算。例如脚手架荷载效应组合宜按表 2.10 采用。

表 2.10 脚手架荷载效应组合

计 算 项 目		荷 载 组 合
纵向横向水平杆强度与变形		永久荷载+施工荷载
脚手架立杆地基承载力；型钢悬挑梁的强度、稳定与变形		永久荷载+施工荷载
		永久荷载+0.9（施工荷载+风荷载）
立杆稳定性		永久荷载+可变荷载（不含风荷载）
		永久荷载+0.9（施工荷载+风荷载）
连墙件强度与稳定性	单排架	风荷载+2.0kN
	双排架	风荷载+3.0kN

2）施工临时设施构件受力计算。施工临时设施结构设计时构件计算可以根据其受力的数量和位置，按表 2.11 中的公式计算弯矩、剪力以及挠度值。

表 2.11　简支梁的弯矩、剪力、挠度表

简支梁类型	弯矩 M	剪力 V	挠度 w_A
	$M = \dfrac{Pl}{4}$	$V = \dfrac{1}{2}P$	$w_A = \dfrac{Pl^3}{48EI}$
	$M = \dfrac{Pl}{3}$	$V = P$	$w_A = \dfrac{23Pl^3}{648EI}$
	$M = Pa$	$V = P$	$w_A = \dfrac{Pal^2}{24EI}\left(3 - \dfrac{4a^2}{l^2}\right)$
	$M = \dfrac{Pl}{2}$	$V = 1.5P$	$w_A = \dfrac{19Pl^3}{384EI}$
	$M = P\left(\dfrac{l}{4} - a\right)$	$V = \dfrac{3P}{\alpha}$	$w_A = \dfrac{P}{48EI}(l^3 + 6al^2 - 8a^3)$
	$M = Pa$	$V = P$	$w_A = \dfrac{Pa^2l}{6EI}\left(3 + \dfrac{2a}{l}\right)$

（3）构件设计。施工临时设施的构件设计主要包括控制截面选取、荷载与内力组合、截面设计、节点设计和构件的构造设计。通过承载力极限强度计算公式计算各构件的强度和稳定性；通过正常使用极限状态验算挠度和变形。

（4）耐久性设计。根据使用要求、施工环境、施工周期等条件和要求，在满足强度要求的基础上，对施工结构或构件的耐久性进行必要的设计和校验。

（5）特殊要求设计。对有特殊功能要求的施工结构或构件，需要根据受力特征和使用要求按照特殊要求进行设计与计算，并绘制相应的施工图纸。

（6）绘制结构施工图。在设计计算的基础上，绘制相应的施工临时设施施工图，主要包括结构布置图、构件施工图、大样图、施工说明等。具体设计方法和内容详见后面各章节内容以及相应的案例分析。

复习思考题

2-1 直接作用和间接作用的区别是什么？

2-2 为什么要引入可靠度指标来描述可靠度？

2-3 承载力极限状态和正常使用极限状态的主要区别是什么？

2-4 建筑施工安全专项设计的作用是什么？

基坑支护与降水工程施工安全专项设计

基坑工程是为保护地下主体结构施工和周边环境安全而采取的临时性支护、土体加固、地下水控制等工程的总称，包括勘察、设计、施工、监测、试验等。支挡或加固基坑侧壁的结构称为支护结构。基坑支护与降水工程是建筑工程施工中主要的分部分项工程之一，其工程施工往往具有面广量大、劳动繁重、施工条件复杂、施工工艺难度大以及施工期长等特点，再加上受环境气候、水文地质等因素影响，使安全事故多发成为土方工程施工中非常突出的问题，其中大部分事故是土方塌方造成的，还有爆破事故、机械伤害、电器伤害等其他类型的事故。在实际工程中，建筑基坑支护设计由有相应岩土工程设计资质的单位完成，该部分内容作为基坑施工安全专项方案的主要技术依据。本章重点讲述基坑工程支护与降水的设计及计算方法。

3.1 基坑支护结构的形式及适用范围

3.1.1 基坑支护结构的形式

基坑支护结构的形式主要有放坡开挖及简易支护、悬臂式结构、重力式结构、内撑式结构、拉锚式结构、土钉墙，此外还有其他形式支护结构，如门架式支护结构、拱式组合型结构、喷锚网结构、沉井结构、加筋水泥土结构等。

（1）悬臂式结构。悬臂式结构常采用钢筋混凝土排桩、钢板桩、钢筋混凝土板桩、地下连续墙等结构形式。悬臂式结构是依靠足够的入土深度和结构的抗弯刚度来挡土和控制墙后土体及结构的变形。悬臂式结构对开挖深度十分敏感，容易产生大的变形，有可能对相邻建筑物产生不良的影响。

1）钢板桩。用槽钢正反扣搭接组成，或用 U 形和 Z 形截面的锁口钢板，使相邻板桩能相互咬合成既能截水又能共同承受荷载的连续护壁结钩。带锁口的钢板桩一般能起到隔水作用。钢板桩采用打入法打入土中，完成支挡任务后，可以回收重复使用，一般用于开挖深度为 3~10m 的基坑。

2）钢筋混凝土桩挡墙。常采用钻孔灌注桩和人工挖孔桩，桩直径 600~1000mm，桩长 15~30m，组成排桩式挡墙，桩间距应根据排桩受力及桩间土稳定条件确定，一般不大于桩径的 1.5 倍。在地下水位较低地区，当墙体没有隔水要求时，中心距还可大些，但不宜超过桩径 2 倍。为防止桩间土塌落，可在桩间土表面采用挂钢丝网喷浆等措施予以保护。在桩顶部浇筑钢筋混凝土冠梁，一般用于开挖深度为 6~13m 的基坑。

3）地下连续墙。在地下成槽后浇筑混凝土，建造具有较高强度的钢筋混凝土挡墙，用于开挖深度达 10m 以上的基坑或施工条件较困难的情况。

（2）重力式结构。重力式结构通常由水泥搅拌桩组成，有时也采用高压喷射注浆法形成。当基坑开挖深度较大时,常采用格构体系。水泥土和它包围的天然土形成了重力挡土墙,可以维持土体的稳定。深层搅拌水泥土桩结构常用于软黏土地区,开挖深度7.0m以内的基坑工程。重力式挡土墙的宽度较大,适用于较浅的、基坑周边场地较宽裕的、对变形控制要求不高的基坑工程。

(3) 内撑式结构。内撑式结构由挡土结构和支撑结构两部分组成。挡土结构常采用密排钢筋混凝土桩或地下连续墙。支撑结构有水平支撑和斜支撑两种。根据不同的开挖深度,可采用单层或多层水平支撑。

内支撑常采用钢筋混凝土梁、钢管、型钢格构等形式。钢筋混凝土支撑的优点是刚度大、变形小;钢支撑的优点是材料可回收,且施加预应力较方便。

内撑式支护结构可适用于各种土层和基坑深度。

(4) 拉锚式结构。拉锚式结构由挡土结构和锚固部分组成。挡土结构除了采用与内撑式结构相同的结构形式外,还可采用钢板桩作为挡土结构。锚固结构有锚杆和地面拉锚两种。根据不同的开挖深度,可采用单层或多层锚杆。

采用锚杆结构需要地基土提供较大的锚固力,多用于砂土地基或软土地基。

(5) 土钉墙。通过在基坑边坡中设置土钉,形成加筋土重力式挡土墙。土钉墙施工时,边开挖基坑,边在土坡中设置土钉,在坡面上铺设钢筋网,并通过喷射混凝土形成混凝土面板,最终形成土钉墙。

土钉墙适用于地下水位以上或人工降水后的黏土、粉土、杂填土以及非松散砂土、碎石土等。

3.1.2 基坑支护结构的适用范围

基坑支护结构选型时,应综合考虑下列因素:

(1) 基坑深度;

(2) 土的形状及地下水条件;

(3) 基坑周边环境对基坑变形的承受能力及支护结构失效的后果;

(4) 主体地下结构和基础形式及其施工方法、基坑平面尺寸及形状;

(5) 支护结构施工工艺的可行性;

(6) 施工场地条件及施工季节;

(7) 经济指标、环保性能和施工工期。

各类支护结构的适用条件见表3.1。

表3.1 各类支护结构的适用条件

结构类型		适用条件	
		安全等级	基坑深度、环境条件、土类和地下水条件
支挡式结构	锚拉式结构	一级	适用于较深的基坑	(1) 排桩适用于可采用降水或截水帷幕的基坑; (2) 地下连续墙宜同时用作主体结构外墙,可同时用于止水;
	支撑式结构	二级	适用于较深的基坑	
	悬臂式结构	三级	适用于较浅的基坑	

续表 3.1

结构类型		适 用 条 件	
	安全等级	基坑深度、环境条件、土类和地下水条件	
支挡式结构	双排桩	一级二级三级	当锚拉式、支撑式和悬臂式结构不适用时，可考虑采用双排桩	（3）锚杆不宜用于软土层和高水位的碎石土、砂土层中；（4）当邻近基坑有建筑物地下室、地下构筑物等，锚杆的有效锚固长度不足时，不应采用锚杆；（5）当锚杆施工会造成周边建（构）筑物的损害或违反城市地下空间规划等规定时，不应采用锚杆
	支护结构与主体结构结合的逆作法		适用于基坑周边环境条件很复杂的深基坑	
土钉墙	单一土钉墙	二级三级	适用于地下水位以上或降水的非软土基坑，且基坑深度不宜大于 12m	当基坑潜在滑动面内有建筑物、重要地下管线时，不宜采用土钉墙
	预应力锚杆复合土钉墙		适用于地下水位以上或降水的非软土基坑，且基坑深度不宜大于 15m	
	水泥土桩复合土钉墙		用于非软土基坑时，基坑深度不宜大于 12m；用于淤泥质土基坑时，基坑深度不宜大于 6m；不宜用在高水位的碎石土、砂土层中	
	微型桩复合土钉墙		适用于地下水位以上或降水的基坑，用于非软土基坑时，基坑深度不宜大于 12m，用于淤泥质土基坑时，基坑深度不宜大于 6m	
重力式水泥土墙		二级三级	适用于淤泥质土、淤泥基坑，且基坑深度不宜大于 7m	
放坡		三级	（1）施工场地满足放坡条件；（2）放坡与上述支护结构形式结合	

当基坑不同部位的周边环境、土层性状、基坑深度等不同时，可在不同部位分别采用不同的支护形式。

对于支护结构，亦可采用上下不同结构类型组合的形式。

3.2　基坑支护结构的设计内容及原则

3.2.1　基坑支护结构的设计内容

建筑基坑支护结构的设计内容一般包括环境调查及基坑安全等级的确定、支护结构选型、支护结构设计计算、支护结构稳定性验算、节点设计、井点降水、土方开挖方案以及监测要求等。基坑工程设计与施工工作程序如图 3.1 所示。

基坑工程支护设计中，首先应根据基坑的深度、地质条件及周边环境条件确定基坑的安全等级（表 3.2）。基坑支护结构设计所需的基本资料主要有：（1）工程水文地质资料；（2）场地环境条件资料，包括建筑红线，周边地下管线的种类、埋深、使用年限以及场地内地下人防等地下隙碍物等；（3）所建工程的地下室结构、基础桩基图纸等；（4）与施工条件有关的资料，如对于地下连续墙设计时，还应根据不同的安全等级提供有关实验资料。

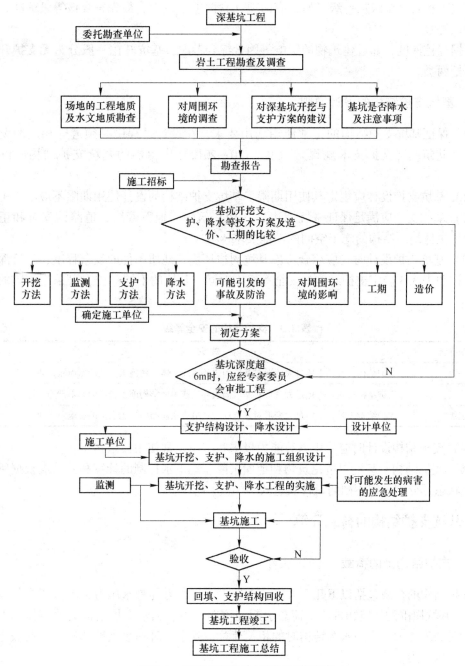

图 3.1 基坑工程设计与施工工作程序

表 3.2 基坑工程安全等级划分

安全等级	周边环境条件	破坏后果	基坑深度	工程地质条件	地下水条件	对施工影响
一级	很复杂	很严重	大于12m	复杂	很高	影响严重
二级	较复杂	较严重	6~12m	较复杂	较高	影响较严重
三级	简单	不严重	小于6m	简单	较低	影响轻微

基坑工程安全等级从一级开始，有两项（含两项）以上，最先符合该等级标准者，即可定为该等级。

根据开挖深度、邻近建筑物的影响等因素综合考虑，基坑开挖一般分为无支护开挖和支护开挖两类。

3.2.2　基坑支护结构的设计原则

为了保证基坑支护结构的正常使用功用要求，在设计过程中必须遵守相应的设计原则。在《建筑基坑支护技术规程》（JGJ 120—2012）中提出的基坑支护结构的设计原则为：

（1）基坑支护设计应规定其使用期限。基坑支护结构的设计使用期限不应小于 1 年。

（2）基坑支护应满足保证基坑周边建（构）筑物、地下管线、道路的安全和正常使用；保证主体地下结构的施工空间的功能要求。

（3）基坑支护设计时，应综合考虑基坑周边环境和地质条件的复杂程度，基坑深度等因素，按照表 3.3 确定支护结构的安全等级。对同一基坑的不同部位，可采用不同的安全等级。

表 3.3　支护结构的安全等级

安全等级	破 坏 后 果
一级	支护结构失效、土体过大变形对基坑周边环境或主体结构施工安全的影响很严重
二级	支护结构失效、土体过大变形对基坑周边环境或主体结构施工安全的影响严重
三级	支护结构失效、土体过大变形对基坑周边环境或主体结构施工安全的影响不严重

（4）支护结构设计时应采用承载能力极限状态或正常使用极限状态。

（5）支护结构、基坑周边建筑物和地面沉降、地下水控制的计算和验算应根据所采用的极限状态，分别采用不同的设计表达式。

3.3　基坑支护结构的荷载计算

3.3.1　支护结构上的荷载

支护结构的荷载包括以下几个方面：土压力、水压力（静水压力、渗流压力、承压水压力）、基坑周围的建筑物及施工荷载引起的侧向压力、临水支护结构的波浪作用力和水流退落时的渗透力、作为永久结构时的相关荷载。其中，对一般支护结构，其荷载主要是土压力、水压力。

准确地确定支护结构上的荷载需要根据土的抗剪强度指标并通过土压力理论进行计算。土的抗剪强度指标的影响因素十分复杂，土层天然状态下经过的应力历史，基坑开挖时的应力路径，排水条件，加载、卸载特性，剪胀、剪缩特性，在试验时采用直接剪切或三轴剪切，计算时采用总应力法还是有效应力法，都会对土压力计算产生很大的影响。

3.3.2　土水压力计算方法

（1）土水压力分算法。土水压力分算法是采用有效重度计算土压力，按静水压力计算水压力，并将两者叠加。叠加的结果就是作用在挡土结构上的总侧压力。计算土压力时采用有效应力法或总应力法。

采用有效应力法的计算公式为：

$$P_a = \gamma H K_a - 2c\sqrt{K_a} + \gamma_w H \tag{3.1}$$

$$P_p = \gamma H K_p + 2c\sqrt{K_p} + \gamma_w H \tag{3.2}$$

式中　γ，γ_w——土的有效重度和水的重度，kN/m^3；

$\quad\quad K_a$——按土的有效应力强度指标计算的主动土压力系数，$K_a = \tan^2(45° - \varphi/2)$；

$\quad\quad K_p$——按土的有效应力强度指标计算的被动土压力系数，$K_p = \tan^2(45° + \varphi/2)$；

$\quad\quad \varphi$——有效内摩擦角，（°）；

$\quad\quad c$——有效黏聚力，kPa。

采用有效应力法计算土压力，概念明确。在不能获得土的有效强度指标的情况下，也可以采用总应力法进行计算：

$$P_a = \gamma H K_a - 2c\sqrt{K_a} + \gamma_w H \tag{3.3}$$

$$P_p = \gamma H K_p + 2c\sqrt{K_p} + \gamma_w H \tag{3.4}$$

式中　K_a——按土的总应力强度指标计算的主动土压力系数，$K_a = \tan^2(45° - \varphi/2)$；

$\quad\quad K_p$——按土的总应力强度指标计算的被动土压力系数，$K_p = \tan^2(45° + \varphi/2)$；

$\quad\quad \varphi$——按固结不排水剪确定的内摩擦角，（°）；

$\quad\quad c$——按固结不排水剪确定的黏聚力，kPa。

（2）土水压力合算法。土水压力分算法在实际使用中有时还存在一些困难，特别是对黏性土在实际工程中孔隙水压力经常难以确定。因此，在许多情况下，往往采用总应力法计算土压力，即将水压力和土压力合算，各地对此都积累有一定的工程实践经验。由于黏性土渗透性弱，地下水对土颗粒不易形成浮力，故宜采用饱和重度，用总应力强度指标进行计算，此时的计算结果中已包括了水压力的作用。其计算公式如下：

$$P_a = \gamma_{sat} H K_a - 2c\sqrt{K_a} \tag{3.5}$$

$$P_p = \gamma_{sat} H K_p + 2c\sqrt{K_p} \tag{3.6}$$

式中　γ_{sat}——土的饱和重度，在地下水位以上采用天然重度，kN/m^3；

$\quad\quad K_a$——主动土压力系数，$K_a = \tan^2(45° - \varphi/2)$；

$\quad\quad K_p$——被动土压力系数，$K_p = \tan^2(45° + \varphi/2)$；

$\quad\quad \varphi$——按固结不排水剪确定的内摩擦角，（°）；

$\quad\quad c$——按固结不排水剪确定的黏聚力，kPa。

需要指出的是，在土水压力合算法中低估了水压力的作用。

采用不同的计算方法得到的土压力相差很大，这也直接影响支护结构的设计。对于渗透性较强的土，例如，砂性土和粉土，一般采用土、水分算，也就是分别计算作用在支护结构上的土压力和水压力，然后相加；对渗透性较弱的土，如黏土，可以采用土、水合算的方法。因此，确定作用在支护结构上的荷载时，要按土与支护结构相互作用的条件确定土压力，采用符合土的排水条件和应力状态的强度指标，按基坑影响范围内的土性条件确定由水土产生的作用在支护结构上的侧向荷载。

3.3.3　土的抗剪强度指标的确定

在进行土压力及水压力计算、土的稳定性验算时，土、水压力的计算方法及土的抗剪强度指标类别应符合下列规定：

（1）对地下水位以上的黏性土、黏质粉土，土的抗剪强度指标应采用三轴固结不排水抗剪强度指标 c_{cu}、φ_{cu} 或直剪固结快剪强度指标 c_{cq}、φ_{cq}，对地下水位以上的砂质粉土、砂土、碎石土，土的抗剪强度指标应采用有效应力强度指标 c、φ。

（2）对地下水位以下的黏性土、黏质粉土，可采用土压力、水压力合算方法。此时，对正常固结和超固结土，其抗剪强度指标应采用三轴固结不排水抗剪强度指标 c_{cu}、φ_{cu} 或直剪固结快剪强度指标 c_{cq}、φ_{cq}，对欠固结土，宜采用有效自重压力下预固结的三轴不固结不排水抗剪强度指标 c_{uu}、φ_{uu}。

（3）对地下水位以下的砂质粉土、砂土和碎石土，应采用土压力、水压力分算方法。此时，土的抗剪强度指标应采用有效应力强度指标 c、φ；对砂质粉土，当缺少有效应力强度指标时，也可采用三轴固结不排水抗剪强度指标 c_{cu}、φ_{cu} 或直剪固结快剪强度指标 c_q、φ_{cq} 代替，对砂土和碎石土，有效应力强度指标 φ 可根据标准贯入试验实测击数和水下休止角等物理力学指标取值；土压力、水压力采用分算方法时，水压力可按静水压力计算，当地下水渗流时，宜按渗流理论计算水压力和土的竖向有效应力；当存在多个含水层时，应分别计算各含水层的水压力。

有可靠的地方经验时，土的抗剪强度指标尚可根据室内、原位试验得到的其他物理力学指标，按经验方法确定。

支护结构设计时，应根据工程经验分析判断计算参数取值和计算分析结果的合理性。

3.4　基坑支护结构的内力计算

3.4.1　悬臂式支护结构内力计算

悬臂式支护结构可取某一单元体（如单根桩）或单位长度进行内力分析及配筋或强度计算。悬臂式支护结构上部悬臂挡土，下部嵌入坑底下一定深度作为固定。宏观上看像是一端固定的悬臂梁，实际上二者有根本的不同之处：首先是确定不出固定端位置，因为杆件在两侧高低差土体作用下，每个截面均发生水平向位移和转角变形；其次，嵌入坑底以下部分的作用力分布很复杂，难以确定。

悬臂式支护结构必须有一定的插入坑底以下土中的深度（又称嵌入深度），以平衡上部土压力、水压力及地面荷载形成的侧压力，这个深度直接关系到基坑工程的稳定性，且较大程度地影响工程的造价。

悬臂式支护结构的嵌入深度，目前常采用极限平衡法计算确定，而常用的又有两种方法来保证桩（墙）嵌入深度具有一定安全储备：第一种方法是规定桩（墙）嵌入深度，应使 K_t 满足一定的要求（K_t = 抗倾覆力矩/倾覆力矩）；第二种方法是按抗倾覆力矩与倾覆力矩相等的情况确定临界状态桩长，然后将土压力零点以下桩长乘以一个大于1的系数（经验嵌固系数）予以加长。这两种计算方法均对结构两侧的荷载分布作了相应的假设，然后简化为静定的平衡问题。与第二种方法通过加大结构尺寸提高安全储备相比，第一种方法中的安全储备更加直观一些，但第二种方法计算过程相对而言较为简单。

根据支护结构可能出现的位移条件，在桩（墙）的相应部位分别取主动土压力或被动土压力，形成静力极限平衡的计算简图。

如图 3.2（a）所示，均质土中的悬臂板桩在基坑底面以上主动土压力的作用下，板桩将向基坑内侧倾移，而下部则反方向变位，即板桩将绕基坑底以下某点（如图中 E 点）旋转，因此被动土压力除了在开挖侧出现，在非开挖侧的底部也会出现。作用在悬臂板桩上各点的净土压力为各点两侧的被动土压力和主动土压力之差，其沿墙身的分布情况如图 3.2（b）所示，将其简化成线性分布后，悬臂板桩计算如图 3.2（c）所示，即可根据力平衡条件计算板桩的入土深度和内力。此时，按前述的第一种方法，计算过程如下：

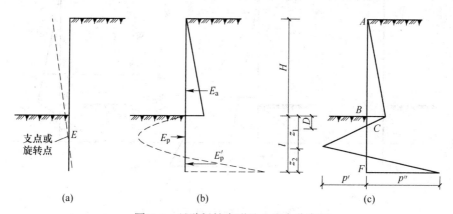

图 3.2　悬臂板桩变形及土压力分布图
（a）支护桩的变位示意图；（b）桩两侧的主动区和被动区；（c）土压力计算简图

（1）令开挖面以下板桩受压力为零，点 C 到开挖面的距离为 D，即为主动土压力与被动土压力相等的位置。

$$\gamma D K_{\mathrm{p}} + 2c\sqrt{K_{\mathrm{p}}} = \gamma(h+D)K_{\mathrm{a}} - 2c\sqrt{K_{\mathrm{a}}} \tag{3.7}$$

由此可解得

$$D = \frac{\gamma H K_{\mathrm{a}} - 2c(\sqrt{K_{\mathrm{p}}} + \sqrt{K_{\mathrm{a}}})}{\gamma(K_{\mathrm{p}} - K_{\mathrm{a}})} \tag{3.8}$$

由图 3.2（c），计算所需各点土压力值。

$H + z_1$ 深度处土压力

$$p' = \gamma z_1 K_{\mathrm{p}} + 2c\sqrt{K_{\mathrm{p}}} - \left[\gamma(z_1+H)K_{\mathrm{a}} - 2c\sqrt{K_{\mathrm{a}}}\right] \tag{3.9}$$

$H + t$ 深度处的土压力

$$p'' = \gamma(H+t)K_{\mathrm{p}} + 2c\sqrt{K_{\mathrm{p}}} - (\gamma t K_{\mathrm{a}} - 2c\sqrt{K_{\mathrm{a}}}) \tag{3.10}$$

基坑底部主动土压力 $p_{\mathrm{a}}^{\mathrm{H}}$

$$p_{\mathrm{a}}^{\mathrm{H}} = \gamma H K_{\mathrm{a}} - 2c\sqrt{K_{\mathrm{a}}} \tag{3.11}$$

（2）未知数 z_1（或 z_2）和 t 可用使任意一点力矩之和等于零和水平力之和等于零两组方程求解：

$$\begin{cases} z_2 = \sqrt{\dfrac{\gamma K_a (H + t)^3 - \gamma K_p t^3}{\gamma (K_a + K_p)(H + 2t)}} \\ \gamma K_a (H + t)^2 - \gamma K_p t^2 + \gamma z_2 (K_a - K_p)(H + 2t) \end{cases} \quad (3.12)$$

t、z_2 可用试算法求得。计算得到的 t 值需乘以 1.1 的安全系数作为设计入土深度。

H. Blum 建议以如图 3.3 （a）所示的图形代替。假设悬臂桩在主动土压力作用下，绕嵌固点 E 转动，并假设点 E 以上桩后为主动土压力，悬臂桩前为被动土压力，E 点以下则相反，桩后为被动土压力，桩前为主动土压力，如图 3.3 （b）所示。将排桩前后土压力叠加，即可得到如图 3.3 （c）所示净土压力分布。

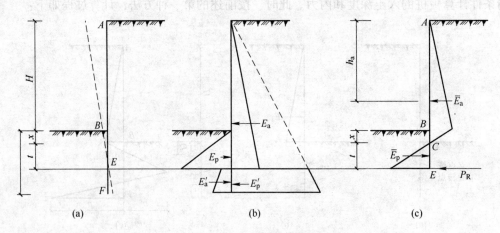

图 3.3   布鲁姆计算简图
（a）支护桩的变位示意图；（b）土压力分布图；（c）叠加后简化土压力分布图

悬臂桩后的净主动土压力合力用 $\overline{E}_a$ 表示，该合力作用点距地面为 h_a，墙前底部的净被动土压力合力用 $\overline{E}_p$ 表示。C 点为净土压力零点，距坑底的距离为 x。旋转点 E 以下部分的土压力通常用一个集中力 P_R 代替。为计算方便，假设悬臂桩是绕其根部转动，则为保证排桩不绕根部转动，其最小嵌入深度应满足力矩平衡条件。

由 $\sum M_E = 0$ 有：

$$(H - h_a + x + t) \overline{E}_a - \frac{t}{3} \overline{E}_p = 0 \quad (3.13)$$

将 $\overline{E}_p = \frac{1}{2} \gamma (K_p - K_a) t^2$ 代入式（3.13），可得

$$t^3 - \frac{6 \overline{E}_a}{\gamma (K_p - K_a)} t - \frac{6(H + x - h_a) \overline{E}_a}{\gamma K_p - K_a} = 0 \quad (3.14)$$

由此可求得悬臂桩的有效嵌固深度。为保证悬臂桩的稳定，基坑地面以下的插入深度可取为

$$d = x + Kt \quad (3.15)$$

式中 K——与土层和环境有关的经验系数。

板桩墙最大弯矩应在剪力为零处，设剪力零点距土压力零点距离为 x_m，则

$$\overline{E}_a - \frac{1}{2}\gamma(K_p - K_a)x_m^2 = 0 \qquad (3.16)$$

由此可求得最大弯矩点距土压力零点 C 的距离 x_m 为

$$x_m = \sqrt{\frac{2\overline{E}_a}{\gamma(K_p - K_a)}} \qquad (3.17)$$

而此处的最大弯矩为

$$M_{max} = (H - h_a + x + x_m)\overline{E}_a - \frac{\gamma(K_p - K_a)x_m^3}{6} \qquad (3.18)$$

3.4.2 锚撑式支护结构内力计算

3.4.2.1 平衡法

平衡法适用于底端自由支承的单锚式挡土结构。挡土结构入土深度较小或底端土体较软弱时，认为挡土结构前侧的被动土压力已全部发挥，底端可以转动，故后侧不产生被动土压力。此时挡土结构前后的被动土压力和主动土压力对锚系点的力矩相等，挡土结构处于极限平衡状态，在锚系点铰支而底端为自由端，如图 3.4 所示。用静力平衡法计算嵌入深度和内力。

为使挡土结构稳定，作用在其上的各作用力必须平衡。亦即

（1）所有水平力之和等于零

$$T_a - E_a + E_p = 0 \qquad (3.19)$$

（2）所有水平力对锚系点 A 的弯矩之和等于零

$$M = E_a h_a - E_p H_p = 0 \qquad (3.20)$$

如图 3.4 所示，有：

$$h_a = \frac{2(h + t)}{3} - h_0 \quad 和 \quad h_p = h - h_0 + \frac{2t}{3}$$
$$(3.21)$$

则

$$M_A = E_a\left[\frac{2(h + t)}{3} - h_0\right] - E_p\left(h - h_0 + \frac{2t}{3}\right) = 0$$
$$(3.22)$$

式（3.22）可解得挡土结构的入土深度 t。一般情况下，计算所得的入土深度 t 尚应再乘以一个增大系数。求出 t 后，可由式（3.19）求得锚杆的拉力。

由最大弯矩截面处的剪力等于零的条件可求出挡土结构中最大弯矩的大小及其所在的深度。

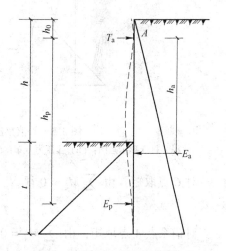

图 3.4　单锚挡土墙结构计算简图

3.4.2.2 等值梁法

当挡土结构入土深度较深时，挡土结构底端向后倾斜，结构的前后侧均出现被动土压力，结构在土中处于弹性嵌固状态，相当于上端简支而下端嵌固的超静定梁，工程上常采

用等值梁法计算。

　　要求解该挡土结构的内力，有三个未知量：T_a（每延米的支点水平支锚力）、P 和 d（或 t，t 为有效嵌入深度），而可以利用的平衡方程式只有两个，因此不能用静力平衡条件直接求得排桩的入土深度。图 3.5（a）中给出了排桩的挠曲线形状，在挡土结构下部有一反弯点。实测结果表明净土压力为零点的位置与弯矩为零点的位置很接近，因此可假定反弯点就在净土压力为零点处，即图中的 C 点，它距坑底面的距离 x 可根据作用于墙前后侧土压力为零的条件求出。

　　反弯点位置 C 确定后，假设在 C 点处把梁切开，并在 C 点处设置支点形成简支梁 AC，如图 3.5（e）所示，则 AC 梁的弯矩将保持不变，因此 AC 梁即为 AD 梁上 AC 段的等值梁。根据平衡方程计算支点反力 T_a 和 C 点剪力 V_C。

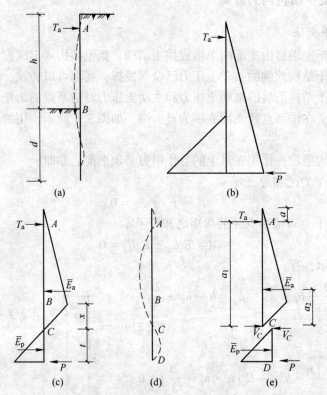

图 3.5　等值梁法计算单锚挡土墙结构计处简图

（a）桩变形示意图；（b）土压力分布；（c）净土压力分布；（d）变矩示意图；（e）等值梁示意图

对 C 点取矩，由 $\sum M_C = 0$ 得：

$$T_a \cdot a_1 = \overline{E}_a \cdot a_2 \tag{3.23}$$

对锚系点 A 点取矩，由 $\sum M_A = 0$ 得：

$$V_C \cdot a_1 = \overline{E}_a (a_1 - a_2) \tag{3.24}$$

取板桩下端为隔离体，由 $\sum M_E = 0$，可求出有效嵌固深度 t：

$$t = \sqrt{\dfrac{6V_C}{\gamma(K_p - K_a)}} \tag{3.25}$$

3.4.3 土钉墙支护结构内力计算

典型的土钉墙及面层构造如图3.6所示。

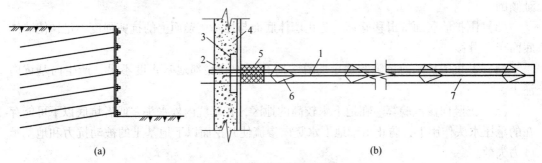

(a)   (b)

图3.6 土钉设置及结构

（a）土钉墙示意图；（b）土钉构造

1—土钉钢筋；2—土钉排气管；3—垫板；4—面层（配钢筋网）；5—止浆塞；6—土钉钢筋对中支架；7—锚固体

（1）单根土钉极限抗拔承载力。单根土钉的极限抗拔承载力计算应符合式（3.26）要求

$$\frac{R_{k,j}}{N_{k,j}} \geq K_t \tag{3.26}$$

式中　$R_{k,j}$——第 j 层土钉的轴向拉力标准值，kN；

　　　　$N_{k,j}$——第 j 层土钉的极限抗拔承载力标准值，kPa；

　　　　K_t——土钉抗拔安全系数；安全等级为二级、三级的土钉墙，其值分别不应小于 1.6、1.4。

（2）单根土钉受拉荷载标准值。单根土钉受拉荷标准值可按式（3.27）计算：

$$N_{k,j} = \frac{1}{\cos\alpha_j}\psi\eta_j p_{ak,j} s_{x,j} s_{z,j} \tag{3.27}$$

式中　ψ——墙面倾斜时的主动土压力折减系数；

　　　$p_{ak,j}$——第 j 层土钉位置处的基坑水平荷载标准值，kN；

　$s_{x,j}$, $s_{z,j}$——第 j 根土钉与相邻土钉的平均水平、垂直间距，m；

　　　　α_j——第 j 层土钉与水平面的夹角，（°）；

　　　　η_j——第 j 层土钉轴向拉力调整系数。

（3）荷载折减系数可按式（3.28）计算：

$$\psi = \tan\frac{\beta-\varphi_m}{2}\left(\frac{1}{\tan\dfrac{\beta+\varphi_m}{2}} - \frac{1}{\tan\beta}\right)\bigg/\tan^2\left(45° - \frac{\varphi_m}{2}\right) \tag{3.28}$$

式中　β——土钉墙坡面与水平面的夹角，（°）；

　　　φ_m——基坑底面以上各土层按厚度加权的等效内摩擦角平均值，（°）。

3.5 基坑支护结构的稳定性验算

3.5.1 支护结构稳定性验算的内容

围护结构稳定性验算通常包括以下内容：

（1）基坑边坡总体稳定验算。防止因为围护墙插入深度不够，使基坑边坡沿着墙底地基中某一滑动面产生整体滑动。

（2）围护墙体抗倾覆稳定验算。防止开挖面以下地基水平抗力不足，使墙体产生绕前趾倾倒。

（3）围护墙底面抗滑移验算。防止墙体底面与地基接触面上的抗剪强度不足，使墙体底面产生滑移。

（4）基坑围护墙前抗隆起稳定验算。防止围护墙底部地基张度不足，产生向基坑内涌土。

（5）抗竖向渗流验算。在地下水较高的地区，在基坑内外水头差或者坑底以下可能存在的承压水头作用下，防止由于地下水竖向渗流使开挖面以下地基土的被动抗力和地基承载力失效。

（6）基坑周围地面沉降及其影响范围的估计。

以上各项稳定验算内容都与围护墙的插入深度有关，最后确定的围护墙埋入深度应同时满足以上各项验算要求。以上第（2）、（3）项验算主要针对重力式围护墙，对于有支撑或锚拉的板式支护结构，也应验算墙前被动拉力，防止墙体下部产生过大的变形。

围护结构稳定验算是在变形极限状态下的验算，所以都用主动土压力和被动土压力值进行计算。影响支护结构稳定的外界因素很多，各种变形现象往往不是完全独立存在的。目前一般都采取控制安全度的方法，用半经验、半理论公式分项验算，有时对同一个项目还要用多种方法进行检算，以达到总体上的稳定。

3.5.2　边坡稳定性验算

3.5.2.1　砂性土的边坡稳定

当砂性土边坡的坡脚小于土的内摩擦角时，通常不会产生滑坡，由边坡上土体的平衡关系可以得到砂性土稳定的安全系数为：

$$K = \frac{\tan\varphi}{\tan\alpha} \tag{3.29}$$

式中　K——边坡抗滑安全系数，$K \geqslant 1.10 \sim 1.15$；

φ——土的内摩擦角，（°）；

α——边坡的坡脚，（°）。

由式（3.29）可知，在砂性土中边坡稳定只取决于坡脚的大小，而与坡的高度或土体的重量无关。

当地下水位高于基坑开挖面时，需要考虑动水压力对边坡稳定性的影响。此时，土柱的抗滑安全度为（推导略）

$$K = \left(\frac{1}{1 + T_u}\right)\frac{\tan\varphi}{\tan\alpha} \tag{3.30}$$

$$T_u = T_m / T = \gamma_m ibh / Q\sin\alpha$$

式中　b，h，Q——分别为单位长度土柱的宽度（m）、土柱在水位线以下的高度（m）、土体的自重，kN；

i——水位线以下土柱部分平均水力梯度（可由流网图确定）；

γ_m——水的重度，kN/m^3。

若动水力等于零，则 $T_u = 0$，此时，式（3.29）与式（3.30）相同。

3.5.2.2 黏性土边坡的稳定

在黏性土中，边坡失稳时的滑动面近似于圆弧，滑动体绕某个中心向下带旋转性的滑动，在这种情况下的边坡稳定通常采用条分法分析。条分法的基本假定是：

（1）边坡失稳时滑动体沿着一个近似于圆弧形的滑动面下滑。但当地基有软弱夹层时，可按实际可能发生的非圆弧滑动面验算。

（2）考虑平面问题。在实际工程中，可根据地基情况、边坡形状和地面荷载基本相同的原则，把边坡分成几个区段，在每个区段中选取有代表性的断面作为验算断面。

边坡滑动面可以有很多个，其中最可能产生滑动的危险面要通过试算才能确定。具体步骤可参阅有关手册。

3.5.3 基坑抗隆起稳定性验算

随着深基坑逐步向下开挖，坑内外的压力差不断增大，就有可能会发生基坑坑底隆起现象。特别在软黏土地基中开挖时很容易发生基坑底土向上隆起现象。由于坑内外地基土体的压力差使墙背土向基坑内推移，造成坑内土体向上隆起，坑外地面下沉的变形现象，控制这种现象发生的验算大致根据两种假定，即滑动面假定和地基极限承载力假定。

3.5.3.1 滑动面假定

圆弧滑动抗隆起稳定验算如图 3.7 所示，在开挖面以下，假定一个圆弧滑动面。根据在滑动面上土的抗剪强度对滑动圆弧中心的力矩与墙背开挖面标高以上土体重量（包括地面荷载）对滑动中心的力矩平衡条件，计算隆起的安全度。转动中心的位置通常认为可定在基坑最下一道支撑与围护墙的交点处。

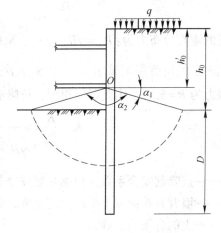

图 3.7 滑动面假定

考虑插入基坑开挖面以下的墙体对抗隆起的作用，隆起滑动力矩 M_{SL} 和抗隆起力矩 M_{JLL} 可分别按式（3.31）、式（3.32）计算：

$$M_{SL} = \frac{1}{2}(\gamma h_0' + q) D^2 \tag{3.31}$$

$$M_{JLL} = R_1 K_\mu \tan\varphi + R_2 \tan\varphi + R_3 c \tag{3.32}$$

式中

$$R_1 = D\left(\frac{\gamma h_0^2}{2} + qh_0\right) + \frac{1}{2}D^2 qt(\alpha_2 - \alpha_1 + \sin\alpha_2\cos\alpha_2 - \sin\alpha_1\cos\alpha_1) -$$

$$\frac{1}{3}\gamma D^2(\cos^3\alpha_2 - \cos^3\alpha_1)$$

$$R_2 = \frac{1}{2}D^2 qt\left[\alpha_2 - \alpha_1 - \frac{1}{2}(\sin2\alpha_2 - \sin2\alpha_1)\right] -$$

$$\frac{1}{3}\gamma D^3 \left[\sin^2\alpha_2\cos\alpha_2 - \sin^2\alpha_1\cos\alpha_1 + 2(\cos\alpha_2 - \cos\alpha_1) \right]$$

$$R_3 = h_0 D + (\alpha_2 - \alpha_1)D^2$$

$$q_{\mathrm{f}} = \gamma h_0' + qK_{\mathrm{a}} = \tan^2\left(\frac{\pi}{4} - \frac{\varphi}{2}\right)$$

式中 α_1 和 α_2 均应以弧度计入，其他符号如图 3.7 所示。

则抗隆起安全系数：

$$K = \frac{M_{\mathrm{JLL}}}{M_{\mathrm{SL}}} \tag{3.33}$$

式中 K——抗隆起安全系数，$K \geqslant 1.20$。

3.5.3.2 地基极限承载力假定

（1）Terzaghi-Peck 方法。如图 3.8 所示，当开挖面以下形成滑动面时，由于墙后土体下沉，使墙后在竖直面上的抗剪强度得以发挥，减少了在开挖面标高上墙后土的垂直压力，其值可按式（3.34）估算

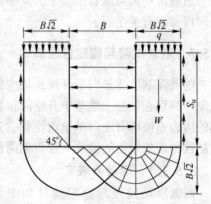

$$P = W - S_{\mathrm{u}}H = (\gamma H + q)\frac{B}{\sqrt{2}} - S_{\mathrm{u}}H \tag{3.34}$$

相应的垂直分布力为：$P_{\mathrm{u}} = \gamma H + q - \frac{\sqrt{2}}{B}S_{\mathrm{u}}H$，在

饱和软土中土的抗剪强度采用 $\varphi = 0$，$S_{\mathrm{u}} = c$，地基

极限承载力为 $R = 5.7c$，由此可以得到，抗隆起的安全系数为

图 3.8 Terzaghi-Peck 方法

$$K = \frac{R}{P_{\mathrm{u}}} = \frac{5.7c}{\gamma H + q - \frac{\sqrt{2}}{B}S_{\mathrm{u}}H} \tag{3.35}$$

式中 K——抗隆起安全系数，根据基坑安全等级确定；

γ——墙背开挖面以上土的平均重度，$\mathrm{kN/m^3}$；

c——土的黏聚力，kPa。

（2）墙底地基承载力验算。同济大学侯学渊教授等人提出了考虑 c、φ 值的地基承载力的稳定验算方法。该方法在土体墙体中包括了 c、φ 的因素，同时参照普朗特尔和泰沙基的地基承载力公式，并假定以板桩底平面作为求极限承载力的基准面，如图 3.9 所示墙背在围护墙底平面上的垂直荷载为

$$p_1 = \gamma_{\mathrm{a}}(H + D) + q \tag{3.36}$$

墙前在围护墙底平面上的垂直荷载：

$$p_2 = \gamma_{\mathrm{b}}D \tag{3.37}$$

在极限平衡时，墙前地基极限承载力：

$$R = \gamma_{\mathrm{b}}DN_{\mathrm{d}} + cN_{\mathrm{c}} \tag{3.38}$$

由此可以得到墙底地基承载力的安全系数：

$$K = \frac{R}{p_1} = \frac{\gamma_b D N_d + c N_c}{\gamma_a (H + D) + q} \tag{3.39}$$

式中　γ_a，γ_b——分别为墙后和墙前土的平均重度，kN/m^3；

　　　　N_d，N_c——地基承载力系数，参考有关地基规范取用；

　　　　K——墙底地基承载力安全系数，由基坑安全等级决定，一般 $K \geq 1.15 \sim 1.25$。

3.5.4　整体稳定性验算

整体稳定性验算可用毕肖普法，其安全系数公式为：

$$K = \frac{\sum \left[c_i b_i + (W_i + u_i b_i) \tan \varphi_i \right] / m_i}{\sum W_i \sin \alpha_i + \sum Q_i e_i / R} \tag{3.40}$$

$$m_i = \cos \alpha_i + \frac{\tan \varphi_i \sin \alpha_i}{K} \tag{3.41}$$

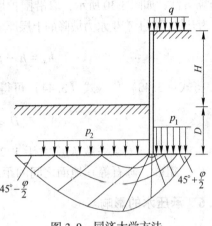

图 3.9　同济大学方法

式中　W_i——土条质量；

　　　　u_i——土条的孔水压力；

　　　　α_i——土条底面与水平线的夹角；

　　　　Q_i——水平地震力荷载；

　　　　e_i——地震力荷载距滑弧圆心垂距；

　　　　b_i——土条宽度。

各参数具体算法可参阅有关手册。

3.5.5　坑底抗渗流稳定性验算

在地下水丰富、渗透系数较大（渗透系数不小于 10^{-6} cm/s）的地区进行支护开挖时，通常需要在基坑内降水。如果围护短墙自身不透水，由于基坑外水位差，导致基坑外的地下水绕过围护墙下端向基坑内渗流。这种渗流产生的动水压力在墙背后向下作用，而在墙前（基坑内侧）则向上作用，当动水压力大于土的水下重度时，土颗粒就会随水流向上喷涌。在砂性土中，开始时土中细粒通过粗粒的间隙被水流带出，产生管涌现象。随着渗流通道变大，土颗粒对水流阻力减小，动水力增加，使大量砂粒随水流涌出，形成流砂，加剧危害。在软黏土地基中渗流力往往使地基产生突发性的泥流涌出；以上现象发生后，使基坑内土体向上推移，基坑外地面产生下沉、墙前被动水压力减小甚至丧失，威胁支护结构的稳定。验算抗渗流稳定的基本原则是使基坑内土体的有效压力大于地下水向上的渗流压力。图 3.10 所示是 Terzghi-Peck 方法的计算简图。设围护墙在开挖面以下的埋入深度为 D，墙下端宽度为 $D/2$ 范围内的平均超静水头为 h_a，则作用在土体 $bcde$ 下端的渗流压力 $U = \gamma_w h_a$。土体的有效应力 $P = \gamma' D$，则抗渗流稳定的安全度 K 为：

$$K = \frac{P}{U} = \frac{\gamma' D}{\gamma_w h_a} \tag{3.42}$$

抗渗流稳定所要求的插入深度：

$$D \geqslant \frac{K\gamma_w h_a}{\gamma'} \tag{3.43}$$

式中　γ_w——水重度，kN/m^3；

　　　　γ'——土的水下重度，kN/m^3。

在墙下端 $D/2$ 宽度范围内的平均超静水头 h_a 是变化的，需要通过绘制流网图确定。作为一种略算法，如图 3.10 所示，取沿围护墙的最短流线 $a—b—c—b$ 来求墙下端的水头替代 h_a（h_1 为开挖面以上产生水力坡降的上层厚度）：设平均水力坡度为 i，$i = h/(h_1 + 2D)$，则

$$h_a = h - i(h_1 + D) = \frac{Dh}{h_1 + 2D} \tag{3.44}$$

将式（3.43）代入式（3.44）可得

$$D \geqslant \frac{K\gamma_w h - \gamma' h_1}{2\gamma'} \tag{3.45}$$

式（3.45）中的安全系数 K 应大于 1.2；h_1 取开挖面以上至透水性良好的土层（松散填土，中、粗砂，砾石等）地面之间的距离，对于土层可取 $(0.7 \sim 1.0)h$。

3.5.6　承压水的影响

如图 3.11 所示，在不透水的黏土层下，有一层承压含水层。或者含水层中虽然不是承压水，但由于土方开挖形成的基坑内外水头差，使基坑内侧含水层中的水压力大于静水压力。此超静水压力向上浮托开挖面下黏土层的底面，有可能使开挖面上抬，或者承压水携带土粒沿围护墙内表面和基坑内桩的周面与土层接触处的薄弱部位上喷，形成管涌现象。当发生这种情况时，同样会导致基坑外的周围地面下沉。

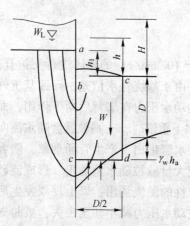
图 3.10　抗渗流验算简图

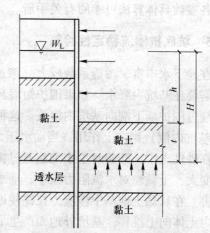
图 3.11　承压水引起的隆起

对于这种情况，Tschebotarioff 的验算方法是：

设下部含水层顶面与围护墙背面的水位差为 $H = h + t$，黏土层的饱和重度为 γ_{sat}，水的重度为 γ_w，则抵抗承压水上托力所需要的黏土层厚度为：$t \geqslant \dfrac{h\gamma_w}{\gamma_{sat}}$，因为 $H = h + t$，所以上式可写为

$$t \geqslant \frac{h\gamma_{\mathrm{w}}}{\gamma_{\mathrm{sat}} - \gamma_{\mathrm{w}}} \tag{3.46}$$

在下面有承压透水层的黏土中开挖时，基底隆起通常是突发性的和灾难性的。为了防止这种现象发生，基坑底部任一点的空隙水压力不宜超过该点总压力的70%。若以此引入一个安全系数，则式（3.46）可改写为

$$t \geqslant \frac{h\gamma_{\mathrm{w}}}{\gamma / K - \gamma_{\mathrm{w}}} \tag{3.47}$$

式中　K——安全系数，取$K = 1.43$。

当不满足式（3.47）时，应把围护墙加深到下部不透水层中或者在承压含水层中降水，以减少含水层中的水压力。

3.6　降水工程技术方法及平面布置

3.6.1　降水工程技术方法

地下水控制方法可归结为两种：一种是降水；另一种是止水——防水帷幕。

降水的方法有集水井降水和井点降水两类。集水井降水是在坑底周围开挖排水沟，将地下水引入坑底的集水井后再用水泵抽出坑外。该方法在基坑开挖深度大，地下水位高而土质又不好，容易引起流沙、管涌和边坡失稳的情况下使用。

井点降水法有轻型井点、喷射井点、电渗井点、管井井点等。各种井点降水法的选择视含水地层、土的渗透系数、降水深度、施工条件和经济分析结果等而定，见表3.4。井点降水设计流程如图3.12所示。

表 3.4　降水技术方法适用范围

降水技术方法	适合地层	渗透系数	降水深度/m
明排井	黏性土、砂土	<0.5	<2
真空井点	黏性土、粉质黏土、砂土	0.1~20.0	单级<6，多级<20
喷射井点	黏性土、粉质黏土、砂土	0.1~20.0	<20
电渗井点	黏性土	<0.1	按井类型确定
引渗井	黏性土、沙土	0.1~20.0	由下伏含水层的埋藏和水头条件确定
管井	砂土、碎石土	1.0~200.0	>5
大口井	砂土、碎石土	1.0~200.0	<20
辐射井	黏性土、砂土、粒砂	0.1~20.0	<20
潜埋井	黏性土、砂土、粒砂	0.1~20.0	<2

轻型井点系统由井点管、连接管、集水总管及抽水设备等组成，如图3.13所示。钻孔孔径常用$\phi 250 \sim 300\mathrm{mm}$，间距1.2~2.0m，冲孔深度应超过过滤管管底0.5m。井点管采用38~55mm直径的钢管，长度一般为5~7m，井点管下部过滤管长度为1.0~1.7m。集水总管每节长4m，一般每隔0.8~1.6m设一个连接井点管的接头。轻型井点的降水井深度

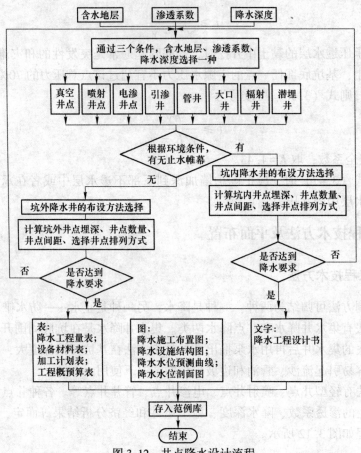

图 3.12 井点降水设计流程

可按式（3.48）计算：

$$\begin{cases} H \geq H_{1w} + H_{2w} + H_{3w} + H_{4w} + H_{5w} + H_{6w} \\ H_{3w} = ir_0 \end{cases}$$

$$(3.48)$$

式中 H_{1w}——基坑深度，m；

$\quad\quad H_{2w}$——降水水位距离基坑底要求的深度，m；

$\quad\quad\quad i$——水力坡度，在降水井分布范围内宜为 1/15~1/10，降水开始时取 1；

$\quad\quad r_0$——降水井分布范围的等效半径或降水井排间距的 1/2，m；

$\quad\quad H_{4w}$——降水期间的地下水位变幅，m；

$\quad\quad H_{5w}$——降水井过滤器工作长度，m；

$\quad\quad H_{6w}$——沉砂管长度，m。

喷射井点系统由喷射井点、高压水泵和管路组成，以压力水为工作源，如图 3.14 所示。当基坑宽度小于 10m 时，井点可作单排布置；当大于 10m 时，可作双排布置；当基坑面积较大时，宜采用环形布置。喷射井点间距 2~3m，成孔的孔径常用 ϕ400~600mm。间距 3.0~6.0m，冲孔深度应超过过滤管管底 1.0m。

管井井点系统由井壁管、过滤器、水泵组成，如图 3.15 所示。在坑外每隔一定距离设置一个管井，每个管井单独用一台水泵不断地抽水来降低地下水位。其井点间距为 14~18m，泵吸水口宜高于井底 1.0m 以上。

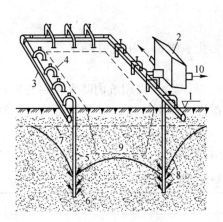

图 3.13 轻型井点降低地下水位全貌图

1—地面；2—水泵房；3—总管；4—弯联管；5—井点管；
6—油管；7—原有地下水位线；8—降低后地下水位线；
9—基坑；10—将水排放河道或沉淀池

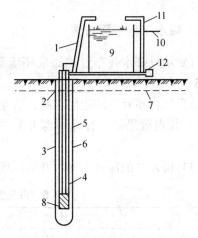

图 3.14 喷射井点工作示意图

1—排水总管；2—黏土封口；3—填砂；4—喷射器；
5—给水总管；6—井点管；7—地下水位线；8—过滤器；
9—水箱；10—溢流管；11—调压管；12—水泵

电渗井点是将井点管井身作阴极，以钢管作阳极，阴、阳极用电线连接成通路，使孔隙水向阴极方向集中产生电渗现象，如图 3.16 所示。阴、阳极两者距离：当采用轻型井点系统时，宜为 0.8~1.0m；当采用喷射井点系统时，宜为 1.2~1.5m。电压梯度可采用 0.5V/cm，工作电压不宜大于 60V，土中通电时的电流密度宜为 0.5~1.0A/m²。

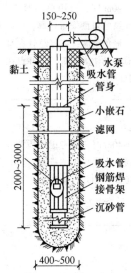

图 3.15 管井井点构造

（单位：mm）

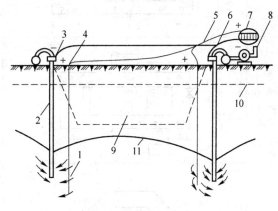

图 3.16 电渗井点布置示意图

1—阳极；2—阴极；3—用扁钢、螺栓或电线将阴极连接；4—用钢筋或
电线将阳极连通；5—阳极与电机连接电线；6—阴极与发电机
连接电线；7—直流发电机（或直流电焊机）；8—水泵；
9—基坑；10—原有地下水位线；
11—降水后的水位线

3.6.2　降水工程平面布置

（1）坑外降水井布置。如果环境要求不高，无止水帷幕，用坑外降水井点布置，见表 3.5。

（2）坑内布置。环境要求高，有止水帷幕（或连续墙），采用坑内降水，一般用管井（深井）井点效果好。管井（深井）按棋盘点状布置，井距可以通过计算得到，一般为 10～20m。

（3）降水井的深度。降水井的深度按照表 3.5 计算即可。

表 3.5　由基坑形状及宽度确定的布井方法

类型	布置简图	适用条件
单排线状加密		坑宽<6m，降深不超过 6m，一般可用单排井点；沟壕两端部宜使井点间距加密，以利于降水
双排线状井点		对宽度>6m 基坑沟壕，宜采用双排井点降水；对淤泥质粉质黏土，有时坑宽<6m 亦采用双排井点降水
环形井点系统		当基坑宽度<40m 时，可用单环形井点系统；对环形井点应在泵的对面安置一阀，使集水管内水流入泵设备，避免紊流；或将总管在泵对面断开；或在环形总长的 1/5 距离，将井点在四角附近加密，以加强降水
多环形井点系统		当基坑宽度>40m 时，应考虑地质条件，可用多环形井点系统，在中央加一排或多排井点，并布置相应的水流总管和井点泵系统
八角形环圈井点系统	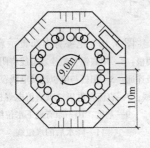	适用于圆形沉井施工，可布设八角形集水管，由 45°弯管接头连接井点。图示表明配合上部大开挖，在明挖降低地面高程后，安装井点泵和总管，从而加深降水深度

3.7 降水工程计算

3.7.1 动水压力

地下水在土中的流动称为渗流。两点间的水头差与渗透过程长度之比称为水力坡度，并以 i 表示，$i = (H_1 - H_2)/L$。当水力坡度 $i = 1$ 时的渗透速度称为土的渗透系数 k，单位常用 m/d、m/s 等表示。土的渗透系数 k 的大小影响降水方法的选用，k 是计算涌水量的重要参数。

水在土中渗流时，对单位土体产生的压力称为动水压力 F

$$F = -\gamma_w i \tag{3.49}$$

式中 γ_w——水的重度，一般取 $\gamma_w = 10\text{kN/m}^3$；

    i——水力坡度。

当动水压力 F 等于或大于土的有效重度时，土颗粒处于悬浮状态，土的抗剪强度等于零，土颗粒将随着渗流的水一起流动，即所谓"流沙"现象。降低地下水位，不仅保持了坑底的干燥，便于施工，而且能消除动水压力，是防止产生流沙的重要措施。打钢板桩、采用地下连续墙等亦可有效制止流沙现象的产生。

3.7.2 基坑总排水量计算

根据基坑的形状将基坑分为两类，当基坑的长度与宽度之比大于 10 时，为条状基坑；当长宽之比小于 10 时，称为面状基坑。

3.7.2.1 面状基坑出水量计算

（1）对于潜水完整井：

$$Q_T = 1.366k \frac{(2H_0 - S_w)S_w}{\lg R_0 - \lg r_0} \tag{3.50}$$

式中 Q_T——基坑总出水量，m^3/d；

    k——土竖直向渗透系数，m/d；

    H_0——潜水含水层厚度，m；

    S_w——基坑设计水位降深值，m；

    R_0——影响半径，$R_0 = R + r_0$，$R = 2S_w\sqrt{H_0 k}$ 为井的影响半径，m；

    r_0——基坑范围的引用半径，m。

（2）对于承压完整井：

$$Q_T = 1.366k \frac{H_m S_w}{\lg R_0 - \lg r_0} \tag{3.51}$$

式中 H_m——承压含水层厚度，m。

如果是多层含水层，则分层计算后相加即可。引用半径 r_0 的，计算公式见表 3.6。r_0 计算公式中其参数取值见表 3.7、表 3.8。

表 3.6   引用半径 r_0 计算方法

井群平面布置图形	计算公式	说　明
矩形	$r_0 = \eta \dfrac{a+b}{4}$ 当 $a/b \geqslant 10$ 时，$r_0 = 0.25a$	a、b 为基坑的长和宽，η 为系数，查表 3.7 确定
正方形	$r_0 = 0.59a$	a 为基坑的边长
菱形	$r_0 = \eta' \dfrac{c}{2}$	c 为菱形的边长，η' 为系数，查表 3-8 确定
椭圆形	$r_0 = \eta \dfrac{d_1 + d_2}{4}$	d_1，d_2 分别为椭圆长轴和短轴长度
不规则的圆形	$r_0 = 0.565\sqrt{S}$	S 为基坑面积
不规则多边形	$r_0 = \dfrac{\rho}{2\pi}$	ρ 为多边形周长

表 3.7   系数 η 与 b/a 的关系

b/a	0	0.1	0.2	0.3	0.4	0.6	0.8	1.0
η	1.0	1.0	1.1	1.12	1.14	1.16	1.18	1.18

表 3.8   系数 η' 与菱形内角的关系

菱形内角/（°）	0	18	36	54	72	90
η'	1.0	1.06	1.11	1.15	1.17	1.18

3.7.2.2　条形基坑的出水量计算

（1）对于潜水完整井：

$$Q_{\mathrm{T}} = 2.73k \frac{H_0^2 - H_{\mathrm{w}}^2}{R_0} \tag{3.52}$$

$$H_w = H_0 - S_w \qquad (3.53)$$

式中　H_w——抽水前与抽水时含水层厚度的平均值，即基坑动水位至含水层底板深
度，m。

（2）对于承压完整井：

$$Q_T = \frac{2kLH_m S_w}{R_0} \qquad (3.54)$$

式中　L——条状基坑的长度，m。

3.7.3　单井最大出水量计算

真空井点的出水量按 $1.5 \sim 2.5 m^3/h$ 选择；喷射井点的出水量按 $4.22 \sim 30 m^3/h$ 选择；
管井降水的出水量计算公式按式（3.55）计算：

$$q_1 = 60\pi dl' \sqrt[3]{k} \qquad (3.55)$$

当含水层为软弱土层时，单井可能抽出的水量 q_2 按照下式计算：

$$q_2 = 2.50 irkH_0 \qquad (3.56)$$

式中　q_1，q_2——单井最大出水量，m^3/d；

　　　　d——过滤器外径，m；

　　　　l'——过滤器淹没长度，m；

　　　　r——井半径，m。

由于过滤器加工及成井工艺等人为影响，实际工作中也可在现场做抽水试验求得单井
涌水量。

布设井点的数量是根据基坑总排水量与单井出水量进行试算确定的。

（1）根据基坑总排水量及设计出水量确定初步布设井数 n：

$$n = 1.1 \frac{Q_T}{q_1} \qquad (3.57)$$

式中　n——初步布设井数，计算结果取整且取大值；

　　　　Q_T——基坑总排水量，m^3/d。

（2）验算井群总出水量是否满足要求。若 $nq_1 > Q_T$，则认为所布的井点数合理；若 $nq_1 < Q_T$，则需要增加布设井数。此时需要重新计算，直到计算的井群总出水量大于基坑总排
水量时，此井数便是需要的井数。

3.7.4　井点间距计算

井点间距的计算公式：

$$L_r = \frac{L_t}{n_b} \qquad (3.58)$$

式中　n_b——初步布设井数；

　　　　L_t——沿基坑周边布置降水井的总长度，m。

根据工程输入的基坑的形状和以上求出的布设井点的数量，以及井点的距离等，做出
降水施工布置图。

3.7.5 降深与降水预测

井点数量、井点间距及排列方式确定后要计算基坑的水位降深，主要计算基坑内抽水影响最小处的水位降深值；对于稳定流干扰井群主要验算基坑中心部位的水位降深值。

3.7.5.1 面状基坑的水位降深

A 潜水完整井

(1) 非稳定流：

$$S_{r,t} = H_0 - \sqrt{H_0^2 - \frac{Q_T \ln \dfrac{2.25 a_w t}{(r_1^2 r_2^2 r_3^2 \cdots r_n^2)^{\frac{1}{n}}}}{2\pi k}}$$ (3.59)

(2) 当 $\dfrac{r_i^2}{4 a_w t} \leqslant 0.1$ 时，采用稳定流：

$$S_r = H_0 - \sqrt{H_0^2 - \frac{Q_T}{1.366 k}\left[\lg R_0 - \frac{1}{n}\lg(r_1 r_2 r_3 \cdots r_n)\right]}$$ (3.60)

B 承压水完整井

(1) 非稳定流：

$$S_{r,t} = \frac{Q_T \ln \dfrac{2.25 a_w t}{(\gamma_1^2 \gamma_2^2 \gamma_3^2 \cdots \gamma_n^2)^{\frac{1}{n}}}}{4\pi k H_m}$$ (3.61)

(2) 当 $\dfrac{r_i^2}{4 a_w t} \leqslant 0.1$ 时，采用稳定流：

$$S_r = \frac{0.266 Q_T}{H_m k}\left[\lg R_0 - \frac{1}{n}\lg(r_1 r_2 r_3 \cdots r_n)\right]$$ (3.62)

式中　a_w——含水层导压系数，m^2/d；

　　　t——抽水时间，d；

　　　H_m——降水井的承压含水层厚度，m；

　　　H_0——潜水含水层厚度，m；

　　　r_i——降水井至任意计算点距离，m；

　　　k——含水层渗透系数，m/d；

　　　R_0——引用影响半径，m；

　　　Q_T——基坑总排水量，m^3/d。

3.7.5.2 条状基坑的水位降深

(1) 潜水完整井：

$$S_x = H - \sqrt{h_{1w}^2 + \frac{X}{R}(H^2 - h_{1w}^2)}$$ (3.63)

(2) 承压水完整井：

$$S_x = H_p - \left(h_{2w} + \frac{H_p - h_{2w}}{R} X \right) \qquad (3.64)$$

式中 H_p——承压含水层水头值，m；

h_{1w}——降水井的含水层厚度，m；

h_{2w}——降水井的承压水水头值，m；

X——任意计算点到井排的距离，m。

经过计算，如果达不到设计水位降深的要求（过大或过小），必须重新调整井点数与井距，重新计算。根据上面的公式，在选择了合适的降水方法后，选定一处（即 r_1，r_2，…，r_n）可以做出水位降深与时间的 $S-t$ 曲线，如图 3.17 所示。

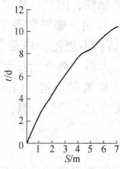

图 3.17 $S-t$ 曲线图

复习思考题

3-1 基坑支护结构的形式有哪些？其各自的适用范围如何？

3-2 基坑支护结构的设计内容是什么？试分别阐述其在基坑设计中的用途和重要性。

3-3 基坑支护结构上的荷载有哪些？如何计算？

3-4 基坑支护结构的稳定性验算包含哪些内容？

3-5 常见的基坑降水方法有哪些？

3-6 基坑降水工程的平面布置如何？

3-7 某基坑工程开挖深度 $H = 6.5m$，采用单支点锚杆排桩支护结构，支点离地面距离 $a = 1.0m$，支点水平间距 $S_h = 1.5m$。地基土层参数加权平均重度值为：$\gamma = 19.5kN/m$，内摩擦角 $\varphi = 20°$，黏聚力 $c = 8kPa$，地面超载 $q_0 = 20kPa$。试以等值梁法计算排桩的最小入土深度、支点水平锚力 T。

3-8 某基坑降水工程，基坑长 41.5m，宽 17.5m，深 5m，静止水位 0.8m，渗透系数 k 为 11m/d，含水层厚 10.3m，试作降水工程设计。

4 脚手架工程施工安全专项设计

建筑脚手架是建筑施工中堆放材料和保证工人安全操作的临时设施，广泛应用于主体工程、装饰装修工程，甚至基础工程的施工过程中。虽然脚手架属于现场临时设施，但由于其基本都处于露天作业的环境，施工期间会受到各种恶劣天气的影响，加之构架本身兼具临时设施和防护设施的特殊性及复杂性，因此其搭设质量对建设工程的施工安全、施工质量、施工进度及施工成本具有直接影响。如果脚手架搭设不及时，将会影响施工进度；如果脚手架设计不合理，搭设不合适、不规范，将会影响施工人员的工作效率及工程质量，甚至造成安全隐患及工程事故。本章主要介绍脚手架的类型，脚手架工程安全专项施工方案编制的主要内容，以及扣件式钢管脚手架、门式钢管脚手架、附着式升降脚手架、悬挂式吊篮脚手架等常见脚手架的安全技术设计计算。

4.1 脚手架的类型

在建筑工程中，为满足施工作业需要设置的操作脚手架，统称为建筑脚手架。脚手架的分类方法有很多种，常见的大致有以下几种分类方式：

（1）按搭设位置划分。

1）外脚手架：搭设于建（构）筑物外围的脚手架。

2）内脚手架：搭设于建（构）筑物内部的脚手架。

（2）按脚手架立杆的排数划分。

1）单排脚手架：只有一排立杆，横向水平杆的另一端搁置在建（构）筑物上的脚手架。

2）双排脚手架：由内外两排立杆和水平杆等构成的脚手架。

3）多排脚手架：由三排及三排以上立杆和水平杆等构成的脚手架。

4）满堂脚手架：在施工作业范围内满堂搭设的脚手架，往往由两个方向各有三排及三排以上的立杆和水平杆等构成。

（3）按材料种类划分。分为竹脚手架、木脚手架、钢管脚手架和型钢脚手架。

（4）按平立杆的连接方式划分。

1）扣件式脚手架：用扣件连接的脚手架，靠拧紧螺栓后扣件与立杆之间的摩擦力将杆件组合成结构架。

2）承插式脚手架：采用插片和锲槽、插片和碗口、套管与插头以及 U 形托挂等承插方式连接的脚手架，其中，较为常见的有碗扣式脚手架。

3）销栓式脚手架：采用对穿螺栓或销杆连接的脚手架。

（5）按脚手架的支固方式划分。分为落地式脚手架、悬挑脚手架、附墙悬挂脚手架、悬吊脚手架（吊篮）、附着式升降脚手架和水平移动脚手架等。

（6）按用途划分。

1）结构脚手架：用于砌筑及其他结构工程施工作业的脚手架。

2）装修脚手架：用于装修工程施工作业的脚手架。

3）防护架：用于安全防护目的的构架。

4）支撑架：用于承重、支架的构架，最常见的为水平混凝土结构工程（如梁、板等）的模板支架、受料台及安装支架。

（7）按构架方式划分。分为杆件组合式脚手架、框架组合式脚手架（如门式脚手架）、格构式组合脚手架、工具式脚手架等。

（8）按脚手架外侧的遮挡情况划分。

1）敞开式脚手架：仅设作业层栏杆和挡脚板，在外侧立面挂大孔安全网，再无其他遮挡设施的脚手架。

2）局部封闭脚手架：遮挡面积小于30%的脚手架。

3）半封闭脚手架：遮挡面积占30%~70%的脚手架。

4）全封闭脚手架：沿脚手架外侧全长、全高封闭的脚手架。

（9）按脚手架交圈情况划分。

1）开口型脚手架：沿建筑物周边不交圈的脚手架。

2）封圈型脚手架：沿建筑物周边交圈设置的脚手架。

4.2　脚手架安全专项施工方案的编制要求与内容

编制合理、完整、科学的安全专项施工方案对保证脚手架工程的安全问题具有重要意义。为了规范和加强对危险性较大的分部分项工程安全管理，积极防范和遏制建筑施工生产安全事故的发生，中华人民共和国住房和城乡建设部于2009年5月颁布了《危险性较大的分部分项工程安全管理办法》，提出了对危险性较大的分部分项工程编制安全专项方案的要求，对超过一定规模的危险性较大的分部分项工程，施工单位还应当组织专家对专项方案进行论证。

（1）脚手架工程中危险性较大的分部分项工程。对于脚手架工程，属于危险性较大的分部分项工程范围的情况有：

1）搭设高度24m以上的落地式钢管脚手架工程。

2）附着式整体和分片提升脚手架。

3）悬挑式脚手架工程。

4）吊篮脚手架工程。

5）自制卸料平台、移动操作平台工程。

6）新型及异型脚手架工程。

（2）超过一定规模的危险性较大的分部分项工程。属于超过一定规模的危险性较大的脚手架分部分项工程范围的情况有：

1）搭设高度50m及以上落地式钢管脚手架工程。

2）提升高度150m及以上附着式整体和分片提升脚手架工程。

3）架体高度20m及以上悬挑式脚手架工程。

（3）脚手架工程安全专项施工方案的内容。脚手架工程安全专项施工方案的编制应包括以下七方面的主要内容。

1）工程概况：脚手架工程概况、施工平面布置、施工要求和技术保证条件。

2) 编制依据：相关法律、法规、规范性文件、标准、规范及图纸（国标图集）、施工组织设计等。

3) 施工计划：包括施工进度计划、材料与设备计划。

4) 施工工艺技术：技术参数、工艺流程、施工方法、检查验收等。

5) 施工安全保证措施：组织保障、技术措施、应急预案、监测监控等。

6) 劳动力计划：专职安全生产管理人员、特种作业人员等。

7) 计算书及相关图纸。

4.3 扣件式钢管脚手架安全技术设计

4.3.1 基本构造组成及搭设要求

4.3.1.1 基本构造组成和构造要求

扣件式钢管脚手架由立杆、大横杆（纵向水平杆）、小横杆（横向水平杆）、斜撑、脚手板等组成，它可以用于外脚手架（图 4.1），也可以用作内部的满堂脚手架（图 4.2）。其中，外脚手架的基本构造形式分为单排式和双排式。

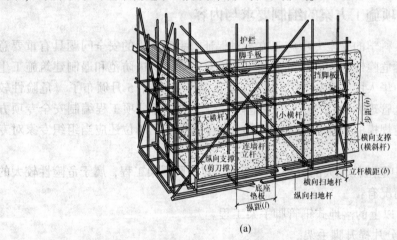

(a)

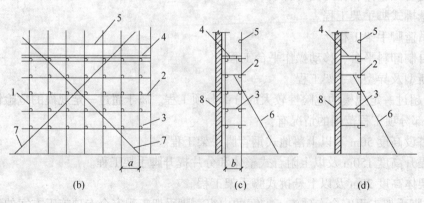

(b)　　　　　(c)　　　　　(d)

图 4.1 扣件式钢管外脚手架

（a）扣件式外脚手架示意图（双排）；（b）立面图；（c）双排外脚手架侧面；（d）单排外脚手架侧面

1—立杆；2—大横杆；3—小横杆；4—脚手板；5—栏杆；6—抛撑；7—斜撑（剪刀撑）；8—墙体

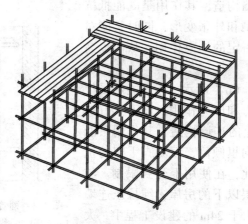

图 4.2 满堂脚手架

扣件式钢管脚手架的各构配件需满足如下构造要求：

（1）钢管：脚手架钢管应采用现行国家标准《直缝电焊钢管》（GB/T 13793）或《低压流体输送用焊接钢管》（GB/T 3091）中规定的 Q235 普通钢管。钢管规格宜采用ϕ48.3mm×3.6mm 的钢管，每根钢管的最大质量不应大于 25.8kg。

（2）扣件：扣件用可锻铸铁铸造或用钢板压制而成，其基本形式有三种（图 4.3）：旋转扣件，用于两根钢管成任意角度相交的连接；直角扣件，用于两根钢管成垂直相交的连接；对接扣件，用于两根钢管的对接连接。扣件在螺栓拧紧扭力矩达到 65N·m 时，不得发生破坏。

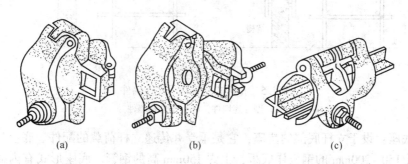

图 4.3 扣件形式
（a）直角扣件；（b）旋转扣件；（c）对接扣件

（3）脚手板：单块脚手板的质量不宜大于 30kg。脚手板一般用厚 2mm 的钢板压制而成，长度 2~4m，宽度 250mm，表面应有防滑措施，也可采用厚度不小于 50mm 的杉木板或松木板，长度 3~6m，宽度 200~250mm；或者采用竹脚手板，有竹笆板和竹片板两种形式。铺竹笆脚手板的脚手架构造如图 4.4 所示。

（4）连墙件：当扣件式钢管脚手架用于外脚手架时，必须设置连墙件。连墙件将立杆与主体结构连接在一起，既能承受、传递风荷载，又可有效地防止脚手架的失稳与倾覆。常用的连接形式有刚性连墙件与柔性连墙件两种。

刚性连墙件如图 4.5（a）所示，指既能承受拉力和压力作用，又有一定的抗弯和抗扭能力的刚性较好的连墙构造，其作用是既能抵抗脚手架相对于墙体的里倒和外张变形，同时又能对立杆的纵向弯曲变形有一定的约束作用，从而提高脚手架的抗失稳能力。

柔性连墙件如图 4.5（b）所示，指只能承受拉力作用，或只能承受拉力和压力作用，而不具有抗弯、抗扭能力，刚度较差的连墙构造，其作用只能限制脚手架向外倾倒或向里倾倒，而对脚手架的抗失稳能力并无帮助，因此，在使用上受到限制。纯受拉连墙件只能用于 3 层以下的房屋；纯拉压连墙件一般只能用在高度不大于 24m 的建设工程中。大于 7 层或高度大于 24m 的建筑工程，外脚手架一般采用刚性连墙件。

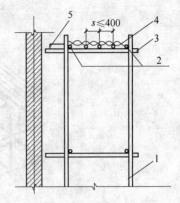

图 4.4　铺竹笆脚手板的脚手架构造
1—立杆；2—纵向水平杆；3—横向水平杆；
4—竹笆脚手板；5—其他脚手板

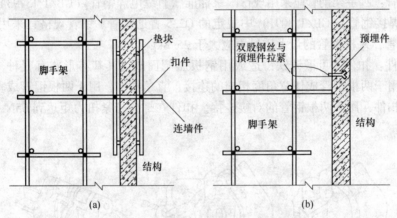

图 4.5　扣件式钢管脚手架连墙件
（a）刚性连墙件；（b）柔性连墙件

（5）底座：设于立杆底部的垫座，它是承受并传递立杆荷载的配件。底座一般采用厚 8mm，边长 150~200mm 的钢板作底板，上焊 150mm 高的钢管。底座形式有内插式和外套式两种，如图 4.6 所示。内插式的外径 D_1 比立杆内径小 2mm，外套式的内径 D_2 比立杆外径大 2mm。

4.3.1.2　搭设要求

（1）扣件式钢管脚手架安装施工工艺流程：在牢固的地基上弹线→立杆定位→摆放扫地杆→竖立杆并与扫地杆扣紧→装扫地小横杆并与立杆和扫地杆扣紧→装第一步大横杆并与各立杆扣紧→安装第一步小横杆→安装第二步大横杆→安装第二步小横杆→假设临时斜撑杆，上端与第二步大横杆扣紧→安装第三、四步大横杆和小横杆→安装连墙件→接立杆→加设剪刀撑→铺设脚手板、绑扎防护栏杆及钉牢固挡脚板→挂安全网→检查验收后使用。

（2）扣件式钢管脚手架搭设中应注意地基平整坚实，底部设置底座和垫板，并有可靠

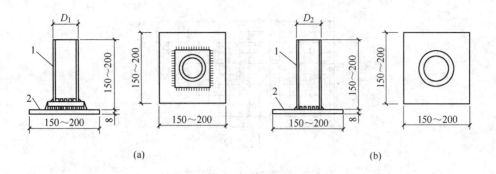

图 4.6 扣件式钢管脚手架底座
(a) 内插式底座；(b) 外套式底座
1—承插钢管；2—钢板底座

的排水措施，防止积水浸泡地基。

(3) 砌筑用脚手架的每步架设高度一般为 1.2～1.4m，装饰用脚手架的一步架高度一般为 1.6～1.8m。当为单排设置时，立杆离墙 1.2～1.4m，立杆纵距 1.5～2.0m；当为双排设置时，里排立杆离墙 0.4～0.5m，里外排立杆之间间距为 1.5m 左右，立杆纵距 1.2～2.0m。相邻立杆接头要错开，对接时需用对接扣件连接，立杆的垂直偏差不得大于架高的 1/200。

(4) 每根立杆底部应设置底座或垫板；脚手架底部必须设纵、横向扫地杆；地层步距不应大于 2m。立杆必须用连墙件与建筑物可靠连接。立杆接长除顶层顶步外，其余各层接头必须用对接扣连接。

(5) 纵向水平杆宜设置在立杆的内侧，其长度不宜小于 3 跨，纵向水平杆可采用对接扣件，也可采用搭接。两根相邻纵向水平杆的接头不应设置在同步或同跨内；不同步或不同跨两个相邻接头在水平方向错开的距离不应小于 500mm；各接头中心至最近主节点的距离不应大于纵距的 1/3；如采用搭接连接，搭接长度不应小于 1m，并应等间距用 3 个旋转扣件固定。

(6) 小横杆间距一般不大于 1.5m。当为单排设置时，小横杆的一端搁入墙内不少于 240mm，另一端搁于大横杆上，至少伸出 100mm；当为双排设置时，小横杆端头离墙距离为 50～100mm。小横杆与大横杆之间用直角扣件连接。每隔 3 步小横杆应加长，并注意与墙的拉结。作业层脚手架手板应铺满、铺稳，离开墙面 120～150mm。

(7) 斜撑（剪刀撑）与地面的夹角宜在 45°～60°范围内。斜撑的搭设是利用旋转扣件将一根斜撑扣在立杆上，另一根斜撑扣在小横杆的伸出部分上，这样可以避免两根斜撑相交时把钢管别弯。斜撑的长度较大，因此除两端扣紧外，中间尚需增加 2～4 个扣节点。为保证脚手架的稳定，斜杆的最下面一个连接点距地面不宜大于 500mm。斜杆的接长宜采用对接扣件的对接连接，当采用搭接时，搭接长度不小于 400mm，并用两只旋转扣件扣牢。高度在 24m 及以上的双排脚手架应在外侧全立面连续设置剪刀撑；高度在 24m 以下的单、双排脚手架，均必须在外侧两端、转角及中间间隔不超过 15m 的立面上，各设置一道剪刀撑，并应由底至顶连续设置，如图 4.7 所示。

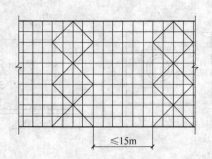

图 4.7　高度 24m 以下剪刀撑布置

　　连墙件设置需从底部第一根纵向水平杆处开始，布置应均匀，设置位置应靠近脚手架杆件的主节点处，偏离主节点的距离不应大于 300mm，与构件的连接应牢固。每根连墙件布置的最大间距应满足表 4.1 的规定。

表 4.1　连墙件布置最大间距

脚手架类型	高度/m	竖向间距	水平间距	每根连墙件覆盖面积/m²
双排落地	≤50	$3h$	$3l_a$	≤40
双排悬挑	>50	$2h$	$3l_a$	≤27
单排	≤24	$3h$	$3l_a$	≤40

注：h—步距；l_a—纵距。

4.3.2　工程设计基本规定

　　一般情况下，脚手架上的施工荷载的传递路径为：施工荷载通过脚手板传递给小横杆（大横杆），由小横杆（大横杆）传递给大横杆（小横杆），再由大横杆（小横杆）通过绑扎点或扣件传递给立杆，最后通过立杆传递给地基。

4.3.2.1　承载力极限状态

　　脚手架的承载能力按概率极限状态设计法的要求，采用分项系数设计表达式进行设计。通常情况下，脚手架需设计计算的内容包括如下四个方面：

　　（1）纵向、横向水平杆等受弯构件的强度和连接扣件的抗滑承载力计算；

　　（2）立杆的稳定性计算；

　　（3）连墙件的强度、稳定性和连接强度计算；

　　（4）立杆地基承载力计算。当脚手架采用密目式安全立网全封闭单、双排脚手架结构，且设计尺寸满足表 4.2 和表 4.3 的构造尺寸时，其相应杆件可不再进行设计计算，但连墙件、立杆地基承载力等仍应根据实际荷载进行设计计算。

　　当纵向或横向水平杆的轴线的偏心距不大于 55mm 时，立杆稳定性计算中可不考虑此偏心距的影响。

　　脚手架设计计算过程中，钢材的强度设计值与弹性模量分别按 205N/mm² 和 2.06×10⁵N/mm² 计算。扣件、底座、可调托撑的承载力设计值应按表 4.4 采用。

表 4.2 常用密目式安全立网全封闭式双排脚手架的设计尺寸 （m）

连续墙设置	立杆横距 l_b	步距 h	下列荷载时的立杆纵距 l_a				脚手架允许搭设高度 [H]
			2+0.35（kN/m²）	2+2+2×0.35（kN/m²）	3+0.35（kN/m²）	3+2+2×0.35（kN/m²）	
二步三跨	1.05	1.50	2.0	1.5	1.5	1.5	50
		1.80	1.8	1.5	1.5	1.5	32
	1.30	1.50	1.8	1.5	1.5	1.5	50
		1.80	1.8	1.2	1.5	1.2	30
	1.55	1.50	1.8	1.5	1.5	1.5	38
		1.80	1.8	1.2	1.5	1.2	22
三步三跨	1.05	1.50	2.0	1.5	1.5	1.5	43
		1.80	1.8	1.2	1.5	1.2	24
	1.30	1.50	1.8	1.5	1.5	1.2	30
		1.80	1.8	1.2	1.5	1.2	17

表 4.3 常用密目式安全立网全封闭式单排脚手架的设计尺寸 （m）

连续墙设置	立杆横距 l_b	步距 h	下列荷载时的立杆纵距 l_a		脚手架允许搭设高度 [H]
			2+0.35（kN/m²）	3+0.35（kN/m²）	
二步三跨	1.20	1.50	2.0	1.8	24
		1.80	1.5	1.2	24
	1.40	1.50	1.8	1.5	24
		1.80	1.8	1.2	24
三步三跨	1.20	1.50	2.0	1.8	24
		1.80	1.8	1.2	24
	1.40	1.50	1.8	1.5	24
		1.80	1.2	1.2	24

表 4.4 扣件、底座、可调托撑的承载力设计值 （kN）

项 目	承载力设计值
对接扣件（抗滑）	3.20
直角扣件、旋转扣件（抗滑）	8.00
底座（受压）、可调托撑（变压）	40.00

4.3.2.2 正常使用极限状态

对于脚手架中的受弯构件，尚应根据正常使用极限状态的要求验算变形。脚手架受弯构件的挠度不应超过表 4.5 中规定的容许值。受压、受拉构件的长细比不应超过表 4.6 中规定的容许值。

表 4.5　受弯构件的容许挠度

构件类别	容许挠度
脚手板、脚手架纵向、横向水平杆	$l/150$ 与 10mm
脚手架悬挑受弯杆件	$l/400$
型钢悬挑脚手架挑钢梁	$l/250$

注：l 为受弯构件的跨度，对悬挑杆件为其伸长度的 2 倍。

表 4.6　受压、受拉构件的容许长细比

构件类别		容许长细比
立杆	双排架满堂支撑架	210
	单排架	230
	满堂脚手架	250
横向斜撑		250
拉杆		350

4.3.3　荷载计算

4.3.3.1　荷载分类

支模体系在施工期所承受的荷载从作用时间上可以分为永久荷载（恒荷载）和可变荷载（活荷载）两种。

对于单排脚手架、双排脚手架与满堂脚手架而言，其永久荷载主要包括架体结构自重和构件、配件自重。其中，架体结构自重主要包括立杆、纵向水平杆、横向水平杆、剪刀撑、扣件等的自重，构件、配件自重主要包括脚手板、栏杆、挡脚板、安全网等防护设施的自重。其可变荷载主要包括施工荷载和风荷载。其中，施工荷载主要包括作业层上的人员、器具和材料等的自重。

对于满堂支撑架来说，其永久荷载主要包括架体结构自重，构件、配件自重，可调托撑上主梁、次梁、支撑板等的自重。其中，架体结构自重包括立杆、纵向水平杆、横向水平杆、剪刀撑、可调托撑、扣件等的自重。其可变荷载主要包括作业层上的人员、设备等的自重，结构构件、施工材料等的自重以及风荷载。

4.3.3.2　荷载取值

A　永久荷载标准值

（1）依照《建筑施工扣件式钢管脚手架安全技术规范》（JGJ 130—2011），单、双排脚手架立杆承受的每米结构自重标准值可按表 4.7 采用。满堂脚手架立杆承受的每米结构自重标准值可按表 4.8 采用，满堂支撑架立杆承受的每米结构自重标准值可按表 4.9 采用。

表 4.7 单、双排脚手架立杆承受的每米结构自重标准值 g_k （kN/m）

步距/m	脚手架类型	纵距/m				
		1.2	1.5	1.8	2.0	2.1
1.20	单排	0.1642	0.1793	0.1945	0.2046	0.2097
	双排	0.1583	0.1667	0.1796	0.1882	0.1925
1.35	单排	0.1530	0.1670	0.1809	0.1903	0.1949
	双排	0.1426	0.1543	0.1660	0.1739	0.1778
1.50	单排	0.1440	0.1570	0.1701	0.1788	0.1831
	双排	0.1336	0.1444	0.1552	0.1624	0.1660
1.80	单排	0.1305	0.1422	0.1538	0.1615	0.1654
	双排	0.1202	0.1295	0.1389	0.1451	0.1482
2.00	单排	0.1238	0.1347	0.1456	0.1529	0.1565
	双排	0.1134	0.1221	0.1307	0.1365	0.1394

表 4.8 满堂脚手架立杆承受的每米结构自重标准值 g_k （kN/m）

步距 h /m	横距 l_h /m	纵距 l_n/m						
		0.6	0.9	1.0	1.2	1.3	1.35	1.5
0.60	0.4	0.1820	0.2086	0.2176	0.2353	0.2443	0.2487	0.2620
	0.6	0.2202	0.2273	0.2362	0.2543	0.2633	0.2678	0.2813
0.90	0.6	0.1563	0.1759	0.1825	0.1955	0.2020	0.2053	0.2151
	0.9	0.1762	0.1961	0.2027	0.2160	0.2226	0.2260	0.2359
	1.0	0.1828	0.2028	0.2095	0.2226	0.2295	0.2328	0.2429
	1.2	0.1960	0.2162	0.2230	0.2365	0.2432	0.2466	0.2567
1.05	0.9	0.1615	0.1792	0.1851	0.1970	0.2029	0.2059	0.2148
1.20	0.6	0.1344	0.1503	0.1556	0.1662	0.1715	0.1742	0.1821
	0.9	0.1505	0.1666	0.1719	0.1827	0.1882	0.1908	0.1988
	1.0	0.1558	0.1720	0.1775	0.1883	0.1937	0.1964	0.2045
	1.2	0.1665	0.1829	0.1883	0.1993	0.2048	0.2075	0.2156
	1.3	0.1719	0.1883	0.1939	0.2049	0.2103	0.2130	0.2213
1.35	0.9	0.1419	0.1568	0.1617	0.1717	0.1766	0.1791	0.1865
1.50	0.9	0.1350	0.1489	0.1535	0.1628	0.1674	0.1697	0.1766
	1.0	0.1396	0.1536	0.1583	0.1675	0.1721	0.1745	0.1815
	1.2	0.1488	0.1629	0.1676	0.1770	0.1817	0.1840	0.1911
	1.3	0.1535	0.1676	0.1723	0.1817	0.1864	0.1887	0.1958
1.60	0.9	0.1312	0.1445	0.1489	0.1578	0.1622	0.1645	0.1711
	1.0	0.1356	0.1489	0.1534	0.1623	0.1668	0.1690	0.1757
	1.2	0.1445	0.1580	0.1624	0.1714	0.1759	0.1782	0.1849
1.80	0.9	0.1248	0.1371	0.1413	0.1495	0.1536	0.1556	0.1618
	1.0	0.1288	0.1413	0.1454	0.1537	0.1579	0.1599	0.1661
	1.2	0.1371	0.1496	0.1538	0.1621	0.1663	0.1683	0.1747

表 4.9　满堂脚支撑架立杆承受的每米结构自重标准值 g_k （kN/m）

步距 h /m	横距 l_h /m	纵距 l_n/m							
		0.4	0.6	0.75	0.9	1.0	1.2	1.35	1.5
0.60	0.4	0.1691	0.1875	0.2012	0.2149	0.2241	0.2424	0.2562	0.2699
	0.6	0.1877	0.2062	0.2201	0.2341	0.2433	0.2619	0.2758	0.2897
	0.75	0.2016	0.2203	0.2344	0.2484	0.2577	0.2765	0.2905	0.3045
	0.9	0.2155	0.2344	0.2486	0.2627	0.2722	0.2910	0.3052	0.3194
	1.0	0.2248	0.2438	0.2580	0.2723	0.2818	0.3008	0.3150	0.3292
	1.2	0.2434	0.2626	0.2770	0.2914	0.3010	0.3202	0.3345	0.3490
0.75	0.6	0.1636	0.1791	0.1907	0.2124	0.2101	0.2256	0.2372	0.2488
0.90	0.4	0.1341	0.1474	0.1574	0.1674	0.1740	0.1874	0.1973	0.2073
	0.6	0.1476	0.1610	0.1711	0.1812	0.1880	0.2014	0.2115	0.2216
	0.75	0.1577	0.1712	0.1814	0.1916	0.1984	0.2120	0.2221	0.2323
	0.9	0.1678	0.1815	0.1917	0.2020	0.2088	0.2225	0.2328	0.2430
	1.0	0.1745	0.1883	0.1986	0.2089	0.2158	0.2295	0.2398	0.2502
	1.2	0.1880	0.2019	0.2123	0.2227	0.2297	0.2436	0.2540	0.2644
1.05	0.9	0.1541	0.1663	0.1755	0.1846	0.1907	0.2029	0.2121	0.2212
1.20	0.4	0.1166	0.1274	0.1355	0.1436	0.1490	0.1598	0.1679	0.1760
	0.6	0.1275	0.1384	0.1466	0.1548	0.1603	0.1712	0.1794	0.1876
	0.75	0.1357	0.1467	0.1550	0.1632	0.1687	0.1972	0.1880	0.1962
	0.9	0.1439	0.1550	0.1633	0.1716	0.1771	0.1882	0.1965	0.2048
	1.0	0.1494	0.1605	0.1689	0.1772	0.1828	0.1939	0.2023	0.2106
	1.2	0.1603	0.1715	0.1800	0.1884	0.1940	0.2053	0.2137	0.2221
1.35	0.9	0.1359	0.1462	0.1538	0.1615	0.1666	0.1768	0.1845	0.1921
1.50	0.4	0.1061	0.1554	0.1224	0.1293	0.1340	0.1433	0.1503	0.1572
	0.6	0.1155	0.1249	0.1319	0.1390	0.1436	0.1530	0.1601	0.1671
	0.75	0.1225	0.1320	0.1391	0.1462	0.1509	0.1604	0.1674	0.1745
	0.9	0.1296	0.1391	0.1462	0.1534	0.1581	0.1677	0.1748	0.1819
	1.0	0.1343	0.1438	0.1510	0.1582	0.1630	0.1725	0.1797	0.1869
	1.2	0.1437	0.1533	0.1606	0.1678	0.1726	0.1823	0.1895	0.1968
	1.35	0.1507	0.1604	0.1677	0.1750	0.1799	0.1896	0.1969	0.2042
1.80	0.4	0.0991	0.1074	0.1136	0.1198	0.1240	0.1323	0.1385	0.1447
	0.6	0.1075	0.1158	0.1221	0.1284	0.1326	0.1409	0.1472	0.1535
	0.75	0.1137	0.1222	0.1286	0.1348	0.1390	0.1475	0.1538	0.1601
	0.9	0.1120	0.1285	0.1349	0.1412	0.1455	0.1540	0.1603	0.1667
	1.0	0.1242	0.1372	0.1391	0.1455	0.1498	0.1583	0.1647	0.1711
	1.2	0.1326	0.1412	0.1476	0.1541	0.1584	0.1670	0.1734	0.1799
	1.35	0.1389	0.1475	0.1540	0.1605	0.1648	0.1736	0.1800	0.1864
	1.5	0.1452	0.1539	0.1604	0.1969	0.1713	0.1800	0.1865	0.1930

（2）常用构配件与材料、人员的自重可按表4.10取用。

表 4.10 常用构配件与材料、人员的自重

名　　称	单　位	自　　重	备　　注
扣件：直角扣件		13.2	
旋转扣件	N/个	14.6	
对接扣件		18.4	
人	N	800~850	
灰浆车、砖车	kN/辆	2.04~2.50	
普通砖 240mm×115mm×53mm	kN/m³	18~19	684 块/m³
灰砂砖	kN/m³	18	砂：石灰＝92：8
瓷面砖 150mm×150mm×8mm	kN/m³	17.8	5556 块/m³
陶瓷马赛克 δ = 5mm	kN/m³	0.12	
石灰砂浆、混合砂浆	kN/m³	17	
水泥砂浆	kN/m³	20	
素混凝土	kN/m³	22~24	
加气混凝土	kN/块	5.5~7.5	
泡沫混凝土	kN/m³	4~6	

（3）冲压钢脚手板、木脚手板、竹串片脚手板与竹笆脚手板的自重标准值宜按表4.11取用。

表 4.11 脚手板自重标准值

类　　别	标准值/kN·m⁻²
冲压钢脚手架	0.30
竹串片脚手架	0.35
木脚手架	0.35
竹笆脚手架	0.10

（4）栏杆与挡脚板自重标准值宜按表4.12采用。

表 4.12 栏杆与挡脚板自重标准值

类　　别	标准值/kN·m⁻²
栏杆、冲压钢脚手板挡板	0.16
栏杆、竹串片脚手板挡板	0.17
栏杆、木脚手板挡板	0.17

（5）支撑架上可调托撑上主梁、次梁、支撑板等自重应按实际计算。对于普通木质主梁（含 φ48.3×3.6 双钢管）、次梁，木支撑板，型钢次梁自重不超过10号工字钢自重，型钢主梁自重不超过 H100×100×6×8mm 型钢自重，支撑板自重不超过木脚手板自重的情况可按表4.13采用。

表 4.13　主梁、次梁及支撑板自重标准值 （kN/mm²）

类　　别	立杆间距/m	
	≥0.75×0.75	≤0.75×0.75
木质主梁（含 ϕ48.3×3.6 双钢管）、次梁，木支撑板	0.6	0.85
型钢主梁、次梁，木支撑板	1.0	1.2

B　可变荷载标准值

（1）依照《建筑施工扣件式钢管脚手架安全技术规范》（JGJ 130—2011），单、双排与满堂脚手架作业层上的施工荷载标准值应根据实际情况确定，且不应低于表 4.14 的规定。

表 4.14　施工均布荷载标准值

类　　别	标准值/kN·m⁻²
装修脚手架	2.0
混凝土、砌筑结构脚手架	3.0
轻型钢结构及空间网络结构脚手架	2.0
普通钢结构脚手架	3.0

注：斜道上的施工均布荷载标准值不应低于 2.0kN/m²。

（2）当在双排脚手架上同时有 2 个及以上操作层作业时，在同一个跨距内各操作层的施工均布荷载标准值总和不得超过 5.0 kN/m²。

（3）当满堂支撑架上永久荷载与可变荷载（不含风荷载）标准值总和不大于 4.2kN/m²时，施工均布荷载标准值应按表 4.14 采用；当永久荷载与可变荷载（不含风荷载）标准值总和大于 4.2kN/m²时，应符合下列要求：1）作业层上的人员及设备荷载标准值取 1.0kN/m²；大型设备、结构构件等可变荷载按实际计算；2）用于混凝土结构施工时，作业层上荷载标准值的取值应符合现行行业标准《建筑施工模板安全技术规范》（JGJ 162）的规定。

（4）作用于脚手架上的水平风荷载标准值，应按式（4.1）计算：

$$w_k = \mu_z \mu_s w_0 \tag{4.1}$$

式中　w_k——风荷载标准值，kN/m²；

　　　μ_z——风压高度变化系数，应按现行国家标准《建筑结构荷载规范》（GB 50009—2012）规定采用；

　　　μ_s——脚手架风荷载体型系数，应按表 4.15 的规定采用；

　　　w_0——基本风压值，kN/m²，按现行《建筑结构荷载规范》（GB 50009—2012）的规定采用，取重现期 $n=10$ 对应的风压值。

表 4.15　脚手架的风荷载体形系数

背景建筑物的状况		全封闭墙	敞开、框架和开洞墙
脚手架状况	全封闭、半封闭	1.0φ	1.3φ
	敞开	μ_{stw}	

注：1. 计算 μ_{stw} 时，将脚手架视为桁架，按《建筑结构荷载规范》（GB 50009—2012）规定计算；
　　2. φ 为挡风系数，$\varphi = 1.2A_n/A_w$，其中 A_n 为挡风面积，A_w 为迎风面积。

敞开式见附表 1。密目式安全立网封闭脚手架挡风系数 φ 不宜小于 0.8。

C　荷载设计值

当计算构件的强度、稳定性与连接强度时，应采用荷载效应基本组合的设计值。永久荷载分项系数应取 1.2，可变荷载分项系数应取 1.4。

当根据正常使用极限状态的要求验算构件变形时，应采用荷载效应的标准组合的设计值，各类荷载分项系数均应取 1.0。

4.3.3.3　荷载效应组合

设计脚手架的承重构件时，应根据使用过程中可能出现的荷载取其最不利组合进行计算。荷载效应组合宜按表 4.16 采用。

表 4.16　荷载效应组合

计算项目	荷载效应组合
纵向、横向水平杆强度与变形	永久荷载+施工荷载
脚手架立杆地基承载力型钢悬挑梁的强度、稳定与变形	永久荷载+施工荷载
	永久荷载+0.9（永久荷载+风荷载）
立杆稳定	永久荷载+可变荷载（不含风荷载）
	永久荷载+0.9（可变荷载+风荷载）
连墙件强度与稳定	单排架，风荷载+2.0kN
	双排架，风荷载+3.0kN

4.3.4　工程设计计算

4.3.4.1　单、双排脚手架计算

A　纵、横杆计算

（1）抗弯强度计算。纵向、横向水平杆弯矩设计值，按式（4.2）计算

$$M = 1.2M_{Gk} + 1.4\sum M_{Qk} \tag{4.2}$$

式中　M_{Gk}——脚手板自重产生的弯矩标准值，kN·m；

　　　　M_{Qk}——施工荷载产生的弯矩标准值，kN·m。

纵向、横向水平杆的抗弯强度应按式（4.3）计算

$$\sigma = \frac{M}{W} \leqslant f \tag{4.3}$$

式中　σ——弯曲正应力；

　　　　M——弯矩设计值，N·mm，按式（4.2）计算；

W——截面模量，mm^3，按表 4.17 取值；

f——钢材的抗弯强度设计值，N/m^2。

表 4.17 钢管截面几何特性

外径 d	壁厚 t	截面面积 A /cm^2	惯性矩 I /cm^4	截面模量 W /cm^3	回转半径 i /cm	密度 /$kg \cdot m^{-1}$
mm						
48.3	3.6	5.06	12.71	5.26	1.59	3.97

（2）挠度验算。纵向、横向水平杆的挠度应符合式（4.4）规定

$$\nu \leqslant [\nu] \tag{4.4}$$

式中 ν——挠度，mm；

$[\nu]$——容许挠度，按表 4.5 采用。

计算纵向、横向水平杆的内力与挠度时，纵向水平杆宜按三跨连续梁计算，计算跨度取用杆纵距 l_a，横向水平杆宜按简支梁计算，计算跨度 l_0 可按图 4.8 采用。

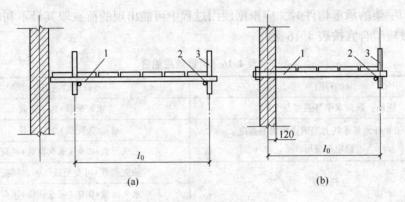

图 4.8 横向水平杆计算跨度

（a）双排脚手架；（b）单排脚手架

1—横向水平杆；2—纵向水平杆；3—立杆

（3）扣件抗滑承载力验算。纵向或横向水平杆与立杆连接时，其构件的抗滑承载力应满足式（4.5）规定

$$R \leqslant [R_c] \tag{4.5}$$

式中 R——纵向或横向水平杆传给立杆的竖向作用力设计值，kN；

R_c——扣件抗滑承载力设计值，kN，可按表 4.4 采用。

B 立杆稳定性计算

立杆的稳定性应满足式（4.6）、式（4.7）的要求：

不组合风荷载时：

$$\frac{N}{\varphi A} \leqslant f \tag{4.6}$$

组合风荷载时：

$$\frac{N}{\varphi A} + \frac{M_w}{W} \leqslant f \tag{4.7}$$

式中 N——计算立杆段的轴向力设计值，N。

当不组合风荷载时,

$$N = 1.2(N_{G_1k} + N_{G_2k}) + 1.4 \sum N_{Qk}$$

组合风荷载时,

$$N = 1.2(N_{G_1k} + N_{G_2k}) + 0.9 \times 1.4 \sum N_{Qk},$$

式中 N_{G_1k} ——脚手架结构自重产生的轴向力标准值,kN;

N_{G_2k} ——构、配件自重产生的轴向力标准值,kN;

$\sum N_{Qk}$ ——施工荷载产生的轴向力标准值总和,内、外立杆各按一纵距内施工荷载总和的 1/2 取值;

φ ——轴心受压构件的稳定系数,应根据长细比 λ 由表 4.18 取值;

λ ——长细比, $\lambda = \dfrac{l_0}{i}$;

l_0 ——计算长度,mm, $l_0 = k\mu h$,其中,k 为立杆计算长度附加系数,其值取 1.155,当验算立杆允许长细比时,取 $k = 1.0$。μ 为考虑单、双排脚手架整体稳定因素的单杆计算长度系数,应按表 4.19 采用;h 为步距;

i ——截面回转半径,mm,按表 4.17 取值;

A ——立杆的截面面积,mm^2,按表 4.17 取值;

M_w ——计算立杆段由风荷载设计值产生的弯矩,$N \cdot mm$。

$$M_w = 0.9 \times 1.4 M_{wk} = \frac{0.9 \times 1.4 w_k l_a h^2}{10},$$ 其中,M_{wk} 为风荷载产生的弯矩标准值,$kN \cdot m$;w_k 为风荷载标准值,kN/m^2,按式(4.1)计算;l_a 为立杆纵距,m;h 为步距;

f ——钢材的抗压强度设计值,N/mm^2。

表 4.18　轴心受压构件的稳定系数 φ（Q235 钢）

λ	0	1	2	3	4	5	6	7	8	9
0	1.000	0.997	0.995	0.992	0.989	0.987	0.984	0.981	0.979	0.976
10	0.974	0.971	0.968	0.966	0.963	0.960	0.958	0.955	0.952	0.949
20	0.947	0.944	0.941	0.938	0.936	0.933	0.930	0.927	0.924	0.921
30	0.918	0.915	0.912	0.909	0.906	0.903	0.899	0.896	0.893	0.889
40	0.886	0.882	0.879	0.875	0.872	0.868	0.864	0.861	0.858	0.855
50	0.852	0.849	0.846	0.843	0.839	0.836	0.832	0.829	0.825	0.822
60	0.818	0.814	0.810	0.806	0.802	0.797	0.793	0.789	0.784	0.779
70	0.775	0.770	0.765	0.760	0.755	0.750	0.744	0.739	0.733	0.728
80	0.722	0.713	0.710	0.704	0.698	0.692	0.686	0.680	0.673	0.667
90	0.661	0.654	0.648	0.641	0.634	0.626	0.618	0.611	0.603	0.595
100	0.588	0.580	0.573	0.566	0.558	0.551	0.544	0.537	0.530	0.523
110	0.516	0.509	0.502	0.496	0.489	0.483	0.476	0.470	0.464	0.458
120	0.452	0.446	0.440	0.434	0.428	0.423	0.417	0.412	0.406	0.401

λ	0	1	2	3	4	5	6	7	8	9
130	0.396	0.391	0.386	0.381	0.376	0.371	0.367	0.362	0.357	0.353
140	0.349	0.344	0.340	0.336	0.332	0.328	0.324	0.320	0.316	0.312
150	0.308	0.305	0.301	0.298	0.294	0.291	0.287	0.284	0.281	0.277
160	0.274	0.271	0.268	0.265	0.262	0.259	0.256	0.253	0.251	0.248
170	0.245	0.243	0.240	0.237	0.235	0.232	0.230	0.227	0.225	0.223
180	0.220	0.218	0.216	0.214	0.211	0.209	0.207	0.205	0.203	0.201
190	0.199	0.197	0.195	0.193	0.191	0.189	0.188	0.186	0.184	0.182
200	0.180	0.179	0.177	0.175	0.174	0.172	0.171	0.169	0.167	0.166
210	0.164	0.163	0.161	0.160	0.159	0.157	0.156	0.154	0.153	0.152
220	0.150	0.149	0.148	0.146	0.145	0.144	0.143	0.141	0.140	0.139
230	0.138	0.137	0.136	0.135	0.133	0.132	0.131	0.130	0.129	0.128
240	0.127	0.126	0.125	0.124	0.123	0.122	0.121	0.120	0.119	0.118
250	0.117	—	—	—	—	—	—	—	—	—

表 4.19　单双排脚手架立杆的计算长度系数 μ

类　别	立杆横距/m	连墙体布置	
		二步三跨	三步三跨
双排架	1.05	1.50	1.70
	1.30	1.55	1.75
	1.55	1.60	1.80
单排架	≤1.50	1.80	2.00

当脚手架采用相同的步距、立杆纵距、立杆横距和连墙件间距时，单、双排脚手架立杆稳定性计算应采用底层立杆段。

当脚手架的步距、立杆纵距、立杆横距和连墙件间距有变化时，单、双排脚手架立杆稳定性计算部位除计算底层立杆段外，还必须对出现最大步距或最大立杆纵距、立杆横距、连墙件间距等部位的立杆段进行验算。

C　连墙件计算

（1）强度计算。连墙件轴向力设计值 N_l 采用式（4.8）进行计算

$$N_l = N_{lw} + N_0 \tag{4.8}$$

式中　　N_{lw}——风荷载产生的连墙件轴向力设计值，kN，$N_{lw} = 1.4 w_k A_w$，其中，A_w 为单个连墙件所覆盖的脚手架外侧面的迎风面积，m^2；

　　　　N_0——连墙件约束脚手架平面外变形所产生的轴向力，kN，单排架取 2kN，双排架取 3kN。

连墙件杆件的强度应满足式（4.9）的要求

$$\sigma = \frac{N_l}{A_c} \leq 0.85f \tag{4.9}$$

式中 σ ——连墙件应力值，N/mm^2；

A_c ——连墙件的净截面面积，mm^2；

f ——连墙件钢材的强度设计值，N/mm^2。

（2）稳定性计算。连墙件杆件的稳定性应满足下式的要求：

$$\sigma = \frac{N_l}{\varphi A} \leqslant 0.85f \qquad (4.10)$$

式中 A ——连墙件的毛截面面积，mm^2；

φ ——连墙件的稳定系数，应根据连墙件长细比按表4.18取值。

（3）连接强度计算。连墙件与脚手架、连墙件与建筑结构连接的承载力应按式（4.11）计算：

$$N_l \leqslant N_v \qquad (4.11)$$

式中 N_v ——连墙件与脚手架、连墙件与建筑结构连接的受拉（压）承载力设计值，应根据相应规范规定计算。

当采用钢管扣件做连墙件时，扣件需进行抗滑承载力验算，且应满足式（4.12）要求：

$$N_l \leqslant R_c \qquad (4.12)$$

式中 R_c ——为扣件抗滑承载力设计值，一个直角扣件应取8.0kN。

D 立杆地基承载力计算

立杆基础地面的平均压力应满足下式要求：

$$p_k = \frac{N_k}{A} \leqslant f_g \qquad (4.13)$$

式中 p_k ——立杆基础底面处的平均压力标准值，kPa；

N_k ——上部结构传至立杆基础顶面的轴向力标准值，kN；

A ——基础底面面积，m^2；

f_g ——地基承载力特征值，kPa。当为天然地基时，应按地质勘察报告选用；当为回填土地基时，应对地质勘察报告提供的回填土地基承载力特征值乘以折减系数0.4。地基承载力特征值也可由载荷试验或工程经验确定。

对搭设在楼面等建筑结构上的脚手架，应对支撑架体的建筑结构进行承载力验算，当不能满足承载力要求时，应采取可靠的加固措施。

E 允许搭设高度计算

单、双排脚手架允许搭设高度 $[H]$ 应按式（4.14）、式（4.15）进行计算，并取二者较小值：

不组合风荷载时

$$[H] = \frac{\varphi Af - (1.2N_{G2k} + 1.4\sum N_{Qk})}{1.2g_k} \qquad (4.14)$$

组合风荷载时

$$[H] = \frac{\varphi Af - \left[1.2N_{G2k} + 0.9 \times 1.4\left(\sum N_{Qk} + \frac{M_{wk}}{W}\varphi A\right)\right]}{1.2g_k} \qquad (4.15)$$

式中 $[H]$——脚手架的允许搭设高度，m；

      g_k——立杆承受的每米结构自重标准值，kN/m，可按表4.7取值；

      φ——轴心受压构件的稳定系数，应根据长细比λ由表4.18取值；

      λ——长细比，$\lambda = \dfrac{l_0}{i}$；

      l_0——计算长度，mm，$l_0 = k\mu h$，其中，k为立杆计算长度附加系数，其值取1.155，当验算立杆允许长细比时，取$k = 1.0$。μ为考虑单、双排脚手架整体稳定因素的单杆计算长度系数，应按表4.19采用；h为步距；

      i——截面回转半径，mm，按表4.17取值；

      A——立杆的截面面积，mm^2，按表4.17取值；

      N_{G_2k}——构、配件自重产生的轴向力标准值；

      $\sum N_{ok}$——施工荷载产生的轴向力标准值总和，内、外立杆各按一纵距内施工荷载总和的1/2取值；

      M_{wk}——风荷载产生的弯矩标准值，kN·m；

      f——钢材的抗压强度设计值，N/mm^2。

单排脚手架搭设高度不应超过24m；双排脚手架搭设高度不宜超过50m，高度超过50m的双排脚手架应采用分段搭设等措施。

4.3.4.2 满堂脚手架计算

满堂脚手架是在纵、横方向，由不少于三排立杆并与水平杆、水平剪刀撑、竖向剪刀撑、扣件等构成的脚手架。该架体顶部作业层施工荷载通过水平杆传给立杆，顶部立杆呈偏心受压状态。满堂脚手架搭设高度不宜超过36m，施工层不得超过1层。

（1）纵横杆、连墙件及地基承载力计算

满堂脚手架纵横杆、连墙件及地基承载力的计算方法及过程与单、双排脚手架相同。

（2）立杆稳定性

满堂脚手架的立杆稳定性计算方法及过程与单、双排脚手架相同，但需注意，满堂脚手架立杆的计算长度应按式（4.16）计算

$$l_0 = k\mu h \tag{4.16}$$

式中 k——满堂脚手架立杆计算长度附加系数，按表4.20取值；

      h——步距，m；

      μ——考虑满堂脚手架整体稳定因素的单杆计算长度系数，应按附表2采用；

表4.20 满堂脚手架立杆计算长度附加系数

高度 H/m	$H \leq 20$	$20 < H \leq 30$	$30 < H \leq 36$
k	1.155	1.191	1.204

注：当验算立杆允许长细比时，取$k = 1$。

当满堂脚手架采用相同的步距、立杆纵距、立杆横距时，应计算底层立杆段；当架体的步距、立杆纵距、立杆横距有变化时，除计算底层立杆段外，还必须对出现最大步距、最大立杆纵距、立杆横距等部位的立杆段进行验算；当架体上有集中荷载作用时，尚应计

算集中荷载作用范围内受力最大的立杆段。

当满堂脚手架立杆间距不大于 1.5m×1.5m，架体四周及中间与建筑结构计算进行刚性连接，并且刚性连接点的水平间距不大于 4.5m，竖向间距不大于 3.6m 时，可按双排脚手架的规定进行计算。

4.3.4.3 满堂支撑架计算

满堂支撑架是在纵、横方向，由不少于三排立杆并与水平杆、水平剪刀撑、竖向剪刀撑、扣件等构成的承力支架。该架体顶部的钢结构安装等（同类工程）施工荷载通过可调托撑传递给立杆，顶部立杆呈轴心受压状态。可调托撑受压承载力设计值不应小于 40kN，支托板厚不应小于 5mm。

满堂支撑架根据剪刀撑的设置不同分为普通型构造与加强型构造，两种类型的满堂支撑架的构造及立杆计算长度应符合规范规定的要求。

满堂支撑架立杆稳定性计算同单、双排脚手架类似，但需注意，计算立杆段的轴心力设计值 N 应按照式（4.17）、式（4.18）计算

不组合风荷载时：

$$N = 1.2 \sum N_{Gk} + 1.4 \sum N_{Qk} \tag{4.17}$$

组合风荷载时：

$$N = 1.2 \sum N_{Gk} + 0.9 \times 1.4 \sum N_{Qk} \tag{4.18}$$

式中　$\sum N_{Gk}$ ——永久荷载对立杆产生的轴向力标准值总和，kN；

　　　$\sum N_{Qk}$ ——可变荷载对立杆产生的轴向力标准值总和，kN。

满堂支撑架立杆的计算长度应按式（4.19）、式（4.20）计算，取整体稳定计算结果最不利值。

顶部立杆段

$$l_0 = k\mu_1(h + 2a) \tag{4.19}$$

非顶部立杆段

$$l_0 = k\mu_2 h \tag{4.20}$$

式中　k——满堂支撑架立杆计算长度附加系数，按表 4.21 取值；

　　　h——步距，m；

　　　a——立杆伸出顶层水平中心线至支撑点的长度，应不大于 0.5m，当 0.2m<a<0.5m 时，承载力可按线性插入值。

μ_1，μ_2——考虑满堂支撑架整体稳定因素的单杆计算长度系数，普通型构造应按附表 3 和附表 5 采用，加强型构造应按附表 4 和附表 6 采用。

当满堂支撑架小于 4 跨时，宜设置连墙件将架体与建筑结构刚性连接。当架体未设置连墙件与建筑结构刚性连接，立杆计算长度系数 μ_1、μ_2 按附表 3~附表 6 采用时，应符合下列规定：

（1）支撑架高度不应超过一个建筑楼层高度，且不应超过 5.2m；

（2）架体上永久荷载与可变荷载（含风荷载）总和标准值不应大于 7.5kN/m²；

（3）架体上永久荷载与可变荷载（不含风荷载）总和标准值不应大于 7kN/m²。

表 4.21　满堂支撑架立杆计算长度附加系数

高度 H/m	$H \leqslant 8$	$8 < H \leqslant 10$	$10 < H \leqslant 20$	$20 < H \leqslant 30$
k	1.155	1.185	1.217	1.291

注：当验算立杆允许长细比时，取 $k=1$。

4.3.4.4　型钢悬挑脚手架计算

型钢悬挑脚手架是采用型钢悬挑梁作为支撑结构的脚手架。悬挑脚手架型钢悬挑梁的构造示意图及计算模型如图 4.9 所示。

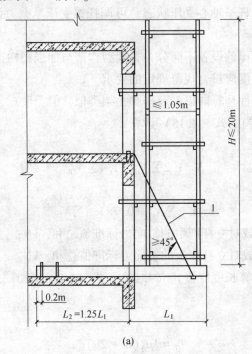

(a)

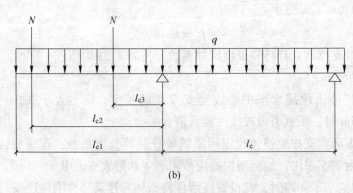

(b)

图 4.9　悬挑脚手架型钢悬挑梁的构造示意图及计算模型

（a）悬挑脚手架型钢悬挑梁的构造示意图；（b）悬挑脚手架型钢悬挑梁的计算模型

1—钢丝绳或钢丝杆；N—悬挑脚手架立杆的轴向力设计值；l_c—型钢悬挑梁锚固点中心至建筑物层板支承点的距离；

l_{c1}—型钢悬挑梁悬挑断面至建筑结构楼层板边支承点的距离；l_{c2}—脚手架外立杆至建筑结构楼层板边

支承点的距离；l_{c3}—脚手架内杆至建筑结构楼层板边支承点的距离；q—型钢梁自重线荷载标准值

型钢悬挑梁的悬挑长度应按设计确定，固定段长度不应小于悬挑段长度的 1.25 倍。型钢悬挑梁应采用 2 个（对）及以上 U 形钢筋拉环或锚固螺栓与建筑结构梁板固定（图 4.10），U 形钢筋拉环或锚固螺栓应预埋至混凝土梁、板底层钢筋位置，并应与混凝土梁、板底层钢筋焊接或绑扎牢固，其锚固长度应符合《混凝土结构设计规范》(GB 50010) 中钢筋锚固的规定。

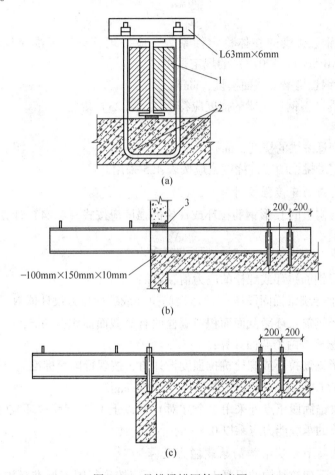

图 4.10　悬挑梁锚固件示意图

（a）悬挑钢梁 U 形螺栓固定构造；（b）悬挑钢梁穿墙构造；（c）悬挑钢梁楼面构造
1—木楔侧向楔紧；2—两根 1.5m 长直径 18mm 的 HRB335 钢筋；3—木楔楔紧

型钢悬挑梁除了按照前述计算过程进行纵向水平杆、横向水平杆、立杆、连墙件的计算以外，还需计算型钢悬挑梁的抗弯强度、整体稳定性和挠度，型钢悬挑梁锚固件及其锚固连接的强度，型钢悬挑梁下建筑结构的承载能力。

A　型钢悬挑梁的抗弯强度、整体稳定性和挠度计算

（1）抗弯强度计算。型钢悬挑梁的抗弯强度应按式（4.21）进行计算：

$$\sigma = \frac{M_{\max}}{W_n} \leq f \tag{4.21}$$

式中　σ——型钢悬挑梁应力值；

$M_{\max}$——型钢悬挑梁计算截面最大弯矩设计值，N·mm；

W_n——型钢悬挑梁净截面模量，mm³；

f——钢材的抗弯强度设计值，N/m²。

（2）整体稳定性验算。型钢悬挑梁的整体稳定性应按式（4.22）进行验算

$$\frac{M_{\max}}{\varphi_b W} \leqslant f \tag{4.22}$$

式中　φ_b——型钢悬挑梁的整体稳定性系数，应按现行国家标准《钢结构设计规范》（GB 50017—2017）的规定采用；

W——型钢悬挑梁毛截面模量，mm³。

（3）挠度验算。型钢悬挑梁的挠度应符合式（4.23）规定

$$\nu \leqslant [\nu] \tag{4.23}$$

式中　ν——型钢悬挑梁的挠度，mm；

$[\nu]$——型钢悬挑梁的容许挠度，应按表4.5采用。

B　锚固件及锚固连接强度计算

锚固在主体结构上的U形钢筋拉环或螺栓的强度应按式（4.24）计算

$$\sigma = \frac{N_m}{A_l} \leqslant f_l \tag{4.24}$$

式中　σ——U形钢筋拉环或螺栓的应力值，kPa；

N_m——型钢悬挑梁锚固段压点U形钢筋拉环或螺栓拉力设计值N；

A_l——U形钢筋拉环净截面面积或螺栓的有效截面面积，mm²，一个钢筋拉环或一对螺栓按两个截面计算；

f_l——U形钢筋拉环或螺栓抗拉强度设计值，按现行国家标准《混凝土结构设计规范》（GB 50010）的规定取值，$f_l =50\text{N/mm}^2$。

当型钢悬挑梁锚固段压点处采用2个（对）及以上U形钢筋拉环或螺栓锚固连接时，其钢筋拉环或螺栓的承载能力应乘以0.85的折减系数。

C　型钢悬挑梁下建筑结构的承载能力验算

对型钢悬挑梁下建筑结构的混凝土梁（板），应按现行国家标准《混凝土结构设计规范》（GB 50010）的规定进行混凝土局部受压承载力、结构承载力验算，当不满足要求时，应采取可靠的加固措施。

当型钢悬挑梁与建筑结构锚固的压点处楼板未设置上层受力钢筋时，应经计算在楼板内配置用于承受型钢梁锚固作用引起负弯矩的受力钢筋。

4.3.5　配件配备量计算

扣件式钢管脚手架的杆配件配备数量，要有一定的富余量，以适应脚手架搭设时变化的需要，因此可采用下述近似框算方法。

（1）按立柱根数计的配件用量计算。设已知脚手架立柱总数为n，搭设高度为H，步距为h，立杆纵距为l_a，立杆横距为l_b，排数为n_1和作业层数为n_2时，其杆配件用量可按表4.22所列公式进行计算。

表 4.22　扣件式钢管脚手架配件用量概算式

项次	计算项目	单位	条件	单排脚手架	双排脚手架	满堂脚手架
1	长杆总长度 L	m	A	$L=1.1H\cdot(n+\dfrac{l_a}{h}\cdot n-\dfrac{l_a}{h})$	$L=1.1H\cdot(n+\dfrac{l_a}{h}\cdot n-2\dfrac{l_a}{h})$	$L=1.2H\cdot(n+\dfrac{l_a}{h}\cdot n-\dfrac{l_b}{h}\cdot n_1)$
			B	$L=(2n-1)H$	$L=(2n-2)H$	$L=(2.2n-n_1)H$
2	小横杆数 N_1	根	C	$N_1=1.1(\dfrac{H}{h}+2)n$	$N_1=1.1(\dfrac{H}{2h}+1)n$	—
			D	$N_1=1.1(\dfrac{H}{h}+3)n$	$N_1=1.1(\dfrac{H}{2h}+1.5)n$	—
3	直角扣件数 N_2	个	C	$N_2=2.2(\dfrac{H}{h}+1)n$	$N_2=2.2(\dfrac{H}{h}+1)n$	$N_2=2.4nH/h$
			D	$N_2=2.2(\dfrac{H}{h}+1.5)n$	$N_2=2.2(\dfrac{H}{h}+1.5)n$	$N_2=2.4nH/h$
4	对接扣件数 N_3	个		$N_3=\dfrac{L}{l}$，l 长杆的平均长度		
5	旋转扣件数 N_4	个		$N_4=0.3\dfrac{L}{l}$，l—长杆的平均长度		
6	脚手板面积 S	m²	C	$S=2.2(n-1)l_al_b$	$S=1.1(n-2)l_al_b$	$S=0.55\ (n-n_1+\dfrac{n}{n_1}+1)\ l_a^2$
			D	$S=3.3(n-1)l_al_b$	$S=1.6(n-2)l_al_b$	

注：1. 长杆包括立杆、纵向平杆和剪刀撑（满堂脚手架也包括横向平杆）；

2. A 为原算式，B 为 $l_a/h=0.8$ 时的简式；

3. C 为 $n_2=2$；D 为 $n_2=3$（但满堂架为一层作业）；

4. 满堂脚手架为一层作业，且按一半作业层面积计算脚手板。

（2）按面积或体积计的杆配件用量计算。取立杆纵距 $l_a=1.5\text{m}$，立杆横距 $l_b=1.2\text{m}$ 和步距 $h=1.8\text{m}$ 时，每 100m^2 单、双排脚手架和每 100m^3 满堂脚手架的杆配件用量列于表 4.23 中，可供计算参考使用。

表 4.23　按面积或体积计的扣件钢管脚手架杆配件用量参考表

类　别	作业层数 n_2	长杆 /m	小横杆 /根	直角扣件 /个	对接扣件 /个	旋转扣件 /个	底座 /个	脚手板 /m²
单排脚手架（100m²用量）	2	137	51	93	28	9	(4)	14
	3		55	97				20
双排脚手架（100m²用量）	2	273	51	187	55	17	(7)	14
	3		55	194				20
满堂脚手架（100m²用量）	0.5	125	–	81	25	8	(6)	8

注：1. 满堂脚手架按一层作业，且铺占一半面积的脚手架；

2. 长杆的平均长度取5m；

3. 底座数量取决于 H，表中（）内数字依据为：单、双排架 H 取20m，满堂架取10m，所给数字仅供参考。

（3）按长杆重量计的杆配件配备量计算。当施工单位已拥有100t、长4～6m的扣件脚手钢管时，其相应的杆配件的配备量列于表4.24中，可供参考。在计算时，取加权平均值，单排架、双排架和满堂红脚手架的使用比例（权值）分别取0.1、0.8和1.0时，扣件的装配量大致为0.26～0.27。

表4.24　扣件式钢管脚手架杆配件的参考配备量表

项　次	杆配件名称	单　位	数量
1	4～6m，长杆	t	100
2	1.8～2.1m，小横杆	根（t）	4770（34～41）
3	直角扣件	个（t）	18178（24）
4	对接扣件	个（t）	5271（9.7）
5	旋转扣件	个（t）	1636（2.4）
6	底座	个（t）	600～750
7	脚手板	块（m^2）	2300（1720）

【例4.1】　某双排扣件式钢管脚手架的立杆数 $n = 30$；搭设高度 $H = 21.6m$，步距 $h = 1.8m$，立杆纵距 $l_a = 1.5m$，立杆横距 $l_b = 1.2m$，钢管长度 $l = 6.5m$，采取二层作业，试框算脚手架杆配件的需用数量。

解： 由表4.22中双排脚手架公式得：

长杆总长度：

$$L = 1.1H\left(n + \frac{l_a}{h} \cdot n - 2\frac{l_a}{h}\right)$$

$$= 1.1 \times 21.6 \times \left(30 + \frac{1.5}{1.8} \times 30 - 2 \times \frac{1.5}{1.8}\right) = 1\,267.1m$$

小横杆数：$N_1 = 1.1 \times \left(\frac{H}{2h} + 1\right)n = 1.1 \times \left(\frac{21.6}{2 \times 1.8} + 1\right) \times 30 = 231$ 根

直角扣件数：$N_2 = 2.2 \times \left(\frac{H}{h} + 1\right)n = 2.2 \times \left(\frac{21.6}{1.8} + 1\right) \times 30 = 858$ 个

对接扣件数 $N_3 = \frac{L}{l} = \frac{1287.1}{6.5} = 198$ 个

旋转扣件数 $N_4 = 0.3\frac{L}{l} = 0.3 \times \frac{1287.1}{6.5} = 59$ 个

脚手板面积 $S = 1.1(n - 2)l_a l_b = 1.1 \times (30 - 2) \times 1.5 \times 1.2 = 55.4m^2$

4.4　门式钢管脚手架施工安全技术设计

4.4.1　基本构造组成及搭设要求

4.4.1.1　基本构造组成与构造要求

A　基本构造组成

门式脚手架是用普通钢管材料制成工具式标准件，在施工现场组合而成的脚手架。其基本单元是由 2 个门式框架、2 个剪刀撑、1 个水平梁架和 4 个连接器组合而成（图 4.11）。若干基本单元通过连接器在竖向叠加，扣上壁扣，组成一个多层框架。在水平方向，用加固杆和水平梁架使相邻单元连成整体，加上斜梯、栏杆柱和横杆组成上下步距相通的外脚手架。它不仅可以作为外脚手架，也可作为移动式里脚手架或满堂架（图 4.11）。

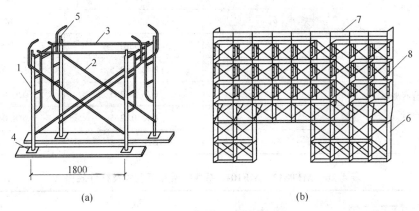

(a)   (b)

图 4.11 门式钢管脚手架的组成

（a）基本单元；（b）门式外脚手架

1—门式框架；2—剪刀撑；3—水平梁架；4—螺旋基脚；

5—连接棒；6—梯子；7—栏杆；8—脚手板

B 门式脚手架的各构配件构造要求

（1）门架。门架是门式脚手架的主要构件，其受力杆件为焊接钢管，由立杆、横杆及加强杆等相互焊接组成，常用门架几何尺寸及杆件规格见表 4.25、表 4.26。

（2）门架立杆加强杆的长度不应小于门架高度的 70%，门架宽度不得小于 800mm，且不宜大于 1200mm。门架应能配套使用，在不同组合情况下，均应保证连接方便、可靠，且应具有良好的互换性；不同型号的门架与配件严禁混合使用；上下榀门架立杆应在同一轴线位置上，门架立杆轴线的对接偏差不应大于 2mm；门式脚手架的内侧立杆离墙面净距不宜大于 150mm，当大于 150mm 时，应采取内设挑架板或其他隔离防护的安全措施；门式脚手架顶端栏杆宜高出女儿墙上端或檐口上端 1.5m。

表 4.25 MF1219 系列门架几何尺寸及杆件规格

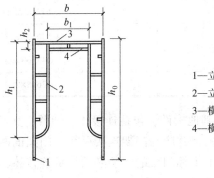

1—立杆；

2—立杆加强杆；

3—横杆；

4—横杆加强杆

门架代号		MF1219	
门架几何尺寸 /mm	h_2	80	100
	h_0	1930	1900
	b	1219	1200
	b_1	750	800
	h_1	1536	1550
杆件外径壁厚 /mm	1	$\phi42.0\times2.5$	$\phi48.0\times3.5$
	2	$\phi26.8\times2.5$	$\phi26.8\times2.5$
	3	$\phi42.0\times2.5$	$\phi48.0\times3.5^*$
	4	$\phi26.8\times2.5$	$\phi26.8\times2.5$

表 4.26　MF0817、MF1017 系列门架几何尺寸及杆件规格

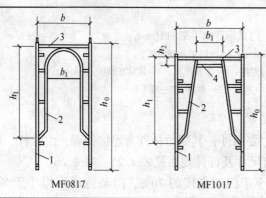

MF0817　　　　MF1017

1—立杆；
2—立杆加强杆；
3—横杆；
4—横杆加强杆

门架代号		MF0817	MF1017
门架几何尺寸 /mm	h_2	—	114
	h_0	1750	1750
	b	758	1018
	b_1	510	402
	h_1	1260	1291
杆件外径壁厚 /mm	1	$\phi42.0\times2.5$	
	2	$\phi26.8\times2.2$	
	3	$\phi42.0\times2.5$	
	4	$\phi26.8\times2.2$	

（3）配件。配件指门式脚手架的其他构件，包括连接棒、锁臂、交叉支撑、挂扣式脚手板、底座、托座。配件应与门架配套，并应与门架连接可靠；门架的两侧应设置交叉支撑，并应与门架立杆上的锁销锁牢；上下榀门架的组装必须设置连接棒，连接棒与门架立

杆配合间隙不应大于2mm；门式脚手架或模板支架上下榀门架间应设置锁臂，当采用插销式或弹销式连接棒时，可不设锁臂；门式脚手架作业层应连续满铺与门架配套的挂扣式脚手板，并应有防止脚手板松动或脱落的措施，当脚手板上有孔洞时，孔洞的内切圆直径不应大于25mm；底部门架的立杆下端宜设置固定底座或可调底座；可调底座和可调托座的调节螺杆直径不应小于35mm，可调底座的调节螺杆伸出长度不应大于200mm。

（4）加固杆。当门式脚手架搭设高度在24m及以下时，在脚手架的转角处、两端及中间间隔不超过15m的外侧立面必须各设置一道剪刀撑，并应由底至顶连续设置；当脚手架搭设高度超过24m时，在脚手架全外侧立面上必须设置连续剪刀撑；对于悬挑脚手架，在脚手架全外侧立面上必须设置连续剪刀撑。剪刀撑斜杆与地面的倾角宜为45°~60°；剪刀撑应采用旋转扣件与门架立杆扣紧；剪刀撑斜杆应采用搭接接长，搭接长度不宜小于1000mm，搭接处应采用3个及以上旋转扣件扣紧；每道剪刀撑的宽度不应大于6个跨距，且不应大于10m；也不应小于4个跨距，且不应小于6m。设置连续剪刀撑的斜杆水平间距宜为6~8m（图4.12）。

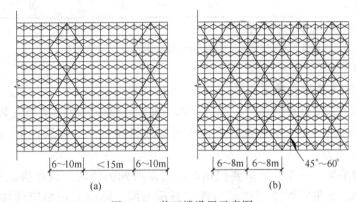

图4.12　剪刀撑设置示意图
（a）脚手架搭设高度24m及以下；（b）脚手架搭设高度超过24m

（5）转角处门架连接。在建筑物的转角处，门式脚手架内、外两侧立杆上应按步设置水平连接杆、斜撑杆，将转角处的两榀门架连成一体（图4.13）。

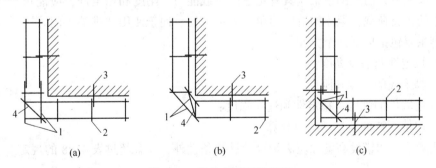

图4.13　转角处脚手架连接
（a），（b）阳角转角处脚手架连接；（c）阴角转角处脚手架连接
1—连接杆；2—门架；3—连接墙；4—斜撑杆

（6）连墙件。在门式脚手架的转角处或开口型脚手架端部，必须增设连墙件，连墙件

的垂直间距不应大于建筑物的层高，且不应大于 4.0m；连墙件设置的位置、数量应按专项施工方案确定，并应按确定的位置设置预埋件；连墙件的最大间距或最大覆盖面积尚应满足表 4.27 的要求。

表 4.27　连墙件最大间距或最大覆盖面积

序号	脚手架搭设方式	脚手架高度/m	连接架间距		每根连接墙覆盖面积/m²
			竖向	水平向	
1	落地、密目式安全网全封闭	≤40	3h	3l	≤40
2			2h	3l	≤27
3		>40		3l	
4	悬挑、密目式安全网全封闭	≤40	3h	3l	≤40
5		40~60	2h	3l	≤27
6		>60	2h	2l	≤20

注：1. 序号 4~6 为架体位于地面上高度；

　　2. 按每根连续墙覆盖面积选择连续墙设置时，连续墙的竖向间距不应大于 6m；

　　3. 表中 h 为步距，l 为跨距。

4.4.1.2　搭设顺序与要求

门式钢管脚手架的搭设顺序为：铺放垫木→安放底座→设立门架→安装剪刀撑→安装水平梁架→安装梯子→安装水平加固杆→安装连墙件→……→逐层向上→……安装交叉斜杆。

门式钢管脚手架的搭设一般只要根据产品目录所列的使用荷载和搭设规定进行施工，不必再进行验算。如果实际使用情况与规定有所不同，则应采用相应的加固措施或进行验算。

4.4.2　工程设计基本规定

通常情况下，门式脚手架应具有足够的承载能力、刚度和稳定性，应能可靠地承受施工过程中的各类荷载；架体构造应简单、装拆方便、便于使用和维护。门式脚手架的设计计算内容主要包括以下四个方面：

（1）稳定性及搭设高度；

（2）脚手板的强度和刚度；

（3）连墙件的强度、稳定性和连接强度；

（4）门架立杆的地基承载力验算。

门式脚手架的搭设高度除应满足设计计算条件外，不宜超过表 4.28 的规定。

表 4.28　门式钢管脚手架搭设高度

序号	搭设方式	施工荷载标准值 $\sum Q_k$/kN·m⁻²	搭设高度/m
1	落地、密目式安全网全封闭	≤3.0	≤55
2		>3.0 或 ≤5.0	≤40

序号	搭设方式	施工荷载标准值 $\sum Q_k$ /kN · m^{-2}	搭设高度/m
3	悬挑、密目式安全立网全封闭	≤3.0	≤24
4		>3.0 或≤5.0	≤18

注：表内数据使用于重现期为 10 年、基本风压值 $w_0 \leqslant 0.45\text{kN/m}^2$ 的地区，对于 10 年重现期、基本风压值> 0.45kN/m^2 的地区应按实际计算确定。

当门式脚手架的搭设高度及荷载条件符合表 4.28 的规定，且架体构造符合规范要求时，可不进行稳定性和搭设高度的计算。但连墙件、地基承载力及悬挑脚手架的悬挑支撑结构及其锚固应根据实际荷载进行设计计算。

门式脚手架宜采用定型挂扣式脚手板。当采用非定型脚手板时，应进行脚手板的强度、刚度计算。

钢材的强度设计值与弹性模量应按表 4.29 的规定取值。

表 4.29　钢材的强度设计值与弹性模量

项　目	Q235		Q345	
	钢管	型钢	钢管	型钢
抗拉、抗压和抗弯强度设计值/N · mm^{-2}	205	215	300	310
弹性模量/N · mm^{-2}	2.06×10^5			

本节关于门式脚手架的设计计算方法，适用于 MF1219、MF1017、MF0817 系列门架；

4.4.3　荷载计算

4.4.3.1　荷载分类及取值

门式脚手架的永久荷载主要包括构配件自重和附件自重。其中，构配件自重包括门架、连接棒、锁臂、交叉支撑、水平加固杆、脚手板等自重。附件自重包括栏杆、扶手、挡脚板、安全网、剪刀撑、扫地杆及防护设施等自重。

门式脚手架的可变荷载主要包括门式脚手架的施工荷载和风荷载。其中，门式脚手架的施工荷载包括脚手架作业层上的施工人员、材料及机具等自重。

4.4.3.2　荷载取值

A　永久荷载标准值

（1）依照《建筑施工门式钢管脚手架安全技术规范》（JGJ 128—2010），门架、配件自重的标准值可按表 4.30 和表 4.31 采用。加固杆所用钢管、扣件自重的标准值可按表 4.32和表 4.33 采用。

表 4.30　MF1219 系列门架、配件重量

名　称	单　位	代　号	重量（标准值）/kN
门架（$\phi42$）	榀	MF1219	0.224
门架（$\phi42$）	榀	MF1217	0.205

名　称	单　位	代　号	重量（标准值）/kN
门架（φ42）	榀	MF1219	0.270
交叉支撑	副	G1812	0.040
脚手板	块	P1805	0.184
连接棒	个	J220	0.006
锁壁	副	L700	0.0085
固定底座	个	FS100	0.010
可调底座	个	AS400	0.035
可调托座	个	AU400	0.045
梯形架	榀	LF1212	0.133
承托架	榀	BF617	0.209
梯子	副	S1819	0.272

表 4.31　MF0817、MF1017 系列门架、配件重量

名　称	单　位	代　号	重量（标准值）/kN
门架	榀	MF0817	0.153
门架	榀	MF1017	0.165
交叉支撑	副	G1812、G1512	0.040
脚手板	块	P1806、P1804、P1803	0.195、0.168、0.148
连接棒	个	J220	0.006
安全插销	个	C080	0.001
固定底座	个	FS100	0.010
可调底座	个	AS400	0.035
可调托座	个	AU400	0.045
梯形架	榀	LF1012、LF1009、LF1006	11.1、9.60、8.20
三角托	个	T040	0.209
梯子	副	S1817	0.250

表 4.32　门式脚手架用钢管截面及截面几何特性

钢管外径 d/mm	壁厚 t/mm	截面积 A/cm²	截面惯性矩 I/cm⁴	截面模量 W/cm³	截面回转半径 i/cm	每米长重量（标准值）/N·m⁻¹
51	3.0	4.52	13.08	5.13	1.67	35.48
48.0	3.5	4.89	12.19	5.08	1.58	38.40
42.7	2.4	3.04	6.19	2.90	1.43	23.86
42.4	2.6	3.25	6.40	3.05	1.41	25.52

钢管外径 d/mm	壁厚 t/mm	截面积 A/cm²	截面惯性矩 I/cm⁴	截面模量 W/cm³	截面回转半径 i/cm	每米长重量（标准值）/N·m⁻¹
42.4	2.4	3.02	6.05	2.86	1.42	23.68
42.0	2.5	3.10	6.08	2.83	1.40	24.34
34.0	2.2	2.20	2.79	1.64	1.13	17.25
27.2	1.9	1.51	1.22	0.89	0.90	11.85
26.9	2.6	1.98	1.48	1.10	0.86	15.58
26.9	2.4	1.83	1.40	1.04	0.87	14.50
26.8	2.5	1.91	1.42	1.06	0.86	14.99
26.8	2.2	1.70	1.30	0.97	0.87	13.35

表 4.33 扣件规格及重量

规　格		重量（标准值）/kN·个⁻¹
直角扣件	GKZ48、GKA48/42、GKZ42	0.0135
旋转扣件	GKU48、GKU48/42、GKU42	0.0145

（2）架体设置的安全网、竹笆、护栏、挡脚板等附件自重的标准值，应根据实际情况采用。

B　可变荷载标准值

（1）结构与装修用的门式脚手架作业层上的施工均布荷载标准值应根据实际情况确定，且不应低于表 4.34 的规定。

表 4.34 施工均布荷载标准值

序　号	门式脚手架用途	施工均布荷载标准值/kN·m⁻²
1	结构	3.0
2	装修	2.0

注：1. 表中施工均布荷载标准值为一个操作层上相邻两榀门架间的全部施工荷载除以门架纵距与门架宽度的乘积；

　　2. 斜梯施工均布荷载标准值不应低于 2kN/m²。

（2）当在门式脚手架上同时有 2 个及以上操作层作业时，在同一个门架跨距内各操作层的施工均布荷载标准值总和不得超过 5.0kN/m²。

（3）作用于门式脚手架的水平风荷载标准值，应按式（4.25）计算：

$$w_k = \mu_z \mu_s w_0 \qquad (4.25)$$

式中　w_k——风荷载标准值，kN/m²；

　　　w_0——基本风压值，kN/m²，按现行国家标准《建筑结构荷载规范》（GB 50009—2012）的规定采用，取重现期 $n=10$ 对应的风压值。

　　　μ_z——风压高度变化系数，应按现行国家标准《建筑结构荷载规范》（GB 50009—

2012）的规定采用；

μ_s——风荷载体型系数，应按表 4.35 的规定采用。

表 4.35 门式脚手架风荷载体型系数 μ_s

背靠建筑物的状况	全封闭墙	敞开、框架和开洞墙
全封闭、半封闭脚手架	$1.0\varphi'$	$1.3\varphi'$
敞开式满堂脚手架或模板支架	μ_{stw}	

注：1. μ_{stw} 为按桁架确定的脚手架风荷载体型系数，应按现行国家标准《建筑结构荷载规范》（GB 50009—2012）（2016 年版）中表 7.3.1 第 32 和第 36 项的规定计算。对于门架立杆钢管外径为 42.0～42.7mm 的敞开式脚手架，μ_{stw} 值可取 0.27；

2. φ' 为挡风系数，$\varphi' = 1.2A_n/A_w$，其中：A_n 为挡风面积，A_w 为迎风面积；

3. 当采用密目式安全网全封闭时，宜取 $\varphi = 0.8$，μ_s 最大值宜取 1.0。

C 荷载设计值

计算门式脚手架的架体或构件的强度、稳定性和连接强度时，应采用荷载设计值（荷载标准值乘以荷载分项系数）。荷载的分项系数取值应符合表 4.36 的规定。

表 4.36 荷载分项系数

架体类别	荷载类别	分项系数
门式脚手架	永久荷载	1.2
	可变荷载	1.4
	风荷载	1.4

计算门式脚手架地基承载力和正常使用极限状态的变形时，应采用荷载标准值，永久荷载与可变荷载的分项系数均取 1.0。

4.4.3.3 荷载效应组合

门式脚手架设计时，根据使用过程中在架体上可能同时出现的荷载，应按承载能力极限状态和正常使用极限状态分别进行荷载组合，并应取各自最不利的效应组合进行设计。

对承载能力极限状态，应按荷载效应的基本组合进行荷载组合。荷载效应的基本组合宜按表 4.37 采用。

表 4.37 门式脚手架荷载效应的基本组合

计算项目	荷载效应基本组合
门式脚手架稳定	永久荷载+施工荷载
	永久荷载+0.9（施工荷载+风荷载）
连墙件强度与稳定	风荷载+3.0kN

对正常使用极限状态，应按荷载效应的标准组合进行荷载组合，荷载效应的标准组合宜按表 4.38 采用。

计算项目	荷载效应基本组合	
门式脚手架门架立杆地基承载力、悬挑脚手架型钢悬挑梁的挠度	不组合风载	永久荷载+施工荷载
	组合风载	永久荷载+0.9×（施工荷载+风荷载）

4.4.4 工程设计计算

4.4.4.1 稳定性计算

A 门架轴力设计值

门式脚手架作用于一榀门架的轴向力设计值，应按式（4.26）计算，并取较大值：

（1）不组合风荷载时：

$$N = 1.2(N_{G_1k} + N_{G_2k})H + 1.4\sum N_{Qk} \tag{4.26}$$

式中　N_{G_1k}——每米高度架体构配件自重产生的轴向力标准值，kN；

　　　N_{G_2k}——每米高度架体附件自重产生的轴向力标准值，kN；

　　　　H——门式脚手架搭设高度，mm；

　　$\sum N_{Qk}$——作用于一榀门架的各层施工荷载标准值总和，kN；

　1.2，1.4——永久荷载与可变荷载的荷载分项系数。

（2）组合风荷载时：

$$N = 1.2\left(N_{G_1k} + N_{G_2k}\right)H + 0.9 \times 1.4\left(\sum N_{Qk} + \frac{2M_{wk}}{b}\right) \tag{4.27}$$

$$M_{wk} = \frac{q_{wk}H_1^2}{10}, \quad q_{wk} = w_k l$$

式中　M_{wk}——门式脚手架风荷载产生的弯矩标准值，kN·m；

　　　q_{wk}——风线荷载标准值，kN/m；

　　　w_k——风荷载标准值，kN/m²；

　　　H_1——连墙件竖向间距，mm；

　　　　l——门架跨距，mm；

　　　　b——门架宽度，mm；

　　　0.9——可变荷载的组合系数。

B 门架稳定承载力设计值

一榀门架的稳定承载力设计值应按式（4.28）计算：

$$N^d = \varphi A f \tag{4.28}$$

式中　φ——门架立杆的稳定系数，根据立杆换算长细比 λ 按表 4.39 取值。对于

　　　　MF1219、MF1017 门架：$\lambda = \dfrac{kh_0}{i}$；对于 MF0817 门架：$\lambda = \dfrac{3kh_0}{i}$；

　　　　k——调整系数，应按表 4.40 取值；

　　　　i——门架立杆换算截面回转半径，mm，$i = \sqrt{\dfrac{I}{A_1}}$；

I——门架立杆换算截面惯性矩，mm^4，对于 MF1219、MF1017 门架，$I = I_0 + I_1 \dfrac{h_1}{h_0}$；对于 MF0817 门架：$I = \left[A_1 \left(\dfrac{A_2 b_2}{A_1 + A_2} \right)^2 + A_2 \left(\dfrac{A_1 b_2}{A_1 + A_2} \right)^2 \right] \times \dfrac{0.5 h_1}{h_0}$；

h_0——门架高度，mm；

h_1——门架立杆加强杆的高度，mm；

I_0，A_1——分别为门架立杆的毛截面惯性矩（mm^4）和毛截面面积，mm^2；

I_1，A_2——分别为门架立杆加强杆的毛截面惯性矩（mm^4）和毛截面面积，mm^2；

b_2——门架立杆和立杆加强杆的中心距，mm；

A——一榀门架立杆的毛截面面积，mm^2，$A = 2A_1$；

f——门架钢材的抗压强度设计值。

表 4.39 轴心受压构件的稳定系数 φ（Q235 钢）

λ	0	1	2	3	4	5	6	7	8	9
0	1.000	0.997	0.995	0.992	0.989	0.987	0.984	0.981	0.979	0.976
10	0.974	0.971	0.968	0.966	0.963	0.960	0.958	0.955	0.952	0.949
20	0.947	0.944	0.941	0.938	0.936	0.933	0.930	0.927	0.924	0.921
30	0.918	0.915	0.912	0.909	0.906	0.903	0.899	0.896	0.893	0.889
40	0.886	0.882	0.879	0.875	0.872	0.868	0.864	0.861	0.858	0.855
50	0.852	0.849	0.846	0.843	0.839	0.836	0.832	0.829	0.825	0.822
60	0.818	0.814	0.810	0.806	0.802	0.797	0.793	0.789	0.784	0.779
70	0.775	0.770	0.765	0.760	0.755	0.750	0.744	0.739	0.733	0.728
80	0.722	0.713	0.710	0.704	0.698	0.692	0.686	0.680	0.673	0.667
90	0.661	0.654	0.648	0.641	0.634	0.626	0.618	0.611	0.603	0.595
100	0.588	0.580	0.573	0.566	0.558	0.551	0.544	0.537	0.530	0.523
110	0.516	0.509	0.502	0.496	0.489	0.483	0.476	0.470	0.464	0.458
120	0.452	0.446	0.440	0.434	0.428	0.423	0.417	0.412	0.406	0.401
130	0.396	0.391	0.386	0.381	0.376	0.371	0.367	0.362	0.357	0.353
140	0.349	0.344	0.340	0.336	0.332	0.328	0.324	0.320	0.316	0.312
150	0.308	0.305	0.301	0.298	0.294	0.291	0.287	0.284	0.281	0.277
160	0.274	0.271	0.268	0.265	0.262	0.259	0.256	0.253	0.251	0.248
170	0.245	0.243	0.240	0.237	0.235	0.232	0.230	0.227	0.225	0.223
180	0.220	0.218	0.216	0.214	0.211	0.209	0.207	0.205	0.203	0.201
190	0.199	0.197	0.195	0.193	0.191	0.189	0.188	0.186	0.184	0.182
200	0.180	0.179	0.177	0.175	0.174	0.172	0.171	0.169	0.167	0.166
210	0.164	0.163	0.161	0.160	0.159	0.157	0.156	0.154	0.153	0.152
220	0.150	0.149	0.148	0.146	0.145	0.144	0.143	0.141	0.140	0.139
230	0.138	0.137	0.136	0.135	0.133	0.132	0.131	0.130	0.129	0.128
240	0.127	0.126	0.125	0.124	0.123	0.122	0.121	0.120	0.119	0.118
250	0.117	—	—	—	—	—	—	—	—	—

表 4.40 调整系数 k

脚手架搭设高度/m	≤30	>30 且≤45	>45 且≤55
k	1.13	1.17	1.22

C 门架稳定性验算

门式脚手架的稳定性应按式（4.29）计算：

$$N \leqslant N_d \tag{4.29}$$

式中 N——门式脚手架作用于一榀门架的轴向力设计值，kN；

N_d——一榀门架的稳定承载力设计值，kN。

4.4.4.2 搭设高度计算

门式脚手架的搭设高度应按式（4.30）、式（4.31）计算，并应取其计算结果的较小者：

不组合风荷载时：

$$H^d = \frac{\varphi A f - 1.4 \sum N_{Qk}}{1.2 \ (N_{G_1k} + N_{G_2k})} \tag{4.30}$$

组合风荷载时：

$$H_w^d = \frac{\varphi A f - 0.9 \times 1.4 \left(\sum N_{Qk} + \dfrac{2M_{wk}}{b} \right)}{1.2 \ (N_{G_1k} + N_{G_2k})} \tag{4.31}$$

式中 H^d——不组合风荷载时脚手架搭设高度，mm；

H_w^d——组合风荷载时脚手架搭设高度，mm。

【例 4.2】 门式钢管脚手架施工荷载 $Q_k = 2.8 kPa$，连墙件竖向及水平间距为 2 步 3 跨（$H_1 = 4m$，$L_1 = 6m$），门架型号采用 MF1219，钢材采用 Q235，门架高 $h_0 = 1.92m$，门架宽 $b = 1.23m$，$i = 15.25mm$，$A = 310 \times 2mm^2$，已知 $N_{G_1K} = 0.286kN/m$，$N_{G_2K} = 0.071kN/m$，$\sum N_{Q,k} = 6.50kN$，风压高度变化系数 $\mu_z = 1.239$，风荷载体型系数 $\mu_s = 0.443$，基本风压 $w_0 = 0.55kPa$，试求该脚手架可搭设的最大高度。

解：（1）脚手架的搭设应考虑不组合风荷载和组合风荷载两种情况，取其中的较小者为允许搭设的最大高度。

（2）不组合风荷载时：

取 $k = 1.22$，$\lambda = \dfrac{kh_0}{i} = \dfrac{1.22 \times 1920}{15.25} = 153.6$，查表得 $\varphi = 0.293$

$$H^d = \frac{\varphi A f - 1.4 \sum N_{Q,k}}{1.2 \ (N_{G_1k} + N_{G_2k})} = \frac{0.293 \times 310 \times 2 \times 205 \times 10^{-3} - 1.4 \times 6.5}{1.2 \times \ (0.286 + 0.071)} = 65.7m$$

（3）组合风荷载时：

$$w_k = \mu_z \mu_s w_0 = 1.239 \times 0.443 \times 0.55 = 0.302kN/m^2$$

$$q_{wk} = w_k l = 0.302 \times 6 = 1.812kN/m$$

$$M_{wk} = \frac{q_{wk} H_1^2}{10} = \frac{1.812 \times 4^2}{10} = 2.899$$

$$H_w^d = \frac{\varphi A f - 0.9 \times 1.4 \left(\sum N_{Qk} + \dfrac{2M_{wk}}{b} \right)}{1.2 \ (N_{G_1 k} + N_{G_2 k})}$$

$$= \frac{0.293 \times 310 \times 2 \times 205 \times 10^{-3} - 0.9 \times 1.4 \times \left(6.50 + \dfrac{2 \times 2.899}{1.23} \right)}{1.2 \times \ (0.286 + 0.071)}$$

$$= 53.9 \text{m}$$

综上，取脚手架搭设高度为 53.9m。

4.4.4.3　连墙件计算

（1）强度计算。风荷载及其他作用对连墙件产生的拉（压）轴向力设计值 N_l 采用式（4.32）进行计算

$$N_l = N_w + 3000 \tag{4.32}$$

式中　N_w——风荷载产生的连墙件拉（压）轴向力设计值，N，$N_w = 1.4 w_k L_l H_l$，其中，L_l 为连墙件水平间距；H_l 为连墙件竖向间距。

连墙件杆件的强度应满足式（4.33）的要求

$$\sigma = \frac{N_l}{A_c} \leqslant 0.85 f \tag{4.33}$$

式中　σ——连墙件应力值，N/mm^2；

A_c——连墙件的净截面面积，mm^2，带螺纹的连墙件应取有效截面面积；

f——连墙件钢材的强度设计值，N/mm^2。

（2）稳定性计算。连墙件杆件的稳定性应满足式（4.34）的要求：

$$\sigma = \frac{N_l}{\varphi A} \leqslant 0.85 f \tag{4.34}$$

式中　A——连墙件的毛截面面积，mm^2；

φ——连墙件的稳定系数，应根据连墙件长细比按表 4.38 取值。

（3）连接强度计算。连墙件与脚手架、连墙件与建筑结构连接的连接强度应按式（4.35）计算：

$$N_l \leqslant N_v \tag{4.35}$$

式中　N_v——连墙件与脚手架、连墙件与建筑结构连接的抗拉（压）承载力设计值，N，应根据相应规范规定计算。

当采用钢管扣件做连墙件时，扣件需进行抗滑承载力验算，且应满足式（4.36）要求：

$$N_l \leqslant R_c \tag{4.36}$$

式中　R_c——扣件抗滑承载力设计值，一个直角扣件应取 8.0kN。

4.4.4.4　地基承载力验算

门式脚手架的门架立杆基础地面的平均压力应满足式（4.37）要求：

$$p_k = \frac{N_k}{A_d} \leqslant f_a \tag{4.37}$$

式中　p_k——门架立杆基础底面的平均压力标准值，kPa；

N_k——门式脚手架作用于一榀门架的轴向力标准值，kN，取不组合风荷载和组合风荷载两种工况下的较大值，当不组合风荷载时，$N_k = (N_{G_1k}+N_{G_2k}) H + \sum N_{Qk}$；当组合风荷载时，$N = (N_{G_1k}+N_{G_2k}) H + 0.9\left(\sum N_{Qk} + \dfrac{2M_{wk}}{b}\right)$；

A_d——一榀门架下底座底面面积，m^2；

f_a——修正后的地基承载力特征值，kPa，$f_a = k_c f_{ak}$，其中，k_c 为地基承载力修正系数，按表 4.41 取值；f_{ak} 为地基承载力特征值，按现行国家标准《建筑地基基础设计规范》（GB 50007）的规定，可由载荷试验或其他原位测试、公式计算并结合工程实践经验等方法综合确定。

表 4.41 地基承载力修正系数

地基类别	修正系数	
	原状土	分层回填夯实土
多年填积土	0.6	—
碎石土、砂土	0.8	0.4
粉土黏土	0.7	0.5
岩石、混凝土	1.0	—

门式脚手架的地基承载力除了经上述计算确定外，在搭设时还应符合表 4.42 的规定。

表 4.42 地基要求

搭设高度 /m	地基土质		
	中低压缩性且压缩性均匀	回填土	高压缩性或压缩性不均匀
≤24	夯实原土，干重力密度要求 15.5kN/m³，立杆底座置于面积不小于 0.075m² 的垫木上	土夹石或素土回填夯实，立杆底座置于面积不小于 0.10m² 垫木上	夯实原土，铺设通长垫木
>24 且 ≤40	垫木面积不小于 0.10m²，其余同上	砂夹石回填夯实，其余同上	夯实原土，在搭设地面满铺 C15 混凝土，厚度不小于 150mm
>40 且 ≤55	垫木面积不小于 0.15m² 或铺通长垫木，其余同上	砂夹石回填夯实，垫木面积不小于 0.15m² 或铺通长垫木	夯实原土，在搭设地面满铺 C15 混凝土，厚度不小于 200mm

注：垫木厚度不小于 50mm，宽度不小于 200mm；通长垫木的长度不小于 1500mm。

当门式脚手架搭设在楼面等建筑结构上时，门架立杆下宜铺设垫板。对搭设在地下室顶板、楼面等建筑结构上的门式脚手架，应对支承架体的建筑结构进行承载力验算，当不能满足承载力要求时，应采取可靠的加固措施。

4.5 附着式升降脚手架安全技术设计

4.5.1 基本构造组成

附着升降脚手架是指采用各种形式的架体结构及附着支承结构，依靠设置于架体上或工程结构上的专用升降设备实现升降的施工外脚手架。

　　附着升降脚手架的架体结构一般由竖向主框架、水平支承结构和架体板组成。其中，竖向主框架用以构造附着升降脚手架架体并与附着支承结构连接、承受和传递竖向与水平荷载的竖向框架。水平支承结构是脚手架架体结构中承受架体竖向荷载，并将竖向荷载传至竖向主框架和附着支承结构的传力结构。架体板是脚手架架体结构中除去竖向主框架和水平支承结构的剩余部分。

　　附着升降脚手架的附着支承结构是指与工程结构附着并与架体结构连接、承受并传递脚手架荷载作用的结构。

　　升降时跨数在两跨以上（包括两跨）并实行联控升降的附着升降脚手架称为整体式附着升降脚手架。实行单跨升降的附着升降脚手架称为单片式附着升降脚手架。

　　图 4.14 和图 4.15 所示分别为自升降式脚手架和互升降式脚手架的爬升过程。图 4.16 所示为整体式升降脚手架。

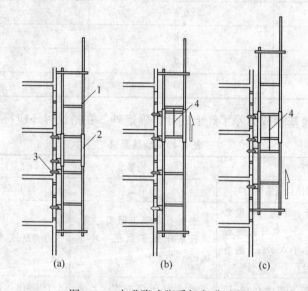

图 4.14　自升降式脚手架爬升过程

（a）爬升前的位置；（b）活动架爬升半个层高；（c）固定架爬升半个层高

1—活动架；2—固定架；3—附墙螺栓；4—倒链

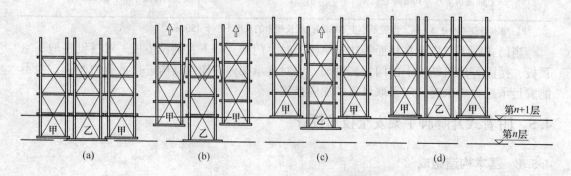

图 4.15　互升降式脚手架爬升过程

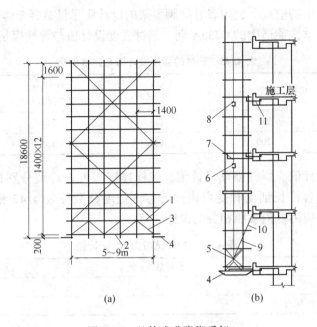

图 4.16 整体式升降脚手架

（a）立面图；（b）侧面图

1—上弦杆；2—下弦杆；3—承力桁架；4—承力架；5—斜撑；6—电动倒链；

7—挑梁；8—倒链；9—花篮螺栓；10—拉杆；11—螺栓

4.5.2 工程设计基本规定

附着升降脚手架的各部分应按使用、升降与坠落三种工况分别进行计算，脚手架计算结果应按单一系数法进行复核，并符合《编制建筑施工脚手架安全技术标准的统一规定》的有关要求。

附着升降脚手架的架体结构和附着支承结构应按以概率理论为基础的极限状态设计法进行设计计算，承载力按式（4.38）进行计算

$$\gamma_0 S \leqslant R \qquad (4.38)$$

式中 S——作用效应组合的设计值，kN；

R——结构抗力的设计值，kN；

γ_0——结构重要性系数，按脚手架结构设计时取 0.9，按工程结构设计时取 1.0。

附着升降脚手架升降机构中的吊具、索具，按机械设计的容许应力设计法进行设计计算，即按式（4.39）进行计算

$$\sigma \leqslant [\sigma] \qquad (4.39)$$

式中 σ——设计应力，N/mm^2；

$[\sigma]$——材料容许应力，N/mm^2。

附着升降脚手架应按其结构形式与构造特点确定不同工况下的计算简图，分别进行荷载计算、强度、刚度、稳定性计算或验算，必要时应通过整体模型试验验证脚手架架体结构的强度与刚度。

附着升降脚手架的设计除应满足计算要求外，还应符合有关构造及装置规定。在满足

结构安全与使用要求的前提下，附着升降脚手架的设计应尽量减轻架体的自重。

钢材宜采用力学性能适中的 Q235A 钢，钢材强度设计值与弹性模量应按表 4.43 取值。

表 4.43　钢材的强度设计值与弹性模量　　（N/mm²）

厚度或直径/mm	抗拉、抗弯、抗压 f	抗剪 f_v	端面承压（刨平顶紧）f_{ce}	弹性模量 E
≤16	215	125	320	2.06×10⁵
17~40	200	115	320	

扣件抗滑力设计值、焊缝强度设计值、螺栓连接强度设计值分别按表 4.44~表 4.46 采用。受压构件的容许长细比和受弯构件的容许挠度分别按表 4.47 和表 4.48 采用。吊具、索具材料容许应力取值参照相关的设计规范。

表 4.44　扣件抗滑力 N_v^c 设计值　　（kN）

项　　目	扣件数量/个	承载力设计值
对接扣件抗滑力	1	3.2
直角扣件、旋转扣件抗滑力	1	8.5

表 4.45　焊缝强度设计值　　（N/mm²）

焊接方法和焊条型号	钢号	厚度或直径/mm	对接焊缝			角焊缝
			抗拉和抗弯 f_t^w	抗压 f_c^w	抗剪 f_v^w	抗拉、抗压、抗剪 f_t^w
自动焊、半自动焊和 E43×× 型焊条的手工焊	Q235	≤16	185	215	125	160
		17~40	170	200	115	160

表 4.46　螺栓连接强度设计值　　（N/mm²）

钢　号	抗拉 f_t^b	抗剪 f_v^b
Q235	170	130

表 4.47　受压、受拉构件的容许长细比 [λ]

构件类别	容许长细比 [λ]
受压构件	150

表 4.48　受弯构件的容许挠度值

构件类别	容许挠度
小横杆、大横杆	$L/150$
水平支承结构	$L/350$

注：L 为受弯构件的跨度。

4.5.3　荷载计算

4.5.3.1　荷载标准值

（1）永久荷载。永久荷载主要包括架体结构、围护设施、作业层设施、固定于架体上的升降机构及其他设备、装置等的自重，其标准值 G_k 可按现行的《建筑结构荷载规范》（GB 50009—2012）确定。对木脚手板、竹串片脚手板，考虑到搭接、吸水、沾浆等因素，取自重标准值为 $0.35kN/m^2$（按厚度 50mm 计）。

（2）可变荷载。可变荷载主要包括施工荷载和风荷载。其中，施工活荷载标准值 Q_k 在使用工况下可按三层作业、每层 $2kN/m^2$ 或二层作业、每层 $3kN/m^2$ 计算。在升降工况与坠落工况下按作业层水平投影面积上 $0.5kN/m^2$ 计算。

风荷载标准值 W_k 按式（4.40）计算：

$$W_k = k\beta_z \mu_s \mu_z w_0 \tag{4.40}$$

式中　k——按 5 年重现期计算的风压折减系数，取 $k = 0.7$，对某些特殊情况可采用高于 0.7 的值，但不得低于此值；当按六级风计算风压值时，不考虑风压折减，取 $k = 1.0$。

μ_s——风荷载体形系数，按表 4.49 选用。

μ_z——风压高度变化系数，应按现行的《建筑结构荷载规范》（GB 50009—2012）规定取用；

β_z——风振系数，仅在附着升降脚手架使用高度超过 100m 时考虑，应按现行的《建筑结构荷载规范》（GB 50009—2012）规定取用；

w_0——基本风压值，kN/m^2，使用工况下取基本风压值 $w_0 = 0.55kN/m^2$，升降工况下按六级风考虑，取 $w_0 = 0.11kN/m^2$。

表 4.49　风荷载体形系数表

背靠建筑物的状况	全封闭	敞开、开洞
μ_s	$1.0\varphi'$	$1.3\varphi'$

注：φ' 为根据脚手架封闭情况确定的挡风系数，$\varphi' = \dfrac{A_n}{A_w}$，$A_n$ 为脚手架挡风面积，A_w 为脚手架迎风面积。

4.5.3.2　荷载效应组合设计值

按"概率极限状态设计法"进行设计计算时，荷载效应组合的设计值按式（4.41）、式（4.42）计算。

不考虑风荷载：

$$S = K(\gamma_G S_{GK} + \gamma_Q S_{QK}) \tag{4.41}$$

考虑风荷载：

$$S = K(\gamma_G S_{GK} + \varphi\gamma_Q S_{QK}) + \varphi\gamma_Q S_{WK} \tag{4.42}$$

式中　　　　K——荷载附加计算系数，按表 4.50 取用；

S_{GK}，S_{QK}，S_{WK}——恒载、活载、风载效应标准值，kN/m；

φ——荷载效应组合系数，当考虑六级风载时取 1.0，当考虑基本风压下的风载时取 0.85；

γ_G，γ_Q——荷载分项系数，对恒载，一般情况下取 $\gamma_G = 1.2$，有利于抗倾覆验算时取 $\gamma_G = 0.9$；对施工荷载和风荷载，取 $\gamma_Q = 1.4$。

表 4.50　荷载附加计算系数

项次	计算项目	荷载附加计算系数 K		
		使用工况	升降工况	坠落工况
1	扣件式脚手杆件搭设的架体板的立杆、斜杆	K_e	K_e	—
2	除第一项外的架体板杆件、节点或其他形式架体板的杆件	1.0	1.0	—
3	水平支承结构杆件、节点	K_{J1}	K_{J2}	K_c
4	附着支承结构	K_{J1}	K_{J2}	K_c
5	竖向主框架	K_{J1}	K_{J2}	K_c

注：K_c 为冲击系数，根据防坠装置性能确定，取试验值 1.2 倍，最小值不得低于 1.8；K_{J1}，K_{J2} 为荷载变化系数，取 $K_{J1}=1.3$，$K_{J2}=1.8$；单跨脚手架计算时取 $K_{J1}=1.0$，$K_{J2}=1.0$；K_e 为扣件式钢管脚手架体立杆的偏心作用系数，取 $K_e=1.15$。

　　附着升降脚手架升降机构中的吊具、索具荷载计算时，应在荷载标准值的基础上再按表 4.51 考虑荷载附加计算系数。

表 4.51　吊具、索具荷载附加计算系数

计算项目	荷载附加计算系数 K	
	升降工况	坠落工况
升降机构中与升降动力相连的吊具、索具	K_{J2}	—
升降机构中与防坠装置相连的吊具、索具	—	K_c

4.5.4　工程设计计算

　　附着升降脚手架的设计计算内容主要包括：

　　（1）水平支承结构的变形计算，杆件的强度与稳定性计算，节点及连接件的强度验算。

　　（2）竖向主框架的整体稳定性与变形计算，杆件的强度与稳定性计算，节点及连接件的强度验算。

　　（3）架体板的整体稳定性计算，杆件的强度与稳定性计算，节点及连接件的强度验算。

　　（4）附着支承结构的强度与稳定性计算，节点及连接件的强度验算。

　　（5）升降机构中吊具、索具的强度计算。

　　（6）附着处工程结构混凝土强度验算，必要时还应进行变形验算。

　　（7）确保安全的其他项目。

　　升降机构中吊具、索具的安全系数不得小于 6.0。材料强度设计值与容许应力值取用时应考虑材料强度调整系数 m，m 取值按表 4.52 取用。

表 4.52 材料强度调整系数 m

钢材的壁厚/mm	强度调整系数 m
≤3.5	0.80
>3.5	0.85

4.6 悬挂式吊篮脚手架安全技术设计

4.6.1 基本构造组成

悬挂式吊篮脚手架由吊篮、悬挂钢绳、挑梁、顶端杉杆等组成。吊篮架由吊篮片、钢管及钢管卡箍组合而成。吊篮片之间用48mm钢管连接组成整体桁架体系。常用吊篮脚手架构造及尺寸如图4.17所示。

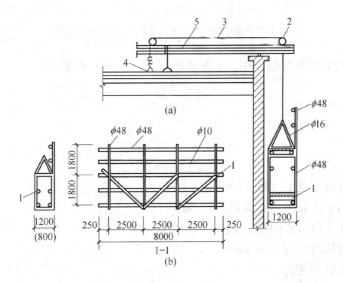

图 4.17 悬挂式吊篮架构造及尺寸

(a) 悬挂式吊篮装置构造；(b) 吊篮架尺寸

1—吊篮；2—杉杆包铁皮；3—钢丝绳；4—钢丝绳固定环；5—挑梁

悬挂式吊篮脚手架使用时，用倒链或卷扬机将吊篮提升到最上层，然后逐层下放，装修自上而下进行。

4.6.2 工程设计计算

悬挂式吊篮脚手架计算时，将吊篮视作由两榀纵向桁架组成，取其中一榀分析内力，进行强度验算，其中吊篮荷载 q 包括吊篮自重 q_1 和施工荷载 q_2。桁架内力分析时可将均布荷载 q 化为作用于上弦和下弦的节点集中荷 P，按铰接桁架计算，各杆件仅承受轴向力作用。

悬挂式吊篮脚手架的计算模型如图4.18所示。

拉杆应力按式（4.43）计算：

$$\sigma_1 = \frac{S}{A} \tag{4.43}$$

式中　σ_1——杆件的拉应力，N/mm^2；

　　　S——杆件的轴心拉力，kN；

　　　A——杆件的净截面积，mm^2。

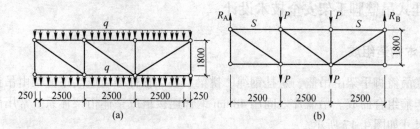

图 4.18　吊篮计算模型

(a) 组合吊篮计算简图；(b) 吊篮内力桁架计算简图

上弦受压同时受均布荷载作用，上弦弯矩按式（4.44）计算：

$$M = \frac{1}{8}ql^2 \tag{4.44}$$

其强度按式（4.45）验算：

$$\sigma = \frac{S}{\varphi A} + \frac{M}{\gamma W} \leqslant f \tag{4.45}$$

式中　M——上弦杆承受的弯矩，$kN \cdot m$；

　　　q——作用于上弦的均布荷载，kN/m；

　　　l——桁架上弦节点间距，m；

　　　σ——上弦压弯应力，N/mm^2；

　　　S——上弦杆轴向力，kN；

　　　A——上弦杆的净截面面积，mm^2；

　　　φ——轴心受压杆件的稳定系数；

　　　W——上弦杆截面抵抗矩，mm^3；

　　　γ——截面塑性发展系数；

　　　f——钢材的抗压、抗拉、抗弯强度设计值，N/mm^2。

【例 4.3】　某悬挂式吊篮架节点间距 $l = 2.4m$，高 $h = 1.8m$，宽为 1.2m，吊篮架自重力为 $515N/mm^2$，施工荷载为 $1200N/mm^2$，采用 $\phi48 \times 3.5mm$ 钢管制作，$f = 215N/mm^2$，试验算上弦强度是否满足要求。

　　解：

（1）每榀荷载：
$$q_1 = \frac{515 \times 1.2}{2} = 309N/m$$
$$q_2 = \frac{1200 \times 1.2}{2} = 720N/m$$

（2）总荷载：$q = q_1 + q_2 = 309 + 720 = 1029N/m$

（3）桁架内力：$p = 2.4 \times 1029 = 2469.6$N

（4）吊索拉力：$R_A = R_B = 2P = 4939.2$N

$$S = R_A \times \frac{2.4}{1.8} = 6585.6\text{N}$$

（5）上弦内力：

$$M = \frac{1}{8}ql^2 = \frac{1}{8} \times 1029 \times 2.4^2 = 740.88\text{N} \cdot \text{m}$$

（6）上弦强度：

$A = 489\text{mm}^2$，$W = 5075\text{mm}^3$，$D = 48\text{mm}$，$d = 41\text{mm}$

$$i = 0.25\sqrt{D^2 + d^2} = 0.25\sqrt{48^2 + 41^2} = 15.78\text{mm}$$

$$\lambda = \frac{l_0}{i} = \frac{2400}{15.78} = 152.09$$

$\varphi = 0.308$，$\gamma = 1.16$

$$\sigma = \frac{S}{\varphi A} + \frac{M}{\gamma W} = \frac{6585.6}{0.308 \times 489} + \frac{740.88 \times 10^3}{1.16 \times 5075} = 169.58\text{MPa} < f = 215\text{MPa}$$

满足要求。

复习思考题

4-1　简述落地式脚手架与悬挑式脚手架适用范围的不同。

4-2　脚手架工程的常见的事故类型有哪些？产生事故的原因有哪些？

4-3　脚手架工程危险源监控包括哪些方面？

4-4　如何制定脚手架工程的应急预案？

4-5　扣件式钢管脚手架的工程设计计算主要包括哪些内容？

4-6　门式钢管脚手架的工程设计计算主要包括哪些内容？

4-7　附着升降式脚手架的工程设计计算主要包括哪些内容？

4-8　悬挂式吊篮脚手架的计算模型是什么？

4-9　某高层建筑施工，需搭设 50.4m 高双排钢管外脚手架，已知立杆横距 $b = 1.05$m，立杆纵距 $L = 1.5$m，内立杆距外墙距离 $b_1 = 0.35$m，脚手架步距 $h = 1.8$m，铺设钢脚手板 6 层，同时进行施工的层数为 2 层，脚手架与主体结构连接的布置，其竖向间距 $H_1 = 2h = 3.6$m，水平距离 $L_1 = 3L = 4.5$m，钢管为 $\phi 48.3 \times 3.6$mm，施工荷载为 4.0kN/m^2，试计算采用单根钢管立杆的允许搭设高度。

5 模板工程施工安全专项设计

模板工程在混凝土结构工程中是十分重要的组成部分，在建筑施工中占有相当重要的位置，直接影响施工成本、施工速度及混凝土结构成型的表观质量。资料表明，一般工业与民用建筑，平均 $1\mathrm{m}^3$ 混凝土需用模板 $7.4\mathrm{m}^2$，模板费用约占混凝土工程费用的 34%，模板工程的劳动用工约占混凝土工程的 1/3。可见，在混凝土结构施工中，选用合理的模板形式、模板结构及施工方法，对加速混凝土工程施工和降低工程造价具有显著效果。特别是近年来城市建设高层建筑增多，现浇混凝土数量增加，大模板的使用越来越多，据测算约占全部混凝土工程的 70% 以上，模板工程的重要性更为突出。本章主要介绍模板的类型、模板用量计算；阐述现浇混凝土梁、板、柱、墙模板的安全技术设计，以及大模板、液压滑动模板和爬升模板的安全技术设计。

5.1 模板的类型与要求

模板结构由模板和支架两部分构成。模板是使混凝土构件按几何尺寸成型的模型板，施工中要求能保证结构和构件的形状、位置、尺寸的准确，模板结构由面板、次肋、主肋等组成。支架的作用是保证模板形状和位置，并承受模板和新浇筑混凝土的重量以及施工荷载，有支撑、桁架、系杆及对拉螺栓等不同的形式。

5.1.1 模板的类型

模板的分类方法有很多种，常见的有以下两种分类方式：

（1）按材料种类划分。建筑模板按照材料种类可以分为木模板、竹模板、钢木模板、钢模板、塑料模板、铸铝合金模板、玻璃钢模板等。

（2）按施工工艺划分。建筑模板按照施工工艺可以分为组合式模板、大模板、液压滑动模板、爬升模板、飞模、模壳、隧道模和永久性模板等。

1）组合模板是一种工具式的定型模板，由具有一定模数的若干类型的板块、角模、支撑和连接件组成，拼装灵活，可拼出多种尺寸和几何形状，通用型强，适应各类建筑物的梁、板、柱、墙、基础等构件的施工需要，也可拼成大模板、隧道模和台模等。图 5.1 所示为组合式钢模板，其一次性投资大，需多次周转使用才有经济效益，工人操作劳动强度大，回收及修整的难度大。将面板由钢板改为复塑竹胶合板、纤维板等，便形成了钢木定型模板，如图 5.2 所示。钢木定型模板自重比钢模轻 1/3，用钢量减少 1/2，是一种针对钢模板投资大、工人劳动强度大的改良模板。

2）大模板指模板尺寸和面积较大且有足够承载能力、整装整拆的大型模板，如图 5.3 所示。模板的规格尺寸以混凝土墙体尺寸为基础配置的整块大模板称为整体式大模板，以符合建筑模数的标准模板块为主、非标准模板块为辅组拼配置的大型模板称为拼装式大模板。大模板常用于剪力墙、筒体、桥墩的施工，由于一面墙用一块大模板，装拆均由起重机械吊装，故机械化程度高，可减少用工量和缩短工期。

图 5.1 组合式钢模板

(a)　　　　　　　(b)

图 5.2 钢木定型模板

（a）钢框木模板；（b）钢框木定型模板组合的大模板

(a)

(b)

图 5.3 大模板

（a）全钢大模板；（b）钢木大模板

3）液压滑动模板（简称滑模）由模板系统、平台系统和滑升系统组成。上面设置有施工作业人员的操作平台，并从下而上采用液压或其他提升装置沿现浇混凝土表面边浇筑混凝土边进行同步滑动提示功能和连续作业，直到现浇结构的作业部分或全部完成。滑模的特点是施工速度快、结构整体性能好、操作条件方便和工业化程度较高，主要用于现场浇筑钢筋混凝土竖向、高耸的建（构）筑物，如烟囱、筒仓、高桥墩、电视塔、竖井等。图 5.4 所示为滑模工艺施工水泥库。

4）爬升模板（简称爬模）以建筑物的钢筋混凝土墙体为支承主体，通过附着于已浇筑完成的钢筋混凝土墙体上的爬升支架或大模板，利用连接爬升支架与模板的爬升设备，使一方固定，另一方相对运动，交替向上爬升，以完成模板的提升、下降、就位、校正和固定等工作。爬模适用于现浇钢筋混凝土竖向、高耸建（构）筑物施工的模板工艺。图 5.5 所示为爬模工艺施工桥塔。

5）飞模由平台板、支撑系统（包括梁、支架、支撑、支腿等）和其他配件（如升降和行走机构等）组成。它是一种大型工具式模板，因其外形如桌，故又称桌模或台模。施工要求用起重设备从已浇筑混凝土的楼板下吊运飞出至上层重复使用，故称飞模。飞模要求一次组装、重复使用，简化模板支拆工序，节约模板支拆用工。飞模在施工中不再落地，

图 5.4　滑模工艺施工水泥库

图 5.5　爬模工艺施工桥塔

以免造成施工场地紧张。飞模适用于大进深、大柱网、大开间的钢筋混凝土楼盖施工，尤其适用现浇板柱结构（无梁楼盖）的施工。图 5.6 所示为飞模转层过程。

图 5.6　飞模转层过程

6）模壳是用于钢筋混凝土密肋楼板（图 5.7）的一种工具式模板（图 5.8）。密肋楼板由薄板与间距较小的密肋组成，模板的拼装难度大，且不经济，采用塑料或玻璃钢按密肋楼板的规格尺寸加工成需要的模壳，则具有一次成型、多次周转的便利。

图 5.7　采用模壳的密肋楼板

图 5.8　模壳成品

7）隧道模是一种组合式定型模板，可同时浇筑竖向结构和水平结构，如图 5.9 所示。它能将各开间沿水平方向逐段整体浇筑，结构的整体性、抗震性好，施工速度快。隧道模有全隧道模和半隧道模两种。

8）永久性模板又称一次消费模板，即在现浇混凝土结构浇筑后不再拆除，与现浇结构叠合成共同受力构件。永久性模板分为压型钢板和配筋的混凝土薄板两种，多用于现浇钢筋混凝土楼（屋）面板，永久性模板简化了现浇结构的支模工艺，改善了劳动条件，节约了拆模用工，加快了工程进度，提高了工程质量。图 5.10 所示为压型钢板作永久性模板示意图。

图 5.9　组合式定型模板　　　　　图 5.10　压型钢板作永久性模板

5.1.2　模板的要求

（1）基本要求。在钢筋混凝土结构施工中，对模板结构有以下基本要求：

1）应保证结构和构件各部分形状、尺寸和相互位置正确。

2）具有足够的强度、刚度和稳定性，并能可靠地承受新浇筑混凝土的自重荷载、侧压力以及施工过程中的施工荷载。

3）构造简单，拆装方便，并便于钢筋的绑扎和安装，有利于混凝土的浇筑及养护，能多次周转使用。

4）模板接缝严密，不得漏浆。

（2）危险性较大的模板工程。对于模板工程及支撑体系，属于危险性较大的分部分项工程范围的情况有：

1）各类工具式模板工程：包括大模板、滑模、爬模、飞模等工程。

2）混凝土模板支撑工程：搭设高度 5m 及以上；搭设跨度 10m 及以上；施工总荷载 $10kN/m^2$ 及以上；集中线荷载 $15kN/m^2$ 及以上；高度大于支撑水平投影宽度且相对独立无联系构件的混凝土模板支撑工程。

3）承重支撑体系：用于钢结构安装等满堂支撑体系。

（3）超过一定规模的危险性较大的模板工程。模板工程及支撑体系属于超过一定规模的危险性较大的分部分项工程范围的情况有：

1）工具式模板工程：包括滑模、爬模、飞模工程。

2）混凝土模板支撑工程：搭设高度 8m 及以上；搭设跨度 18m 及以上，施工总荷载 $15kN/m^2$ 及以上；集中线荷载 $20kN/m^2$ 及以上。

3）承重支撑体系：用于钢结构安装等满堂支撑体系，承受单点集中荷载 700kg 以上。

（4）模板工程安全专项施工方案的编制内容。模板工程安全专项施工方案的编制应包括以下七方面内容：

1）工程概况：模板工程概况、施工平面布置、施工要求和技术保证条件。

2）编制依据：相关法律、法规、规范性文件、标准、规范及图纸（国标图集）、施工组织设计等。

3）施工计划：包括施工进度计划、材料与设备计划。

4）施工工艺技术：技术参数、工艺流程、施工方法、检查验收等。

5）施工安全保证措施：组织保障、技术措施、应急预案、监测监控等。

6）劳动力计划：专职安全生产管理人员、特种作业人员等。

7）计算书及相关图纸。

5.2　模板用量计算

在现浇混凝土和钢筋混凝土结构施工中，为了进行施工准备和实际支模，常需估量模板的需用量和耗费，即计算每立方米混凝土结构的展开面积用量，再乘以混凝土总量，即可得模板需用总量。一般每 $1m^3$ 混凝土结构的展开面积模板用量 $U(m^2)$ 的基本表达式为：

$$U = \frac{A}{V} \tag{5.1}$$

式中　A——模板的展开面积，m^2；

　　　V——混凝土的体积，m^3。

5.2.1　各种截面柱模板用量

（1）正方形截面柱其边长为 $a×a$ 时，每立方米混凝土模板用量 $U_1(m^2)$ 按式（5.2）计算：

$$U_1 = \frac{4}{a} \tag{5.2}$$

（2）圆形截面柱，其直径为 d 时，每立方米混凝土模板用量 $U_2(m^2)$ 按式（5.3）计算：

$$U_2 = \frac{4}{d} \tag{5.3}$$

表 5.1 为正方形或圆形截面柱的边长 a（或直径 d）为 0.3~2.0m 时的 U 值，表 5.2 为矩形截面柱子的模板用量 U 值。

表 5.1　正方形或圆形截面柱的模板用量值

柱模截面尺寸 $a×a$/m×m	模板用量 $U=4/a$/m²	柱模截面尺寸 $a×a$/m×m	模板用量 $U=4/a$/m²
0.3×0.3	13.33	0.9×0.9	4.44
0.4×0.4	10.00	1.0×1.0	4.00
0.5×0.5	8.00	1.1×1.1	3.64
0.6×0.6	6.67	1.3×1.3	3.08
0.7×0.7	5.71	1.5×1.5	2.67
0.8×0.8	5.00	2.0×2.0	2.00

（3）矩形截面柱，其边长为 $a \times b$ 时，每立方米混凝土模板用量 $U_3(\mathrm{m}^2)$ 按式（5.4）计算：

$$U_3 = \frac{2(a+b)}{ab} \tag{5.4}$$

表 5.2　矩形截面柱子的模板用量值

柱模截面尺寸 $a \times b/\mathrm{m} \times \mathrm{m}$	模板用量 $U = 2(a+b)/ab$ /m^2	柱模截面尺寸 $a \times b/\mathrm{m} \times \mathrm{m}$	模板用量 $U = 2(a+b)/ab$ /m^2
0.4×0.3	11.67	0.8×0.6	5.83
0.5×0.3	10.67	0.9×0.45	6.67
0.6×0.3	10.00	0.9×0.6	6.56
0.7×0.35	8.57	1.0×0.5	6.00
0.8×0.4	7.50	1.0×0.7	4.86

5.2.2　主梁和次梁模板用量

钢筋混凝土主梁和次梁，每立方米混凝土的模板用量 $U_4(\mathrm{m}^2)$ 按式（5.5）计算：

$$U_4 = \frac{2h+b}{bh} \tag{5.5}$$

式中　b——主梁或次梁的宽度，m；

　　　h——主梁或次梁的高度，m。

表 5.3 为矩形截面主梁及次梁的模板用量 U 值。

表 5.3　矩形截面主梁及次梁的模板用量值

梁截面尺寸 $h \times b$ /$\mathrm{m} \times \mathrm{m}$	模板用量 $U = (2h+b)/hb$ /m^2	梁截面尺寸 $h \times b$ /$\mathrm{m} \times \mathrm{m}$	模板用量 $U = (2h+b)/hb$ /m^2
0.30×0.20	13.33	0.80×0.40	6.25
0.40×0.20	12.50	1.00×0.50	5.00
0.50×0.25	10.00	1.20×0.60	4.17
0.60×0.30	8.33	1.40×0.70	3.57

5.2.3　楼板模板用量

钢筋混凝土楼板，每立方米混凝土模板用量 $U_5(\mathrm{m}^2)$ 按式（5.6）计算：

$$U_5 = \frac{1}{d_1} \tag{5.6}$$

式中　d_1——楼板的厚度，m。

肋形楼板的厚度，一般取 0.06~0.14m；无梁楼板的厚度，取 0.17~0.22m，其每立方米混凝土模板用量见表5.4。

表5.4　肋形楼板和无梁楼板的模板用量值

板厚/m	模板用量 $U = 1/d_1$	板厚/m	模板用量 $U = 1/d_1$
0.06	16.67	0.14	7.14
0.08	12.50	0.17	5.88
0.10	10.00	0.19	5.26
0.12	8.33	0.22	4.55

5.2.4　墙模板用量

混凝土和钢筋混凝土墙，每立方米模板用量 $U_6(\mathrm{m^2})$ 按式（5.7）计算：

$$U_6 = \frac{2}{d_2} \tag{5.7}$$

式中　d_2——墙的厚度，m。

表5.5为墙模板用量 U 值。

表5.5　墙模板用量值

墙厚/m	模板用量 $U=2/d_2/\mathrm{m^2}$	墙厚/m	模板用量 $U=2/d_2/\mathrm{m^2}$
0.06	33.33	0.18	11.11
0.08	25.00	0.20	10.00
0.10	20.00	0.25	8.00
0.12	16.67	0.30	6.67
0.14	14.29	0.35	5.71
0.16	12.50	0.40	5.00

【例5.1】　住宅楼工程钢筋混凝土柱截面为 0.7m×0.7m 和 0.7m×0.35m；梁高 $h = 0.6\mathrm{m}$；宽 $b = 0.30$；楼板厚 $d_1 = 0.08\mathrm{m}$；墙厚 $d_2 = 0.25\mathrm{m}$，试计算每立方米混凝土柱、梁、楼板和墙的模板用量。

解：（1）柱模板。正方形柱模板按式（5.2）得：

$$U_1 = \frac{4}{a} = \frac{4}{0.7} = 5.71\mathrm{m^2}$$

（2）矩形柱模板按式（5.4）得：

$$U_3 = \frac{2(a+b)}{ab} = \frac{2 \times (0.70 + 0.30)}{0.7 \times 0.30} = 9.52\mathrm{m^2}$$

（3）梁模板。梁模板按式（5.5）得：

$$U_4 = \frac{2h+b}{bh} = \frac{2 \times 0.6 + 0.3}{0.3 \times 0.6} = 8.33\mathrm{m^2}$$

（4）楼板模板。楼板模板按式（5.6）得：

$$U_5 = \frac{1}{d_1} = \frac{1}{0.08} = 12.5\mathrm{m^2}$$

（5）墙模板。墙模板按式（5.7）得：

$$U_6 = \frac{2}{d_2} = \frac{2}{0.25} = 8.0\text{m}^2$$

5.3 现浇混凝土模板的安全技术设计

5.3.1 模板工程设计原则及基本规定

5.3.1.1 模板工程设计原则及设计步骤

A 设计原则

模板工程设计应满足如下基本原则：

（1）保证构件的形状尺寸及相互位置的正确。

（2）模板有足够的强度、刚度和稳定性，能承受新浇筑混凝土的重力、侧压力及各种施工荷载，变形不大于 2mm。

（3）构造简单、装拆方便，不妨碍钢筋绑扎、不漏浆，配制的模板应使其规格和块数最少、镶拼量最少。

（4）对拉螺栓和扣件根据计算配置，减少模板的开孔。

（5）支架系统应有足够的强度和稳定性，节间长细比宜小于110，安全系数 K 大于3。

B 设计内容及步骤

模板工程应根据实际工程的结构形式、荷载大小、地基土类别、施工设备和材料等条件进行设计。模板设计内容应包括根据混凝土的施工工艺和季节性施工措施，确定其构造和所承受的荷载；绘制配板设计图、支撑设计布置图、细部构造和异型模板大样图；按模板承受荷载的最不利组合对模板进行验算；制定模板安装及拆除的程序和方法；编制模板及配件的规格、数量汇总表和周转使用计划；编制模板施工安全、防火技术措施及设计、施工说明书。模板工程设计步骤包括：

（1）划分施工段，确定流水作业顺序和流水工期，明确配置模板的数量。

（2）确定模板的组装方法及支架搭设方法。

（3）按配模数量进行模板组配设计。

（4）进行夹箍和支撑件的设计计算和选配工作。

（5）明确支撑系统的布置、连接和固定方法。

（6）确定预埋件、管线的固定及埋设方法，预留孔洞的处理方法。

（7）将所需模板、连接件、支撑及假设工具等统计列表，以便备料。

模板工程应尽量采用先进的施工工艺，综合全面分析比较，找出最佳的设计方案，保证模板及其支架具有足够的承载能力、刚度和稳定性，保证其可靠地承受新浇混凝土的自重、侧压力和施工过程中产生的荷载及风荷载。

5.3.1.2 有关模板材料的规定

为保证模板结构的承载能力，防止在一定条件下出现脆性破坏，模板及其支架所用的材料应根据模板体系的重要性、荷载特征、连接方法等不同情况，选用合适的材料。

A 钢模板的材料要求

模板钢材宜采用 Q235 钢和 Q345 钢，钢材质量应符合现行国家标准《碳素结构钢》

（GB/T 700）、《低合金高强度结构钢》（GB/T 1591）的规定。钢管、钢铸件、钢管扣件、连接用焊条、连接螺栓及其他模板配件的质量均应符合现行国家标准的规定。考虑是临时结构，对于钢模板及其支架，其荷载设计值可按 0.85 折减。国内使用最为广泛的标准组合钢模平面模板的规格及其力学性能见表 5.6 和表 5.7，可供模板计算时参考应用。

表 5.6　平面模板规格表

宽度/mm	代号	尺寸/mm	每块面积/m²	每块重量/kg	宽度/mm	代号	尺寸/mm	每块面积/m²	每块重量/kg
300	P3015	300×1500×55	0.45	14.90	200	P2007	200×750×55	0.15	5.25
	P3012	300×1200×55	0.36	12.06		P2006	200×600×55	0.12	4.17
	P3000	300×900×55	0.27	9.21		P2004	200×450×55	0.09	3.34
	P3007	300×750×55	0.225	7.93	150	P1515	150×1500×55	0.225	8.01
	P3006	300×600×55	0.18	6.36		P1512	150×1200×55	0.18	6.47
	P3004	300×450×55	0.135	5.08		P1509	150×900×55	0.135	4.93
250	P2515	250×1500×55	0.375	13.19		P1507	150×750×55	0.113	4.23
	P2512	250×1200×55	0.30	10.66		P1506	150×600×55	0.09	3.40
	P2509	250×900×55	0.225	8.13		P1504	150×450×55	0.068	2.69
	P2507	250×750×55	0.188	6.98	100	P1015	100×1500×55	0.15	6.36
	P2506	250×600×55	0.15	5.60		P1012	100×1200×55	0.15	5.13
	P2504	250×450×55	0.113	4.45		P1009	100×900×55	0.09	3.90
200	P2015	200×1500×55	0.03	9.76		P1007	100×750×55	0.075	3.33
	P2012	200×1200×55	0.24	7.91		P1006	100×600×55	0.06	2.67
	P2009	200×900×55	0.18	6.03		P1004	100×450×55	0.045	2.11

注：1. 平面模板量按 2.3mm 厚钢板计算。

　　2. 代号：如 P3015，P 表示平面模板，30 表示模板宽度为 300mm，15 表示模板长度为 1500mm；但 P3007 中 07 表示模板长 750mm；P3004 中 04 表示模板长 450mm。

表 5.7　2.3mm 厚平面模板力学性能表

模板宽度/mm	截面积 A/cm²	中性轴位置 y_0/cm²	x 轴截面惯性矩 I_x/cm⁴	截面最小抵抗 W_R/cm³	截面简图
300	10.80 (9.78)	1.11 (1.00)	27.91 (26.39)	6.36 (5.86)	
250	9.65 (8.63)	1.23 (1.11)	26.62 (25.38)	6.23 (5.78)	
200	7.02 (6.39)	1.06 (0.95)	17.63 (16.62)	3.97 (3.65)	
150	5.87 (5.24)	1.25 (1.14)	16.40 (15.64)	3.86 (3.58)	
100	4.72 (4.09)	1.53 (1.42)	15.54 (14.11)	3.66 (3.46)	

注：1. 括号内数据为净截面；

　　2. 表中各种宽度的模板，其长度规格有：1.5m、1.2m、0.9m、0.75m、0.6m 和 0.45m，高度全为 55mm。

用于承重模板结构的冷弯薄壁型钢的带钢或钢板，应采用符合现行国家标准《碳素结构钢》(GB/T 700) 规定的 Q235 钢和《低合金高强度结构钢》(GB/T 1591) 规定的 Q345 钢。

B 木模板的材料要求

选作木模板结构或构件的树种应根据各地实际情况选择质量好的材料，不得使用有腐朽、霉变、虫蛀、折裂、枯节的木材。木材材质标准应符合现行国家标准《木结构设计规范》(GB 50005) 的规定。模板结构设计应根据受力种类或用途满足表 5.8 的要求。木模板及其支架（木材含水率小于 25%时）的荷载设计值可按 0.9 折减。

表 5.8 模板结构或构件的木材材质等级

项 次	主要用途	材质等级
1	受拉或拉弯钩构件	I a
2	受弯或压弯构件	II a
3	受压构件	III a

C 铝合金模板的材料要求

建筑模板结构或构件采用纯铝加入锰、镁等合金元素构成的铝合金型材时，应符合国家现行标准《铝及铝合金型材》(YB 1703) 的规定。铝合金型材的力学性能应满足《建筑施工模板安全技术规范》。

D 竹、木胶合模板的材料要求

建筑模板采用竹、木胶合模板板材时，胶合模板板材表面应平整光滑，具有防水、耐磨、耐酸碱的保护膜，并有保温性能好、易脱模和可以两面使用等特点。板材厚度不应小于 12mm，且同一胶合模板各层原材间的含水率差别不应大于 5%。竹、木胶合模板的力学性能应满足《建筑施工模板安全技术规范》(JGJ 162—2016) 的规定。

模板变形要求如下：

（1）最大变形值。当验算模板及其支架的刚度时，其最大变形值不得超过下列容许值：

1) 对结构表面外露的模板，为模板构件计算跨度的 1/400。

2) 对结构表面隐蔽的模板，为模板构件计算跨度的 1/250。

3) 支架的压缩变形或弹性挠度，为相应的结构计算跨度的 1/1000。

4) 组合钢模板结构或其构配件的最大变形值应满足表 5.9 的规定。

表 5.9 组合钢模板及构配件的容许变形值　　　　　　　(mm)

部件名称	容许变形值
钢模板的面板	≤1.5
单块钢模板	≤1.5
钢楞	$L/500$ 或 ≤3.0
柱箍	$B/500$ 或 ≤3.0
桁架、钢模板结构体系	$L/1000$
支撑系统累计	≤4.0

注：L 为计算跨度，B 为柱宽。

（2）长细比要求。模板结构构件的长细比应符合下列规定：

1）受压构件长细比：支架立柱及桁架不应大于 150，拉条、缀条、斜撑等联系构件不应大于 200。

2）受拉构件长细比：钢杆件不应大于 350，木杆件不应大于 250。

无论采用扣件式钢管脚手架、门式钢管脚手架还是碗扣式钢管脚手架作为立柱，立柱的几何尺寸应满足《建筑施工模板安全技术规范》（JGJ 162—2016）的规定。

E　有关稳定性的规定

支架的立柱或桁架应保持稳定，并用撑拉杆件固定。为防止模板及其支架在风荷载作用下倾倒，应从构造上采取有效措施，如在相互垂直的两个方向加水平及斜拉杆、缆风绳、地锚等。当验算模板及其支架在自重和风荷载作用下的抗倾倒稳定性时，风荷载按现行国家标准《建筑结构荷载规范》（GB 50009—2012）的规定采用，模板及其支架的抗倾倒系数不应小于 1.15。

5.3.2　荷载计算

（1）施工荷载种类。模板工程在施工期间的永久荷载主要包括模板及支架自重、钢筋自重、新浇混凝土自重及其对侧模的侧压力。可变荷载主要包括施工人员及设备荷载、振捣混凝土时产生的荷载、倾倒混凝土时对垂直面模板产生的水平荷载、风荷载。

（2）荷载取值。

1）永久荷载标准值。依照《建筑施工模板安全技术规范》（JGJ 162—2016）规定，模板工程设计过程中，永久荷载的标准值取值如下：

① 模板及其支架自重标准值（G_{1k}）。根据模板设计图纸计算确定。对于一般肋形或无梁楼板模板自重标准值应按表 5.10 采用。

表 5.10　楼板模板自重标准值　　　　　　　　　　　　　　　　（kN/m²）

模板构件的名称	木模板	定型组合钢模板
平板的模板及小梁	0.30	0.50
楼板模板（其中包括梁的模板）	0.50	0.75
楼板模板及其支架（楼层高度为 4m 以下）	0.75	1.10

注：除钢、木外，其他材质模板重量可参见《建筑施工模板安全技术规范》（JGJ 162—2016）附录的规定。

② 新浇筑混凝土自重标准值（G_{2k}），对普通混凝土可采用 24kN/m³，其他混凝土可根据实际重力密度确定。

③ 钢筋自重标准值（G_{3k}），根据工程设计图确定。对一般梁板结构每立方米钢筋混凝土的钢筋自重标准值：楼板可取 1.1kN；梁可取 1.5kN。

④ 当采用内部振捣器时，需计算新浇筑的混凝土作用于模板的最大侧压力标准值（G_{4k}），以便据此计算确定模板厚度和支撑的间距等。混凝土作用于模板的侧压力，根据测定，随混凝土的浇筑高度而增加，当浇筑高度达到某一临界值时，侧压力就不再增加，此时的侧压力即为新浇筑混凝土的最大侧压力。侧压力达到最大值的浇筑高度称为混凝土的有效压头。通过理论推导和试验，国内外提出过很多混凝土最大侧压力的计算公式。现选取我国《建筑施工模板安全技术规范》（JGJ 162—2016）中提出的新浇混凝土作用在模

板上的最大侧压力计算公式。当采用内部振捣器时，新浇筑的混凝土作用于模板的最大侧压力可按式（5.8）和式（5.9）计算，并取其中的较小值：

$$F = 0.22\gamma_c t_0 \beta_1 \beta_2 v^{\frac{1}{2}} \tag{5.8}$$

$$F = \gamma_c H \tag{5.9}$$

式中　F——新浇筑混凝土对模板的最大侧压力，kN/m^2；

γ_c——混凝土的重力密度，kN/m^3；

t_0——新浇混凝土的初凝时间，h，可按实测确定。当缺乏试验资料时，可采用 $t_0 = \dfrac{200}{T+15}$，其中，T 为混凝土的温度，℃；

β_1——外加剂影响修正系数，不掺外加剂时取 1.0；掺具有缓凝作用的外加剂时取 1.2；

β_2——混凝土坍落度影响修正系数，当坍落度小于 30mm 时，取 0.85；坍落度为 54～90mm 时，取 1.0；坍落度为 110～150mm 时，取 1.15；

v——混凝土的浇筑速度，m/h；

H——混凝土侧压力计算位置处至新浇筑混凝土顶面的总高度，m。

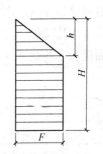

图 5.11　混凝土侧压力
计算分布图形
h—有效压头高度（m）；
H—混凝土浇灌高度（m）

混凝土侧压力的计算分布图形如图 5.11 所示，有效压头高度 h（m）按式（5.10）计算：

$$h = \frac{F}{\gamma_c} \tag{5.10}$$

根据上述公式算出的混凝土最大侧压力标准值见表 5.11。

表 5.11　新浇筑混凝土对模板侧面的最大压力

浇筑速度	混凝土的最大侧压力标准值/kN·m⁻²						
/m·h⁻¹	5℃	10℃	15℃	20℃	25℃	30℃	35℃
0.3	28.92	23.14	19.28	16.52	14.46	12.86	11.57
0.6	40.90	32.72	27.27	23.37	20.45	18.18	16.36
0.9	50.09	40.07	33.39	28.62	25.05	22.67	20.40
1.2	57.84	46.27	38.56	33.05	28.92	25.71	23.14
1.5	64.67	51.73	43.11	36.95	32.33	28.75	25.87
1.8	70.84	56.67	47.23	40.48	35.42	31.49	28.34
2.1	76.51	61.21	51.01	43.72	38.26	34.01	30.61
2.4	81.80	65.44	54.53	46.74	40.90	36.36	32.72
2.7	86.76	69.41	57.84	49.57	43.38	38.57	34.70
3.0	91.45*	73.16	60.97	52.26	45.73	40.65	36.58
4.0	105.60*	86.48	70.40	60.34	52.80	46.94	42.24
5.0	118.06*	94.45*	78.71	67.46	59.03	52.48	47.23
6.0	129.33*	103.47*	86.22	73.90	64.67	57.49	51.73

注：1. 普通混凝土塌落度为 5～9cm，未掺外加剂；

　　2. 带 * 的数值实际应按 90kN/m² 的限值采用。

2) 可变荷载标准值。

① 施工人员及设备荷载标准值（Q_{1k}）。当计算模板和直接支承模板的小梁时，均布活荷载可取 2.5kN/m²，再用集中荷载 2.5kN 进行验算，比较两者所得的弯矩值，取其大值；当计算直接支承小梁的主梁时，均布活荷载标准值可取 1.5kN/m²；当计算支架立柱及其他支承结构构件时，均布活荷载标准值可取 1.0kN/m²。

对于大型浇筑设备，如上料平台、混凝土输送泵等按实际情况计算；若采用布料机上料进行浇筑混凝土时，活荷载标准值取 4.0kN/m²。混凝土堆积高度超过 100mm 以上者按实际高度计算。模板单块宽度小于 150mm 时，集中荷载可分布于相邻的两块板面上。

② 振捣混凝土时产生的荷载标准值（Q_{2k}）。对水平面模板可采用 2kN/m²，对垂直面模板可采用 4kN/m²（作用范围在新浇筑混凝土侧压力的有效压头高度之内）。

③ 倾倒混凝土时，对垂直面模板产生的水平荷载标准值（Q_{3k}）。倾倒混凝土时，对垂直面模板产生的水平荷载标准值（Q_{3k}）可按表 5.12 采用。

表 5.12　倾倒混凝土时产生的水平荷载标准值　　　　　　　（kN/m²）

向模板内供料方法	水平荷载
溜槽、串筒或导管	2
容量小于 0.2m³ 的运输器具	2
容量为 0.2~0.8m³ 的运输器具	4
容量大于 0.8m³ 的运输器具	6

注：作用范围在有效压头高度内。

④ 风荷载标准值（w_k）。风荷载标准值按照现行国家标准《建筑结构荷载规范》（GB 50009—2012）中的规定按下式计算：

$$w_k = \beta_z \mu_s \mu_z w_0 \tag{5.11}$$

式中　w_k——风荷载标准值，kN/m²；

$\quad\quad\beta_z$——高度 z 处的风振系数，模板工程设计时，取 $\beta_z = 1.0$；

$\quad\quad\mu_z$——风压高度变化系数，应按现行国家标准《建筑结构荷载规范》（GB 50009—2012）规定采用；

$\quad\quad\mu_s$——风荷载体型系数；

$\quad\quad w_0$——基本风压值，kN/m²，按现《建筑结构荷载规范》（GB 50009—2012）的规定取重现期 $n = 10$ 对应的风压值。

3) 荷载设计值。计算正常使用极限状态的变形时，应采用荷载标准值。计算模板及支架结构或构件的强度、稳定性和连接强度时，应采用荷载设计值，即需将荷载标准值乘以荷载分项系数 γ_i。

① 永久荷载分项系数。对于永久荷载 $G_{1k} \sim G_{4k}$，当其效应对结构不利时，对由可变荷载效应控制的组合，应取 1.2；对由永久荷载效应控制的组合，应取 1.35。当其效应对结构有利时，一般情况应取 1.0。对结构的倾覆、滑移验算，应取 0.9。

② 可变荷载分项系数。一般情况下取 1.4，对标准值大于 4kN/m² 的活荷载应取 1.3。风荷载的分项系数取 1.4。

钢面板及支架作用荷载设计值可乘以系数 0.95 进行折减。当采用冷弯薄壁型钢时，其荷载设计值不应折减。

【例 5.2】 混凝土墙高 $H = 4.0\text{m}$，采用坍落度为 30mm 的普通混凝土，混凝土的重力密度 $\gamma_c = 25\text{kN/m}^3$，浇筑速度 $v = 2.5\text{m/h}$，浇筑入模温度 $T = 20℃$，试求作用于模板的最大侧压力和有效压头高度。

解： 由题意取 $\beta_1 = 1.0$，$\beta_2 = 0.85$

由式 (5.8) 得：

$$\begin{aligned}
F &= 0.22\gamma_c t_0 \beta_1 \beta_2 v^{\frac{1}{2}} \\
&= 0.22\gamma_c \left(\frac{200}{T + 15}\right)\beta_1 \beta_2 v^{\frac{1}{2}} \\
&= 0.22 \times 25 \times \left(\frac{200}{20 + 15}\right) \times 1.0 \times 0.85 \times 2.5^{\frac{1}{2}} \\
&= 42.2\text{kN/m}^2
\end{aligned}$$

由式 (5.9) 得：$F = \gamma_c H = 25 \times 4.0 = 100\text{kN/m}^2$

按取最小值，故最大侧压力为 42.2kN/m^2。

有效压头高度由式 (5.10) 得：$h = \dfrac{F}{\gamma_c} = \dfrac{42.2}{25} = 1.7\text{m}$

故有效压头高度为 1.7m。

（3）荷载效应组合。参与计算模板及其支架荷载效应组合的各项荷载的标准值组合见表 5.13。

表 5.13　模板及其支架荷载效应组合的各项荷载

项　目		参与组合的荷载类别	
		计算承载能力	验算挠度
1	平板和薄壳的模板及支架	$G_{1k} + G_{2k} + G_{3k} + Q_{1k}$	$G_{1k} + G_{2k} + G_{3k}$
2	梁和拱模板的底板及支架	$G_{1k} + G_{2k} + G_{3k} + Q_{2k}$	$G_{1k} + G_{2k} + G_{3k}$
3	梁、拱、柱（边长不大于300mm）、墙（厚度不大于100mm）的侧面模板	$G_{4k} + Q_{2k}$	G_{4k}
4	大体积结构、柱（边长大于300mm）、墙（厚度大于100mm）的侧面模板	$G_{4k} + Q_{3k}$	G_{4k}

注：验算挠度应采用荷载标准值；计算承载能力应采用荷载设计值。

基本组合中的设计值仅适用于荷载与荷载效应为线性的情况；当对 S_{Q_1k} 无明显判断时，轮次以各可变荷载效应为 S_{Q_1k}，选其中最不利的荷载效应组合；当考虑以竖向的永久荷载效应控制的组合时，参与组合的可变荷载仅限于竖向荷载。

5.3.3　工程设计计算

5.3.3.1　楼板模板计算

楼板模板一般面积大而厚度不大，楼板模板及支撑系统要保证能承受混凝土自重和施工荷载，保证板不变形、不下垂。底层地面应夯实，底层和楼层立柱应垫通长垫脚板，多层支架时，上下层支柱应在同一竖向中心线上。楼板模板的铺设方向应从四周或墙、梁连接处向中央铺设。为方便拆模，木模板宜在两端及接头处钉牢，中间尽量不钉或少钉。阳台、挑檐模板必须撑牢拉紧，防止向外倾覆、确保安全。楼板跨度大于 4m 时，模板的跨中要起拱，起拱高度为板跨度的 1‰~3‰。

楼板模板一般支承在横楞（木楞或钢楞）上，横楞再支承在下部支柱或桁架上，两端则支承在梁的立挡上，如图 5.12 所示。板模板的计算包括面板计算、支撑楞计算和立柱计算。

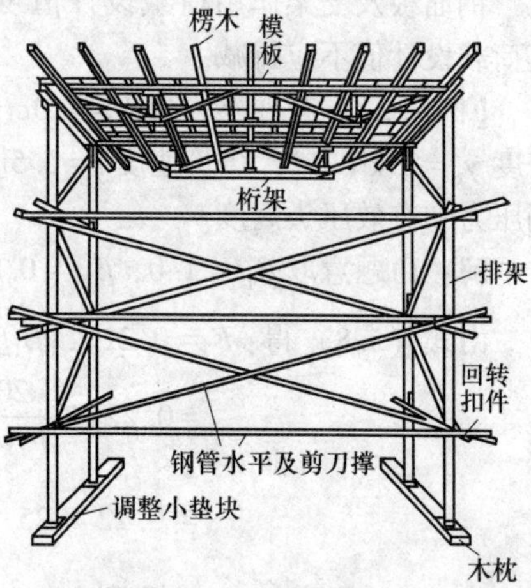

A　面板计算

（1）面板力学模型。当为木模板时，木楞的间距一般为 0.5~1.0m，模板按连续梁计算，可按结构计算方法或查表求出它的最大弯矩和挠度。

当为组合式钢模板时，钢楞间距按图 5.13 位置布置，可按单跨两端悬臂板求其弯矩和挠度。

图 5.12　桁架支设楼板模板

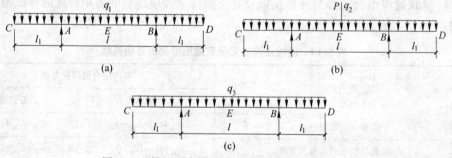

图 5.13　楼板平台模板采用组合钢模板计算简图

（a）当施工荷载均布作用时，模板的强度计算简图；（b）当施工荷载集中作用于跨中时，模板的强度计算简图；（c）模板的刚度计算简图

当施工荷载均布作用时（图 5.13（a）），设 $n = \dfrac{l_1}{l}$

支座弯矩

$$M_A = -\frac{1}{2}q_1 l_1^2 \tag{5.12}$$

跨中弯矩

$$M_E = \frac{1}{8}q_1 l^2 (1 - 4n^2) \tag{5.13}$$

当施工荷载集中作用于跨中时（图 5.13（b））

支座弯矩

$$M_A = -\frac{1}{2}q_2 l_1^2 \tag{5.14}$$

跨中弯矩

$$M_E = -\frac{1}{8}q_2 l^2 (1 - 4n^2) + \frac{Pl}{4} \tag{5.15}$$

以上弯矩取其中弯矩最大值。

（2）抗弯强度计算。

1）钢面板：

$$\sigma = \frac{M_{max}}{W_n} \leqslant f \tag{5.16}$$

式中 M_{max}——最不利弯矩设计值，取均布荷载与集中荷载分别作用时计算结果的大值，N·m；

W_n——净截面抵抗矩，cm^3，可按表5.14和表5.15查取；

f——钢材的抗弯强度设计值，N/mm^2。

2）木面板：

$$\sigma_m = \frac{M_{max}}{W_m} \leqslant f_m \tag{5.17}$$

式中 W_m——木板毛截面抵抗矩，cm^3；

f_m——木材的抗弯强度设计值，N/mm^2。

3）胶合板面板：

$$\sigma_j = \frac{M_{max}}{W_j} \leqslant f_{jm} \tag{5.18}$$

式中 W_j——胶合板毛截面抵抗矩，cm^3；

f_{jm}——胶合板的抗弯强度设计值，N/mm^2。

表 5.14 组合钢模板 2.3mm 厚面板力学性能

模板宽度 /mm	截面积 A/mm^2	中性轴位置 Y_0/mm	X轴截面惯性矩 I_x/cm^4	截面最小抵抗矩 W_x/cm^3	截面简图
300	1080 (978)	11.1 (10.0)	27.91 (26.39)	6.36 (5.86)	
250	965 (863)	12.3 (11.1)	26.62 (25.38)	6.23 (5.78)	
200	702 (639)	10.6 (9.5)	17.63 (16.62)	3.97 (3.65)	
150	587 (524)	12.5 (11.3)	16.40 (15.64)	3.86 (3.58)	
100	472 (409)	15.3 (14.2)	14.54 (14.11)	3.66 (3.46)	

注：1. 括号内数据为净截面。

2. 表中各种宽度的模板，其长度规格有 1.5m、1.2m、0.9m、0.75m、0.6m 和 0.45m；高度全为55mm。

表 5.15　组合钢模板 2.5mm 厚面板力学性能

模板宽度 /mm	截面积 A/mm^2	中性轴位置 Y_0/mm	X 轴截面惯性矩 I_x/cm^4	截面最小抵抗矩 W_x/cm^3	截面简图
300	114.1 (104.0)	10.7 (9.6)	28.59 (26.97)	6.45 (5.94)	300 (250) δ=2.5 δ=2.5 55
250	101.9 (91.5)	11.9 (10.7)	27.33 (25.98)	6.34 (5.86)	
200	76.3 (69.4)	10.7 (9.6)	19.06 (17.98)	4.3 (3.96)	200 (150、100) δ=2.5 55
150	63.8 (56.9)	12.6 (11.4)	17.71 (16.91)	4.18 (3.88)	
100	51.3 (44.4)	15.3 (14.3)	15.72 (15.25)	3.96 (3.75)	

注：1. 括号内数据为净截面。

　　2. 表中各种宽度的模板，其长度规格有 1.5m、1.2m、0.9m、0.75m、0.6m 和 0.45m；高度全为 55mm。

（3）挠度计算。当面板的力学模型为简支梁时，挠度计算公式为：

$$\nu = \frac{5q_3 l^4}{384EI_x} \leqslant [\nu] \tag{5.19}$$

$$\nu = \frac{5q_3 l^4}{384EI_x} + \frac{Pl^3}{48EI_x} \leqslant [\nu] \tag{5.20}$$

式中　q_3——恒荷载均布线荷载标准值，N/mm；

　　　P——集中荷载标准值，N/mm；

　　　E——弹性模量，N/mm^2；

　　　I_x——截面惯性矩，cm^4；

　　　l——面板计算跨度，m；

　　　$[\nu]$——容许挠度。

B　支撑楞计算

（1）支撑楞力学模型。支撑楞支撑模板，支撑楞支撑在钢管上，两根钢管之间的距离就是支撑楞的计算长度，次楞一般为两跨以上连续楞梁，当跨度不等时，应按不等跨连续楞梁或悬臂楞梁设计；主楞可根据实际情况按连续梁、简支梁或悬臂梁设计。同时，次、主楞梁均应进行最不利抗弯强度与挠度计算。

（2）抗弯强度计算。

1）次、主楞钢梁：

$$\sigma = \frac{M_{max}}{W_n} \leqslant f \tag{5.21}$$

式中　M_{max}——最不利弯矩设计值，应从均布荷载产生的弯矩设计值 M_1、均布荷载与集中荷载产生的弯矩设计值 M_2 和悬臂端产生的弯矩设计值 M_3 三者中，选取计算结构较大者；

W_n——钢梁净截面抵抗矩，mm^3；

f——钢材的抗弯强度设计值，N/mm^2。

2）次、主楞木梁：

$$\sigma_m = \frac{M_{max}}{W_m} \leqslant f_m \tag{5.22}$$

式中　W_m——木梁毛截面抵抗矩，mm^3；

f_m——木材的抗弯强度设计值，N/mm^2。

（3）抗剪强度计算。

1）次、主楞钢梁：

在主平面内受弯的钢实腹构件，其抗剪强度按式（5.23）计算：

$$\tau = \frac{VS_0}{It_w} \leqslant f_v \tag{5.23}$$

式中　V——计算截面沿腹板平面作用的剪力设计值，kN；

S_0——计算剪应力处以上毛截面对中和轴的面积矩，mm^3；

I——毛截面惯性矩，mm^4；

t_w——腹板厚度，mm；

f_v——钢材的抗剪强度设计值，N/mm^2。

2）次、主楞木梁：

$$\tau = \frac{VS_0}{Ib} \leqslant f_v \tag{5.24}$$

式中　b——构件的截面宽度，mm；

f_v——木材顺纹抗剪强度设计值，N/mm^2。

（4）挠度计算。简支楞梁的挠度计算公式按照式（5.25）、式（5.26）计算：

$$\nu = \frac{5q_3 l^4}{384EI_x} \leqslant [\nu] \tag{5.25}$$

$$\nu = \frac{5q_3 l^4}{384EI_x} + \frac{Pl^3}{48EI_x} \leqslant [\nu] \tag{5.26}$$

各种型钢钢楞和木楞力学性能见表5.16。

表5.16　各种型钢钢楞和本楞力学性能

规格/mm		截面积 A/mm^2	重量/$N \cdot m^{-1}$	X轴截面惯性矩 I_x/cm^4	截面最小抵抗矩 W_x/cm^3
扁钢	—70×5	350	27.5	14.29	4.08
角钢	∟75×25×3.0	291	22.8	17.17	3.76
	∟80×35×3.0	330	25.9	22.49	4.17
钢管	φ48×3.0	424	33.3	10.78	4.49
	φ48×3.5	489	38.4	12.19	5.08
	φ51×3.5	522	41.0	14.81	5.81

规格/mm		截面积 A/mm^2	重量/N·m^{-1}	X 轴截面惯性矩 I_x/cm^4	截面最小抵抗矩 W_x/cm^3
矩形钢管	60×40×2.5	457	35.9	21.88	7.29
	80×40×2.0	452	35.5	37.13	9.28
	100×50×3.0	864	67.8	112.12	22.42
薄壁冷弯槽钢	〔80×40×3.0	450	35.3	43.92	10.98
	〔100×50×3.0	570	44.7	88.52	12.20
内卷边槽钢	〔80×40×15×3.0	508	39.9	48.92	12.23
	〔100×50×20×3.0	658	51.6	100.28	20.06
槽钢	〔80×43×5.0	1024	80.4	101.30	25.30
矩形木楞	50×100	5000	30.0	416.67	83.33
	60×90	5400	32.4	364.50	81.00
	80×80	6400	38.4	341.33	85.33
	100×100	10000	60.0	833.33	166.67

C　支柱计算

立柱，即板模板或梁模板底板下的顶撑，主要承受板模板、梁的底板或楞木传来的竖向荷载的作用。木顶撑一般按两端铰接轴心受压杆件来验算。

当立柱中间不设纵横向拉条时，其计算长度 $l_0 = l$（l 为立柱的长度）；当立柱中间两个方向设水平拉条时，计算长度 $l_0 = l/2$。

（1）木立柱。木立柱的间距一般为 800~1250mm，立柱头截面为 50mm×100mm，立柱截面为 100mm×100mm，立柱承受两根立柱之间的荷载，按轴心受压杆件计算。

强度计算：

$$\sigma = \frac{N}{A_n} \leqslant f_c \tag{5.27}$$

稳定性计算：

$$\sigma = \frac{N}{\varphi A_0} \leqslant f_c \tag{5.28}$$

式中　σ——立柱的压应力，N/mm^2；

N——轴向压力，即两根立柱之间承受的荷载，kN；

A_n——木立柱受压杆件的净截面面积，mm^2；

f_c——木材顺纹抗压强度设计值，N/mm^2；

A_0——木立柱截面的计算面积，mm^2，当木材无缺口时，$A_0 = A$（A 为木立柱的毛截面面积）；

φ——轴心受压构件稳定系数，根据立柱的长细比 λ（$\lambda = l_0/i$）求得，其中，l_0 为受压构件的计算长度；i 为构件截面的回转半径，对于圆木 $i = d/4$，d 为圆截面的直径；对于方木 $i = b/\sqrt{2}$，b 为方截面短边。

根据经验，立柱截面尺寸的选定，一般以稳定性来控制。

（2）钢管立柱。当采用工具式钢管立柱、扣件式钢管立柱、碗扣式钢管立柱时，其强度和稳定性验算方法参见第 4 章脚手架计算，且应满足《建筑施工模板安全技术规范》（JGJ 162—2016）的规定。

（3）立柱底地基承载力。立柱底地基承载力应按下式计算：

$$p = \frac{N}{A} \leqslant m_f f_{ak} \tag{5.29}$$

式中 p ——立柱底垫木的底面平均压力，N/mm^2；

N ——上部立柱传至垫木顶面的轴向力设计值，N；

A ——垫木底面面积，mm^2；

f_{ak} ——地基土承载力设计值，应按现行国家标准《建筑地基基础设计规范》（GBJ 50007）的规定或工程地质报告提供的数据采用；

m_f ——立柱垫木地基土承载力折减系数，应按表 5.17 采用。

表 5.17 地基土承载力折减系数

地基土类别	折减系数	
	支承在原土上时	支承在回填土上时
碎石土、砂土、多年填积土	0.8	0.4
粉土、黏土	0.9	0.5
岩石、混凝土	1.0	—

注：1. 立柱基础应有良好的排水措施，支座垫木前应适当洒水将原土表面夯实夯平；
  2. 回填土应分层夯实，其各类回填土的干重度应达到所要求的密实度。

【例 5.3】 商住楼底层平台楼面，标高为 6.5m，楼板厚 200mm，次梁截面为 250mm×600mm，中心距 2.0m，采用组合钢模板支模，主板型号为 P3015（钢面板厚度为 2.3mm，重量 0.33kg/m²，$I_{xj} = 26.39×10^4 mm^4$，$W_{xj} = 5.86×10^3 mm^3$，钢材设计强度为 215N/mm²，弹性模量为 2.1×10⁵kN/mm²）。支承横楞用内卷边槽钢，试验算梁模板是否满足要求？

解：（1）楼板模板验算。

1）荷载计算。楼板标准荷载如下：

楼板模板自重力：0.33kN/m²

楼板混凝土自重力：25×0.20＝5.0kN/m²

楼板钢筋自重力：1.1×0.20＝0.22kN/m²

施工人员及设备（均布作用时）：2.5kN/m²

　　　　　　　　（集中作用时）：2.5kN/m²

永久荷载分项系数取 1.2；可变荷载分项系数取 1.4；由于模板及其支架中不确定的因素较多，荷载取值难以确定，不考虑荷载设计值的折减，已知模板宽度为 0.3m。则设计均布荷载分别为：

$$q_1 = (0.33 + 5.0 + 0.22) \times 1.2 + 2.5 \times 1.4 = 3.048 \text{kN/m}$$

$$q_2 = (0.33 + 5.0 + 0.22) \times 1.2 \times 0.3 = 1.998 \text{kN/m}$$

$$q_3 = (0.33 + 5.0 + 0.22) \times 0.3 = 1.665 \text{kN/m}$$

设计集中荷载为：$P = 2.5×1.4 = 3.5$kN/m

2）强度验算。计算简图如图 5.14 所示。

当施工荷载按均布作用时（图5.14（a）），已知 $n = 0.375/0.75 = 0.5$

支座弯矩 $M_A = -\dfrac{1}{2}q_1 l_1^2 = -\dfrac{1}{2} \times 3.048 \times 0.375^2$

$\qquad\qquad\quad = -0.214\text{kN} \cdot \text{m}$

跨中弯矩 $M_E = \dfrac{1}{8}q_1 l^2(1 - 4n^2)$

$\qquad\qquad\quad = \dfrac{1}{8} \times 3.048 \times 0.75^2 \times (1 - 4 \times 0.5^2) = 0$

当施工荷载集中作用于跨中时（图5.14（b））

支座弯矩 $M_A = -\dfrac{1}{2}q_2 l_1^2 = -\dfrac{1}{2} \times 1.998 \times 0.375^2$

$\qquad\qquad\quad = -0.140\text{kN} \cdot \text{m}$

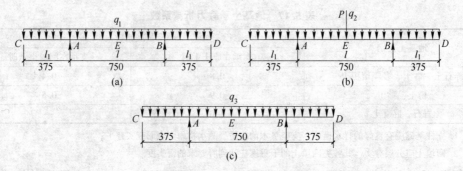

图 5.14 楼板模板计算简图

（a）当施工荷载均布作用时，模板的强度计算简图；（b）当施工荷载集中作用于跨中时，模板的
强度计算简图；（c）模板的刚度计算简图

跨中弯矩 $M_E = \dfrac{1}{8}q_2 l^2(1 - 4n^2) + \dfrac{1}{4}Pl$

$\qquad\qquad\quad = \dfrac{1}{8} \times 1.998 \times 0.375^2 \times (1 - 4 \times 0.5^2) + \dfrac{1}{4} \times 3.5 \times 0.75 = 0.656\text{kN} \cdot \text{m}$

比较以上弯矩值，其中以施工荷载集中作用于跨中时的 M_E 值为最大，故以此弯矩值
进行截面强度验算：$\sigma_E = \dfrac{M_E}{W_{\text{xj}}} = \dfrac{0.656 \times 10^6}{5860} = 112\text{N/mm}^2 < 215\text{N/mm}^2$ 满足要求。

3）刚度验算。刚度验算的计算简图如图5.14（c）所示：

端部挠度 $\qquad \omega_C = \dfrac{q_3 l_1 l^3}{24EI}(-1 + 6n^2 + 3n^3)$

$\qquad\qquad\qquad = \dfrac{1.665 \times 375 \times 750^3}{24 \times 2.1 \times 10^5 \times 26.39 \times 10^4}(-1 + 6 \times 0.5^2 + 3 \times 0.5^3)$

$\qquad\qquad\qquad = 0.173\text{mm} < \dfrac{750}{400} = 1.875\text{mm}$

跨中挠度 $\qquad \omega_B = \dfrac{q_3 l^4}{384EI}(5 - 24n^2)$

$$= \frac{1.665 \times 750^4}{384 \times 2.1 \times 10^5 \times 26.39 \times 10^4}(5 - 24 \times 0.5^2)$$

$$= 0.025\text{mm} < 1.875\text{mm}$$

故刚度满足要求。

（2）楼板模板支承钢楞验算。设钢楞采用两根 100×50×20×3mm 的内卷边槽钢（$W_x = 20.06 \times 10^3 \text{mm}^3$，$I_x = 100.28 \times 10^4$），钢楞间距为 0.75m。

1）荷载计算。钢楞承受的楼板标准荷载与楼板相同，则钢楞承受的均布荷载为：

$$q_1 = [(0.33 + 5.0 + 0.22) \times 1.2 + 2.5 \times 1.4] \times 0.75 = 7.62\text{kN/m}$$

$$q_2 = (0.33 + 5.0 + 0.22) \times 1.2 \times 0.75 = 4.995\text{kN/m}$$

$$q_3 = (0.33 + 5.0 + 0.22) \times 0.75 = 4.163\text{kN/m}$$

集中设计荷载 $P = 2.5 \times 1.4 = 3.5\text{kN}$

2）强度验算。钢楞强度验算简图如图 5.15 所示，$n = \dfrac{0.3}{1.0} = 0.3$。

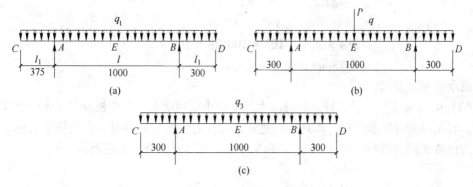

图 5.15 支承楼板模板的钢楞计算简图

（a）当施工荷载均布作用，钢楞的强度计算简图；（b）当施工荷载集中作用于跨中时，钢楞的强度计算简图；（c）钢楞的刚度计算简图

当施工荷载均布作用时（图 5.15（a））

支座弯矩 $M_A = \dfrac{1}{2}q_1 l_1^2 = -\dfrac{1}{2} \times 7.62 \times 0.3^2 = -0.343\text{kN} \cdot \text{m}$

跨中弯矩 $M_E = \dfrac{1}{8}q_1 l^2(1 - 4n^2) = \dfrac{1}{8} \times 7.62 \times 1.0^2 \times (1 - 4 \times 0.3^2) = 0.610\text{kN} \cdot \text{m}$

当施工荷载集中作用于跨中时（图 5.15（b））

支座弯矩 $M_A = -\dfrac{1}{2}q_1 l_1^2 = -\dfrac{1}{2} \times 4.995 \times 0.3^2 = -0.224\text{kN} \cdot \text{m}$

跨中弯矩 $M_E = \dfrac{1}{8}q_2 l^2(1 - 4n^2)$

$$= \dfrac{1}{8} \times 4.995 \times 1.0^2 \times (1 - 4 \times 0.3^2) + \dfrac{3.5 \times 1}{4}$$

$$= 1.275\text{kN} \cdot \text{m}$$

比较以上弯矩值，其中以施工荷载集中作用于跨中时的 M_E 值为最大。

$$\sigma_E = \frac{M_E}{W_x} = \frac{1.275 \times 10^6}{20.06 \times 10^3 \times 2} = 31.8 \text{N/mm}^2 < 215 \text{N/mm}^2$$

故强度满足要求。

3）刚度验算（图 5.15（c））。

端部挠度

$$\omega_c = \frac{q_3 l_1 l^3}{24EI}(-1 + 6n^2 + 3n^3)$$

$$= \frac{4.163 \times 300 \times 1000^3}{24 \times 2.1 \times 10^5 \times 100.28 \times 10^4 \times 2} \times (-1 + 6 \times 0.3^2 + 3 \times 0.3^3)$$

$$= 0.469 \text{mm} < \frac{1000}{400} = 2.5 \text{mm}$$

跨中挠度

$$\omega_E = \frac{q_3 l^4}{384EI}(5 - 24n^2)$$

$$= \frac{4.163 \times 1000^4}{384 \times 2.1 \times 10^5 \times 100.28 \times 10^4 \times 2}(5 - 24 \times 0.3^2)$$

$$= 0.73 \text{mm} < 2.5 \text{mm}$$

故刚度满足要求。

（3）梁模板计算。梁的特点是跨度大、宽度小而高度大。梁模板及支撑系统要求稳定性好，有足够的强度和刚度，不产生超过规范允许的变形。梁模板应在复核梁底标高、校正轴线位置无误后进行。图 5.16 所示为 T 型梁支模和有斜撑的梁模板。

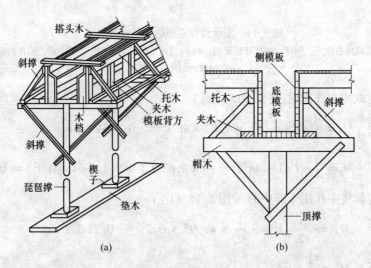

图 5.16　梁模板示意图

（a）T 型梁支模；（b）有斜撑的梁模板

梁侧模下方应设置夹木，将梁侧模与底模板夹紧，并钉牢在立柱上。梁侧模上口设置托木，托木的固定可上拉（上口对拉）或下撑（撑于立柱上），梁高度≥700mm 时，应在梁中部另加斜撑或对拉螺栓固定。

梁底板下用立柱（琵琶撑）支设，立柱间距视梁的断面大小而定，一般为 0.8~1.2m，立柱之间应设水平拉杆和剪刀撑，使之互相拉撑成为一整体，当梁底距地面高度大于 6m 时，应搭设排架或满堂脚手架支撑，为确保立柱支设的坚实，应在夯实的地面上设置垫板和楔子。当梁的跨度≥4m 时，梁模板的跨中要起拱，起拱高度为梁跨度的 1‰~3‰。

梁模板的计算包括模板底板、侧模板、底板下的立柱计算和对拉螺栓计算。

1）梁模板底板计算。梁模板的底板一般支承在楞木或顶撑上，楞木或顶撑的间距多为 1.0m 左右，一般按多跨连续梁计算（图 5.17），可按结构力学方法或附录有关表求得它的最大弯矩、剪力和挠度，再按式（5.27）~式（5.28）分别进行强度和刚度验算。

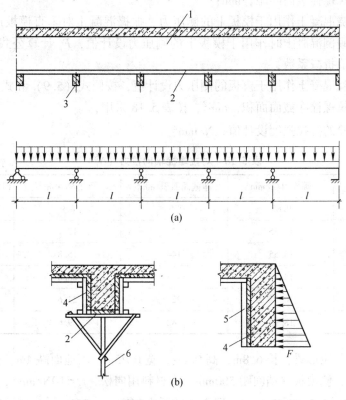

图 5.17 梁模板构造和计算简图

（a）梁模底板计算简图；（b）梁模侧模板计算简图

1—大梁；2—底模板；3—楞木；4—侧模板；5—立挡；6—木顶撑

2）梁模板侧板计算。梁侧模板受到新浇筑混凝土侧压力的作用（图 5.17（b）），侧压力按式（5.8）和式（5.9）计算。

梁侧模支承在竖向立挡上，其支承跨度由立挡的间距确定。一般按三或四跨连续梁计算，求出其最大弯矩、剪力和挠度值，然后再用底板计算同样的方法进行强度和刚度的验算。

3）立柱计算。立柱计算同上一小节板模板立柱计算过程。

4）对拉螺栓计算。对拉螺栓应确保内外侧模能满足设计要求的强度、刚度和整体稳定性。

对拉螺栓强度应按式（5.30）~式（5.33）计算：

$$N = abF_s \tag{5.30}$$

$$N_t^b = A_n f_t^b \tag{5.31}$$

$$N_t^b > N \tag{5.32}$$

$$F_s = 0.95(\gamma_G F + \gamma_Q Q_{3k}) \quad \text{或} \quad F_s = 0.95(\gamma_G Q_{4k} + \gamma_Q Q_{3k}) \tag{5.33}$$

式中 N——对拉螺栓最大轴力设计值，kN；

     N_t^b——对拉螺栓轴向拉力设计值，kN，按表 5.18 采用；

     a——对拉螺栓横向间距，mm；

     b——对拉螺栓竖向间距，mm；

     F_s——新浇混凝土作用于模板上的侧压力、振捣混凝土对垂直模板产生的水平荷载
或倾倒混凝土时作用于模板上的侧压力设计值，F_s 计算公式中的 0.95 为荷
载值折减系数；

     F——新浇混凝土作用于模板的侧压力设计值，按照式 (5.9) 和式 (5.10) 计算；

     A_n——对拉螺栓净截面面积，mm²，按表 5.18 采用；

     f_t^b——螺栓的抗拉强度设计值，N/mm²。

表 5.18　对拉螺栓轴向拉力 (N_t^b)

螺栓直径/mm	螺栓内径/mm	净截面面积/mm²	重量/N·m⁻¹	轴向拉力设计值 N_t^b/kN
M12	9.85	76	8.9	12.9
M14	11.55	105	12.1	17.8
M16	13.55	144	15.8	24.5
M18	14.93	174	20.0	29.6
M20	16.93	225	24.6	38.2
M22	18.93	282	29.6	47.9

【例 5.4】 某矩形梁，长 6.8m，高 0.6m，宽 0.25m，离地面高 4m。模板底楞木和顶
撑间距为 0.85m，侧模板立挡间距 500mm，木材料用向松，$f_c = 10\text{N/mm}^2$，$f_v = 1.4\text{N/mm}^2$，
$f_m = 13\text{N/mm}^2$，$E = 9.5 \times 10^3 \text{N/mm}^2$，混凝土的重力密度 $\gamma_c = 25\text{N/m}^3$，试计算确定梁模板底
板、侧模板和顶撑的尺寸。

解：(1) 底板计算。

1) 强度验算。底板承受标准荷载：

底板自重力： $0.3 \times 0.25 = 0.075\text{kN/m}$

混凝土自重力： $25 \times 0.25 \times 0.6 = 3.75\text{kN/m}$

钢筋自重力： $1.5 \times 0.25 \times 0.6 = 0.225\text{kN/m}$

振捣混凝土荷载： $2.0 \times 0.25 \times 1 = 0.5\text{kN/m}$

总竖向设计荷载： $q = (0.075 + 3.75 + 0.225) \times 1.2 + 0.5 \times 1.4 = 5.56\text{kN/m}$

梁长 6.8m，考虑中间设一接头，按四跨连续梁计算，按最不利荷载布置，查相关表
格得：$K_m = -0.121$；$K_v = -0.620$，$K_w = 0.967$。

$$M_{max} = K_m q l^2 = -0.121 \times 5.56 \times 0.85^2 = -0.49\text{kN/m}$$

需要截面抵抗距　$W_n = \dfrac{M}{f_m} = \dfrac{0.49 \times 10^6}{13} = 37692\text{mm}^2$

选用底板截面为　250mm×35mm，$W_n = 51041\text{mm}^2$

2）剪应力验算：

$$V = K_v ql = 0.620 \times 5.56 \times 0.85 = 2.93\text{kN}$$

剪应力　$\tau_{max} = \dfrac{3V}{2bh} = \dfrac{3 \times 2.93 \times 10^3}{2 \times 250 \times 35} = 0.50\text{N/mm}^2$

$$f_v = 1.4\text{N/mm}^2 > \tau_{max} = 0.50\text{N/mm}^2$$

3）刚度验算。刚度验算时按标准荷载，同时不考虑振动荷载，所以 $q = 0.075+3.75+0.225 = 4.05\text{kN/m}$

$$\omega_A = \frac{K_w ql^4}{100EI} = \frac{0.967 \times 4.05 \times 850^4}{100 \times 9.5 \times 10^3 \times \dfrac{1}{12} \times 250 \times 35^3}$$

$$= 2.40\text{mm} \approx [\omega] = \frac{850}{400} = 2.13\text{mm}$$

比较接近，基本满足要求。

（2）侧模板计算。

1）侧模板压力。按式（5.8）计算 F 值，设已知 $T = 30℃$，$v = 2\text{m/h}$，$\beta_1 = \beta_2 = 1$，则

$$F = 0.22 \times 25 \times \frac{200}{20 + 15} \times 1 \times 1 \times \sqrt{2} = 34.5\text{kN/m}^2$$

$$F = 25 \times 0.6 = 15\text{kN/m}^2$$

取最小值 15kN/m² 计算。

2）强度验算。立挡间距为 500mm，设模板按四跨连续梁计算，同时知梁上混凝土楼板厚 100mm，梁底模板厚 35mm。梁承受倾倒混凝土时产生的水平荷载 4kN/m² 和新浇筑混凝土对模板的侧压力。设侧模板宽度为 200mm，作用在模板上下边沿处，混凝土侧压力相差不大，可近似取其相等，故计算简图如图 5.18 所示，设计荷载为：

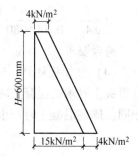

图 5.18　梁侧模荷载图

$$q = (15 \times 1.2 + 4 \times 1.4) \times 0.2 = 4.72\text{kN/m}$$

弯矩系数与模板底板相同。

$$M_{max} = K_m ql^2 = -0.121 \times 4.72 \times 0.5^2 = -0.143\text{kN·m}$$

需要 $W_n = \dfrac{M}{f_m} = \dfrac{0.143 \times 10^6}{13} = 11000\text{mm}^3$

选用侧模板的截面尺寸为 200mm×25mm，截面抵抗矩 $W = \dfrac{200 \times 25^2}{6} = 20833\text{mm}^2 > W_n$，可满足要求。

3）剪力验算。

剪力：　　　　$V = 0.62ql = 0.62 \times 4.72 \times 0.5 = 1.463\text{kN}$

剪应力：$V_{max} = \dfrac{3V}{2bh} = \dfrac{3 \times 1.463 \times 10^3}{2 \times 200 \times 35} = 0.44\text{N/mm}^2$，可满足要求。

$$f_v = 1.4\text{N/mm}^2 > 0.44\text{N/mm}^2$$

4）挠度验算。挠度验算不考虑振动荷载，其标准荷载为：

$$q = 15 \times 0.2 = 3.0\text{kN/m}$$

$$\omega_A = \frac{K_W q l^4}{100EI} = \frac{0.967 \times 3.0 \times 500^4}{100 \times 9.5 \times 10^3 \times \dfrac{1}{12} \times 200 \times 25^3} = 0.73\text{mm} < [\omega] = \frac{500}{400} = 1.25\text{mm}$$

符合要求。

（3）顶撑计算。假设顶撑截面为 80mm×80mm，间距为 0.85m，在中间纵横各设一道水平拉条，$l_0 = \dfrac{l}{2} = \dfrac{4000}{2} = 2000\text{mm}$，$d = \dfrac{80}{\sqrt{2}} = 56.76\text{mm}$，$i = \dfrac{56.57}{4} = 14.14\text{mm}$，则 $\lambda = \dfrac{l_0}{i} = \dfrac{2000}{14.14} = 141.4$

1）强度验算。

已知 $N = 5.56 \times 0.85 = 4.726\text{kN}$

$\dfrac{N}{A_n} = \dfrac{4.726 \times 10^3}{80 \times 80} = 0.74\text{N/mm}^2 < 10\text{N/mm}^2$，符合要求。

2）稳定性验算。

$$\lambda > 91，\varphi = \frac{2800}{\lambda^2} = \frac{2800}{141.4^2} = 0.14$$

由 $\dfrac{N}{\varphi A_0} = \dfrac{4.726 \times 10^3}{0.14 \times 80 \times 80} = 5.3\text{N/mm}^2 < 10\text{N/mm}^2$

符合要求。

（4）柱模板计算。柱常用截面为正方形或矩形，柱模板的一般构造如图 5.19 所示。柱模板主要承受混凝土的侧压力和倾倒混凝土的荷载，荷载计算和组合与梁的侧模板基本相同，倾倒混凝土时产生的水平荷载标准值一般按 2kN/m² 采用。

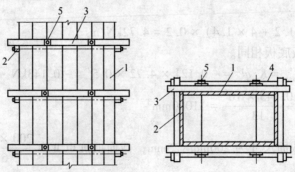

图 5.19 柱模板构造及计算简图

1—柱模板；2—柱短边方木或钢楞；3—柱箍长边方木或钢楞；

4—拉杆螺栓或钢筋箍；5—对拉螺栓

1）柱模板计算。柱模板受力可按简支梁分析。以木模板为例，模板承受的弯矩 M，需要的截面惯性矩、挠度控制值分别按式（5.34）~式（5.36）计算。

弯矩

$$M = \frac{1}{8}ql^2 \tag{5.34}$$

截面抵抗矩

$$W = \frac{M}{f_m} \tag{5.35}$$

挠度

$$\nu = \frac{5ql^4}{384EI} \leqslant [\nu] \tag{5.36}$$

当柱模板采用组合钢模板时，其计算荷载、计算方法与木模板相同。

2）柱箍计算。柱箍应采用扁钢、角钢、槽钢和木楞制成。柱箍的计算简图如图 5.20 所示，其受力状态应为拉弯杆件。

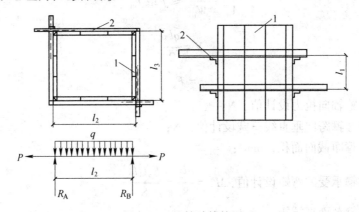

图 5.20　柱箍计算简图
1—钢模板；2—柱箍

柱箍计算应符合下列规定。

① 柱箍间距 l_1 计算。当柱模为刚面板时，柱箍间距应按式（5.37）计算：

$$l_1 \leqslant 3.276 \sqrt[3]{\frac{EI}{Fb}} \tag{5.37}$$

式中　l_1——柱箍纵向间距，mm；

　　　E——钢材弹性模量，N/mm^2；

　　　I——柱模板一块板的惯性矩，mm^4；

　　　F——新浇混凝土作用于柱模板的侧压力设计值，N/mm^2，按照式（5.9）和式（5.10）计算；

　　　b——柱模板一块板的宽度，mm。

当柱模为木面板时，柱箍间距应按式（5.38）计算

$$l_1 \leqslant 0.783 \sqrt[3]{\frac{EI}{Fb}} \tag{5.38}$$

142

式中 E——柱木面板的弹性模量，N/mm^2；

   I——柱木面板的惯性矩，mm^4；

   b——柱木面板一块板的宽度，mm。

  柱箍间距还应按式（5.39）计算

$$l_1 \leqslant \sqrt{\frac{8Wf(或f_m)}{F_s b}} \tag{5.39}$$

式中 W——钢或木面板的抵抗矩，mm^3；

   f——钢材抗弯强度设计值，N/mm^2；

   f_m——木材抗弯强度设计值，N/mm^2；

   F_s——新浇混凝土作用于模板上的侧压力、振捣混凝土对垂直模板产生的水平荷载或倾倒混凝土时作用于模板上的侧压力设计值，按照式（5.33）进行计算。

  ② 柱箍强度计算。柱箍强度应按拉弯杆件采用式（5.40）计算：

$$\frac{N}{A_n} + \frac{M_x}{W_{nx}} \leqslant f 或 f_m \tag{5.40}$$

$$N = \frac{ql_3}{2} \tag{5.41}$$

$$q = F_s l_1 \tag{5.42}$$

式中 N——柱箍轴向拉力设计值，N；

   q——沿柱箍跨向垂直线荷载设计值，N；

   A_n——柱箍净截面面积，mm^2；

   M_x——柱箍承受的弯矩设计值，$M_x = \dfrac{ql_2^2}{8} = \dfrac{F_s l_1 l_2^2}{8}$；

   W_{nx}——柱箍截面抵抗矩，mm^3；

   l_1——柱箍的间距，mm；

   l_2——长边柱箍的计算跨度，mm；

   l_3——短边柱箍的计算跨度，mm。

  若计算结果不满足式（5.40）要求时，应减小 l_1 或加大柱箍截面尺寸来满足式（5.40）要求。

  ③ 柱箍挠度计算。柱箍的挠度计算公式为

$$\nu = \frac{5ql^4}{384E_x I_x} \leqslant [\nu] \tag{5.43}$$

式中 E_x——弹性模量，N/mm^2；

   I_x——截面惯性矩，mm^4；

   l——柱箍的计算跨度，mm；

   $[\nu]$——柱箍的容许挠度，mm。

  （5）墙模板计算。墙模板的计算包括墙侧模板（木模或钢模）、内楞（木或钢）、外楞（木或钢）和对拉螺栓等。

1) 墙侧模板计算。

① 荷载计算。墙侧模板受到新浇混凝土侧压力，侧压力的计算参见 5.3.2 节式 (5.9) 和式 (5.10)。

对厚度小于等于 100mm 的墙，受到振捣混凝土时产生的荷载对垂直面模板可采用 4.0kN/m² （标准荷载值）；对厚度大于 100mm 的墙，受到倾倒混凝土时对垂直面模板产生的水平荷载，其荷载标准值按表 5.12 采用。

② 强度验算。当墙侧模采用木模板时，支承在内楞上一般按三跨连续梁计算，其最大弯矩 M_{max} 按式 (5.44) 计算：

$$M_{max} = \frac{1}{10}ql^2 \tag{5.44}$$

其截面强度按式 (5.45) 验算：

$$\sigma = \frac{M_{max}}{W} < f_m \tag{5.45}$$

式中　q——作用在模板上的侧压力，N/mm；

l——内楞的间距，mm；

σ——模板承受的应力，N/mm²；

W——模板的截面抵抗矩，mm³；

f_m——木材的抗弯强度设计值，N/mm²。

当墙侧模采用组合式钢模板时，板长多为 1200mm 或 1500mm，端头横向用 U 形卡连接，纵向用 L 形插销连接，板的跨度不应大于板长，一般取 600mm 或 750mm，可按单跨两端悬臂板求其弯矩，再按式 (5.46) 进行强度验算。

支座弯矩

$$M = -\frac{1}{2}q_1 l_1^2 \tag{5.46}$$

跨中弯矩

$$M = \frac{1}{8}q_1 l^2 \left(1 - 4\frac{l_1^2}{l^2}\right) \tag{5.47}$$

截面强度验算

$$\sigma = \frac{M}{W} < f \tag{5.48}$$

式中　q_1——作用于钢模板上的均布荷载，N/mm；

l_1——钢模板悬臂端长度，mm；

l——钢模板计算长（跨）度，即等于内钢楞间距，mm；

σ——钢模板承受的应力，N/mm²；

W——钢模板的截面抵抗矩，mm³；

f——钢模板的抗拉、抗弯强度设计值，取 215N/mm²。

③ 刚度验算。对于木模板，板的挠度按式 (5.49) 验算

$$\nu = \frac{q_1' l^4}{150EI} < [\nu] \tag{5.49}$$

对于组合钢模板，板的挠度按式（5.50）验算。

端部挠度：

$$v = \frac{q_2 l_1 l^3}{24EI} \left(-1 + 6\frac{l_1^2}{l^2} + 3\frac{l_1^3}{l^3} \right) < [v] \tag{5.50}$$

跨中挠度：

$$v' = \frac{q_2 l^4}{384EI} \left(5 - 24\frac{l_1^2}{l^2} \right) < [v] \tag{5.51}$$

式中　q_1'——作用于木模板上的均布荷载标准值，N/mm；

　　　q_2——作用于钢模板上的均布荷载标准值，N/mm；

　　　E——木材或钢材的弹性模量，木材取 $9 \times 10^3 \sim 10 \times 10^3 \text{N/mm}^2$，钢材取 $2.6 \times 10^5 \text{N/mm}^2$；

　　　I——木模板或钢模板的截面惯性矩，mm^4；

　v，$[v]$——木模板或钢模板的挠度值和容许挠度值，mm。

2）墙模板内外楞计算。

① 内楞强度验算。内楞（木或钢）承受模板、墙模板作用的荷载按三跨连续梁计算，其强度按式（5.52）、式（5.53）验算：

$$M_{\max} = \frac{1}{10} q_3 l^2 \tag{5.52}$$

$$\sigma = \frac{M_{\max}}{W} < f_{\mathrm{m}} \tag{5.53}$$

式中　$M_{\max}$——内楞的最大弯矩，N·mm；

　　　q_3——作用在内楞上的荷载，N/mm；

　　　l——内楞的计算跨矩，mm；

　　　W——内楞的截面抵抗矩，mm^3。

② 内楞刚度验算。内楞挠度按式（5.54）计算：

$$v = \frac{q_3' l^4}{150EI} < [v] \tag{5.54}$$

式中　q_3'——作用于木模板或钢模板上的均布荷载标准值，N/mm；

　　　E——木材或钢材的弹性模量，N/mm^2；

　　　I——木模板或钢模板的截面惯性矩，mm^4；

　v，$[v]$——内楞的挠度值和容许挠度值，mm。

外楞的作用主要是加强各部分的连接及模板的整体刚度，不是一种受力构件，按支承内楞需要设置，可不进行计算。

3）对拉螺栓计算。对拉螺栓一般设在内外楞（木或钢）相交处，直接承受内外楞传来的集中荷载，其允许拉力 N 按式（5.55）计算

$$N = A[f_{\mathrm{t}}^{\mathrm{b}}] \tag{5.55}$$

式中　A——对拉螺栓的净截面积，mm^2；

　　　$[f_{\mathrm{t}}^{\mathrm{b}}]$——螺栓抗拉强度设计值，$\text{N/mm}^2$。

【例 5.5】　商业楼地下室墙厚 450mm，高 5.0m，每节模板高 2.5m，采取分节浇筑混凝土，每节浇筑高度为 2.5m，浇筑速度 $v = 2\text{m/h}$，混凝土重力密度 $\gamma_c = 25\text{kN/m}^3$，浇筑时温度 $T = 25\text{℃}$，采用木模，试计算确定木模板厚度和内楞截面和间距。

解：（1）荷载计算。取 $\beta_1 = \beta_2 = 1$，墙木模受到的侧压力为：

$$F = 0.22\gamma_c \frac{200}{T + 15}\beta_1\beta_2 v^{\frac{1}{2}}$$

$$= 0.22 \times 25 \times \frac{200}{25 + 15} \times 1 \times 1 \times \sqrt{2}$$

$$= 38.9\text{kN/m}^2$$

$$F = \gamma_c H = 25 \times 2.5 = 62.5\text{kN/m}^2$$

取两者中的较小值 $F = 38.9\text{kN/m}^2$ 作为对模板侧压力的标准值，并考虑倾倒混凝土产生的水平荷载标准值 4kN/m^2，分别取荷载分项系数 1.2 和 1.4，则作用于模板的总荷载设计值为：$q = 38.9 \times 1.2 + 4 \times 1.4 = 52.3\text{kN/m}^2$

（2）木模板计算。

1）强度计算：

$$W = \frac{1000 \times 30^2}{6} = 15 \times 10^4\text{mm}^3$$

设模板的厚度为 30mm，

$$M = \frac{1}{10}ql^2 \times 1000 = \frac{1}{10} \times 52.3 \times 5^2 \times 1000 = 1.3 \times 10^6\text{N} \cdot \text{mm}$$

模板截面强度：$\sigma = \dfrac{M}{W} = \dfrac{1.3 \times 10^6}{15 \times 10^4} = 8.7\text{N/mm}^2 < f_m = 13\text{N/mm}^2$

故强度满足要求。

2）刚度验算。刚度验算采用标准荷载，同时不考虑振动荷载作用，则 $q_2 = 38.9 \times 1 = 38.9\text{kN/m}$。

模板挠度：

$$\omega = \frac{q_2 l^4}{150EI} = \frac{38.9 \times 500^4}{150 \times 9 \times 10^3 \times 22.5 \times 10^5} = 0.88\text{mm} < [\omega] = \frac{500}{400} = 1.25\text{mm}$$

故刚度满足要求。

（3）内木楞计算。设内木楞的截面 80mm×100mm，$W = 13.33 \times 10^4$，外楞间距为 550mm。

1）强度验算。

内木楞承受的弯矩：$M = \dfrac{1}{10}q_1 l^2 = \dfrac{1}{10} \times 52.3 \times 0.55^2 = 1.58\text{kN} \cdot \text{m}$

内木楞的强度：$\sigma = \dfrac{M}{W} = \dfrac{1.58 \times 10^6}{13.33 \times 10^4} = 11.9\text{N/mm}^2 < f_m = 13\text{N/mm}^2$

故强度满足要求。

2）刚度验算。

内木楞的挠度：

$$\omega = \frac{q_2 l^4}{150EI} = \frac{38.9 \times 550^4}{150 \times 9 \times 10^3 \times 6.67 \times 10^6} = 0.40 < [\omega] = \frac{550}{400} = 1.38 \text{mm}$$

故刚度亦满足要求。

5.4　大模板安全技术设计

5.4.1　大模板的基本组成及要求

（1）大模板的基本组成。大模板指模板尺寸和面积较大且具有足够承载能力、整装整拆的大型模板。大模板由面板系统、支撑系统、操作平台系统及连接件等组成，如图 5.21 所示。

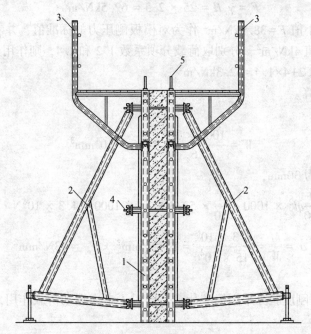

图 5.21　大模板组成示意图

1—面板系统；2—支撑系统；3—操作平台系统；4—对拉螺栓；5—钢吊环

（2）大模板的基本要求。

1）大模板应具有足够的承载力、刚度和稳定性，应能整装整拆、组拼便利，在正常维护下应能重复周转使用。

2）组成大模板各系统之间的连接必须安全可靠。大模板的面板应选用厚度不小于 5mm 的钢板制作，材质不应低于 Q235A 的性能要求，模板的肋和背楞宜采用型钢、冷弯薄壁型钢等制作，材质宜与钢面板材质同一牌号，以保证焊接性能和结构性能。

3）大模板的支撑系统应能保持大模板竖向放置的安全可靠和在风荷载作用下的自身稳定性。地脚调整螺栓长度应满足调节模板安装垂直度和调整自稳角的需要，地脚调整装置应便于调整，转动灵活。

4）大模板钢吊环应采用 Q235A 材料制作并应具有足够的安全储备，严禁使用冷加工钢筋。焊接式钢吊环应合理选择焊条型号，焊缝长度和焊缝高度应符合设计要求；装配式吊环与大模板采用螺栓连接时，必须采用双螺母。

5.4.2　大模板设计原则及内容

大模板应根据工程类型、荷载大小、质量要求及施工设备等结合施工工艺进行设计。大模板设计时，板块规格尺寸宜标准化并符合建筑模数，并应考虑运输、堆放和装拆过程中对模板变形的影响。大模板各组成部分应根据功能要求采用概率极限状态设计方法进行设计计算。

（1）大模板的配板设计应遵循下列原则：

1）应根据工程结构具体情况按照合理、经济的原则划分施工流水段。

2）模板施工平面布置时，应最大限度地提高模板在各流水段的通用性。

3）大模板的重量必须满足现场起重设备能力的要求。

4）清水混凝土工程及装饰混凝土工程大模板体系的设计应满足工程效果要求。

（2）大模板的配板设计内容。大模板的配板设计应包括下列内容：

1）绘制配板平面布置图。

2）绘制施工节点设计、构造设计和特殊部位模板支、拆设计图。

3）绘制大模板拼板设计图、拼装节点图。

4）编制大模板构、配件明细表，绘制构、配件设计图。

5）编写大模板施工说明书。

（3）大模板的配板设计方法。大模板的配板设计方法应符合下列规定：

1）配板设计应优先采用计算机辅助设计方法。

2）拼装式大模板配板设计时，应优先选用大规格模板为主板。

3）配板设计宜优先选用减少角模规格的设计方法。

4）采取齐缝接高排板设计方法时，应在拼缝外进行刚度补偿。

5）大模板吊环位置应保证大模板吊装时的平衡，宜设置在模板长度的 $0.2 \sim 0.25L$ 处。

5.4.3　大模板荷载及荷载效应组合

5.4.3.1　大模板荷载取值

A　荷载标准值

大模板荷载的标准值应按下列规定取值：

（1）倾倒混凝土时产生的荷载标准值。倾倒混凝土时对竖向结构模板产生的水平荷载标准值按表 5.19 取值。

表 5.19　倾倒混凝土时产生的水平荷载标准值

向模板内供料方法	水平荷载/kN·m^{-2}
溜槽、串筒或导管	2
容积为 0.2~0.8m³ 的运输器具	4
泵送混凝土	4
容积大于 0.8m³ 的运输器具	6

注：作用范围在有效压头高度以内。

（2）振捣混凝土时产生的荷载标准值。振捣混凝土时对竖向结构模板产生的荷载标准值按 4.0kN/m² 计算（作用范围在新浇混凝土侧压力的有效压头高度之内）。

（3）新浇筑混凝土对模板的侧压力标准值。当采用内部振捣器时，新浇筑混凝土作用于模板的最大侧压力按照式（5.9）和式（5.10）计算，并取较小值。

B　荷载设计值

采用荷载标准值乘以相应的荷载分项系数可得荷载设计值。计算大模板及其支架时的荷载分项系数可按表 5.20 取值。

表 5.20　计算大模板及其支架时的荷载分项系数

序号	荷　载　名　称	荷载类型	荷载分项系数
1	倾倒混凝土时产生的荷载	活荷载	1.4
2	振捣混凝土时产生的荷载		
3	新浇筑混凝土对模板侧面的压力	恒荷载	1.2

5.4.3.2　大模板荷载效应组合

参与大模板荷载效应组合的各项荷载如表 5.21 所示。

表 5.21　参与大模板荷载效应组合的各项荷载

计算承载能力	计算抗变形能力
倾倒混凝土时产生的荷载 + 振捣混凝土时产生的荷载 + 新浇筑混凝土对模板的侧压力	新浇筑混凝土对模板的侧压力

5.4.4　大模板设计计算

5.4.4.1　大模板配板设计

（1）大模板配板设计高度。大模板配板设计高度尺寸示意图如图 5.22 所示。

大模板配板设计高度尺寸可按式（5.56）、式（5.57）计算：

$$H_n = h_c - h_1 + a \tag{5.56}$$

$$H_w = h_c + a \tag{5.57}$$

式中　H_n——内墙模板配板设计高度，mm；

H_w——外墙模板配板设计高度，mm；

h_c——建筑结构层高，mm；

h_1——楼板厚度，mm；

a——搭接尺寸，mm，内模设计取 $a = 10 \sim 30$mm，外模设计取 $a > 50$mm。

（2）大模板配板设计长度。大模板配板设计长度尺寸示意图如图 5.23 所示。

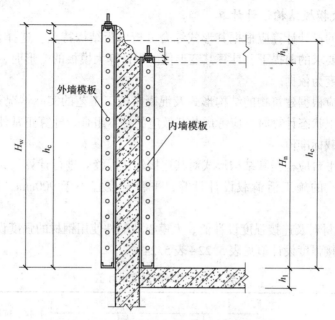

图 5.22　大模板配板设计高度尺寸示意图

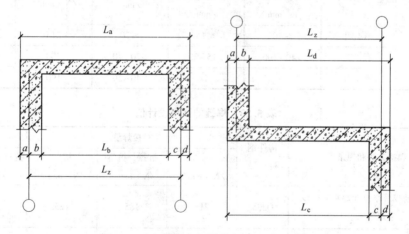

图 5.23　大模板配板设计长度尺寸示意图

大模板配板设计长度尺寸可按式（5.58）~式（5.61）计算：

$$L_a = L_z(a = d) - B_i \tag{5.58}$$

$$L_b = L_z - (b = c) - B_i - \Delta \tag{5.59}$$

$$L_c = L_z - c + a - B_i - 0.5\Delta \tag{5.60}$$

$$L_d = L_z - b + d - B_i - 0.5\Delta \tag{5.61}$$

式中　L_a，L_b，L_c，L_d——模板配板设计长度，mm；

L_z——轴线尺寸，mm；

B_i——每一模位角模尺寸总和，mm；

Δ——每一模位阴角模预留支拆余量总和，取 $\Delta = 3\sim5$mm；

a，b，c，d——墙体轴线定位尺寸，mm。

5.4.4.2 大模板结构设计计算

大模板结构的设计计算应根据其形式综合分析模板结构特点，选择合理的计算方法，并应在满足强度要求的前提下，计算其变形值。当计算大模板的变形时，应以满足混凝土表面要求的平整度为依据。

模板设计时应根据建筑物的结构形式及混凝土施工工艺的实际情况计算其承载能力。当按承载能力极限状态计算时，应考虑荷载效应的基本组合。计算正常使用极限状态下的变形时应采用荷载标准值。

大模板操作平台应根据其结构形式对其连接件、焊缝等进行计算。大模板操作平台应按能承受 $1kN/m^2$ 的施工活荷载设计计算，平台宽度宜小于 900mm，护栏高度不应低于 1100mm。

（1）大模板材料及连接强度设计值。大模板及配件使用钢材的强度设计值、焊缝强度设计值和螺栓连接强度设计值见表 5.22~表 5.24。

表 5.22　钢材的强度设计值

| 钢号 | 组别 | 钢材 | | | 抗拉、抗压和抗弯强度 /N·mm^{-2} | 抗剪强度 /N·mm^{-2} |
		圆钢、方钢和扁钢的直径或厚度/mm	角钢、工字钢和槽钢的厚度/mm	钢板的厚度/mm		
235A（3 号钢）	第 1 组	≤40	≤15	≤20	215	125
	第 2 组	>40~100	>15~20	>20~40	200	115
	第 3 组	—	>20	>40~50	190	110

表 5.23　焊缝的强度设计值

| 序号 | 焊接方法和焊条型号 | 构件钢材型号 | 对接焊缝 | | | 角焊缝 |
			抗压 /N·mm^{-2}	抗拉、抗弯 /N·mm^{-2}	抗剪 /N·mm^{-2}	抗拉、抗压和抗弯 /N·mm^{-2}
1	自动焊、半自动焊和 E43×× 型焊条的手工焊	Q235	215	185	125	160
2	冷弯薄壁型钢结构	—	205	175	120	140

表 5.24　螺栓连接的强度设计值　　　　　　　　　　　　　（N/mm²）

| 螺栓的钢号（或性能等级）和构件的钢号 | 普通螺栓 | | | | | |
| | C 级螺栓 | | | A 级、B 级螺栓 | | |
	抗拉 f_t^b	抗剪 f_v^b	承压 f_c^b	抗拉 f_t^b	抗剪（Ⅰ类孔）f_v^b	承压（Ⅰ类孔）f_c^b
Q235 普通螺栓						
Q235 普通螺栓	170	130	—	170	170	—

（2）大模板自稳角验算。定义模板面板与铅垂直线的夹角表示大模板的自稳角，如图 5.24 所示。

风荷载作用下大模板自稳角应满足式（5.62）规定：

$$\alpha \geqslant \arcsin[-P + (P^2 + 4K^2\omega_k^2)^{1/2}]/2K\omega_k \quad (5.62)$$

其中：

$$\omega_k = \mu_s\mu_z v_f^2/1600 \quad (5.63)$$

式中　α——大模板自稳角，（°）；

　　　P——大模板单位面积自重，kN/m^2；

　　　K——抗倾倒系数，通常取 1.2；

　　　ω_k——风荷载标准值，kN/m^2；

　　　μ_s——风荷载体型系数，取 1.3；

　　　μ_z——风压高度变化系数，大模板地面堆放时 $\mu_z = 1.0$；

　　　v_f——风速，m/s，根据当地风力级数确定，换算关系
　　　　　见表 5.25。

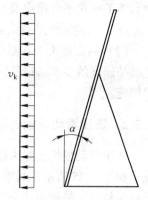

图 5.24　大模板自稳角示意图

表 5.25　风力、风速、基本风压换算表

风力/级	5	6	7	8	9
风速/$m \cdot s^{-1}$	8.0~10.7	10.8~13.8	13.9~17.1	17.2~20.7	20.8~24.4
基本风压/$kN \cdot m^{-2}$	0.04~0.07	0.07~0.12	0.12~0.18	0.18~0.27	0.27~0.37

　　当验算结果小于 10°时，取 $\alpha \geqslant 10°$；当验算结果大于 20°时，取 $\alpha \leqslant 20°$，同时采取辅助安全措施。

　　（3）大模板钢吊环计算。

　　1）每个钢吊环按 2 个截面计算，吊环拉应力不应大于 $50N/mm^2$，大模板钢吊环净截面面积可按式（5.64）计算：

$$S_d \geqslant \frac{K_d F_x}{2 \times 50} \quad (5.64)$$

式中　S_d——吊环净截面面积，mm^2；

　　　F_x——大模板吊装时每个吊环所承受荷载的设计值，N；

　　　K_d——截面调整系数，通常取 $K = 2.6$。

　　2）当吊环与模板采用螺栓连接时，应验算螺纹强度；当吊环与模板采用焊接时，应验算焊缝强度。

5.5　液压滑动模板安全技术设计

5.5.1　主要设计内容

液压滑动模板的施工技术设计包括下列主要内容：

（1）液压滑动模板装置的设计。

（2）确定垂直与水平运输方式及能力，选配运输设备。

（3）确定混凝土的供应方式和供应能力。

（4）确定控制施工精度的方法、选配观测仪器及设置观测点。

（5）确定初滑程序、滑升制度和滑升速度、混凝土的浇灌顺序、制定施工过程中结构

物和施工操作平台稳定及纠偏纠扭等技术措施。

（6）制定操作平台组装与拆除的方案。

（7）制定施工工程某些特殊部位的处理方法和安全措施，混凝土配合比设计和对混凝土凝结速度的要求，以及特殊气候（低温、雷雨、大风、高温、干热等）条件下施工的技术措施。

5.5.2　液压滑动模板的基本组成及规定

液压滑动模板装置由模板系统、操作平台系统、液压提升系统和施工精度控制系统组成，如图 5.25 所示。其中，模板系统包括模板、围圈、提升架；操作平台系统包括操作平台、料台、吊脚手架、随升垂直运输设施等；液压提升系统包括液压控制台、油管、千斤顶、支承杆等；施工精度控制系统包括千斤顶同步、建筑物轴线和垂直度等的控制与观测设施等。

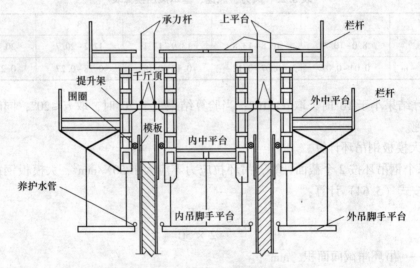

图 5.25　液压滑动模板的基本组成

液压滑模装置的设计包括绘制各层结构平面的投影叠合图；确定模板、围圈、提升架及操作平台的布置，进行各类部件设计，提出规格和数量；确定液压千斤顶、油路及液压控制台的布置，提出规格和数量；制定施工精度控制措施，提出设备仪器的规格和数量；进行特殊部位处理及特殊设施（附着在操作平台上的垂直和水平运输装置等）的布置与设计；绘制滑模装置的组装图，提出材料、设备、构件一览表。

液压滑模装置的部件，其最大变形值不得超过下列容许值：

（1）在使用荷载下，两个提升架之间围圈的垂直于水平方向的变形值均不得大于其计算跨度的 1/500。

（2）在使用荷载下，提升架立柱的侧向水平变形值不得大于 2mm。

（3）支承杆的弯曲度不得大于 $L/500$。

5.5.3　液压滑模荷载及荷载效应组合

液压滑动模板结构的设计荷载类别见表 5.26。

表 5.26 液压滑动模板荷载类别

序号	荷 载 名 称	荷载种类	分项系数	备 注
(1)	模板结构自重	恒荷载	1.2	按工程设计图计算确定其值
(2)	操作平台上施工荷载（人员、工具和堆料）： 设计平台铺板及枋条　2.5kN/m² 设计平台桁架　1.5kN/m² 设计围圈及提升架　1.0kN/m² 计算支承杆数量　1.0kN/m²	活荷载	1.4	若平台上放置手推车、吊罐液压控制柜、电气焊设备、垂直运输、井架等特殊设备应按实际计算荷载值
(3)	振捣混凝土侧压力：沿周长方向每米取集中荷载 5～6kN	恒荷载	1.2	按浇灌高度为800mm左右考虑的侧压力分布情况，集中荷载的合力作用点为混凝土浇灌高度的2/5处
(4)	模板与混凝土的摩阻力 钢模板取　1.5～3.0kN/m²	活荷载	1.4	—
(5)	倾倒混凝土时模板承受的冲击力，按作用于模板侧面的水平集中荷载为 2.0kN	活荷载	1.4	按用溜槽、串筒或0.2m³的运输工具向模板内倾倒时考虑
(6)	操作平台上垂直运输荷载及制动时的刹车力： 平台上垂直运输的额定附加荷载（包括起重量及柔性滑道的张紧力）均应按实计算；垂直运输设备刹车制动力按下式计算： $$W = \left(\frac{A}{g} + 1\right)Q = kQ$$	活荷载	1.4	W——刹车时产生的荷载，N； A——刹车时的制动减速度，m/s²，一般取 g 的1～2倍； g——重力加速度，9.8m/s²； Q——料罐总重，N； k——动载系数，在2～3之间取用
(7)	风荷载	活荷载	1.4	按《建筑结构荷载规范》（GB 50009—2012）的规定采用，其中风压基本值按重现期 $n = 10$ 年采用，其抗倾倒系数不应小于1.15

计算液压滑动模板结构构件的荷载设计值组合应按表 5.27 采用。

表 5.27 液压滑动模板结构构件的荷载设计值组合

结构计算项目	荷 载 组 合	
	计算承载能力	验算挠度
支承杆计算	取（1）+（2）+（4）和 （1）+（2）+（6）二式中的较大值	—
模板面计算	（3）+（5）	（3）
围圈计算	（1）+（3）+（5）	（1）+（3）+（4）
提升架计算	（1）+（2）+（3）+（4）+（5）+（6）	（1）+（2）+（3）+（4）+（6）
操作平台结构计算	（1）+（2）+（6）	（1）+（2）+（6）

注：1. 风荷载设计值参与活荷载设计值组合时，其组合后的效应值应乘以0.9的组合系数；

2. 计算承载能力时应取荷载设计值；验算挠度时应取荷载标准值。

5.5.4　液压滑动模板的设计计算

5.5.4.1　模板的滑升速度

（1）当支承杆无失稳时。混凝土出模强度宜控制在 0.2~0.4MPa，按混凝土的出模强度控制，模板的滑升速度可按式（5.65）确定：

$$V = \frac{H - h - a}{T} \tag{5.65}$$

式中　V——模板的滑升速度，m/h；

　　　　H——模板高度，m；

　　　　b——每个浇灌层厚度，m；

　　　　a——混凝土浇灌满后，其表面到模板上口的距离，取 0.05~0.1m；

　　　　T——混凝土达到出模强度所需的时间，h。

（2）当支承杆受压时。当支承杆受压时，按照支承杆的稳定条件，通过式（5.66）控制模板的滑升速度

$$V = \frac{10.5}{T\sqrt{KP}} + \frac{0.6}{T} \tag{5.66}$$

式中　V——模板的滑升速度，m/h；

　　　　P——单根支承杆的荷载，kN；

　　　　T——在作业班的平均气温条件下，混凝土强度达到 0.7~1.0MPa 所需的时间，由试验确定，h；

　　　　K——安全系数，取 $K=2.0$。

（3）当以工程结构整体稳定性控制时。当以施工过程中的工程结构整体稳定性来控制模板的滑升速度时，应根据工程结构的具体情况具体分析，由计算确定模板的滑升速度。

5.5.4.2　支承杆的允许承载力

模板处于正常滑升状态，即从模板上口以下，最多只有一个浇灌层高度尚未浇灌混凝土的条件下，支承杆的允许承载力可按式（5.67）计算

$$[P] = \frac{\alpha 40EJ}{K(L_0 + 95)^2} \tag{5.67}$$

式中　$[P]$——支承杆的允许承载力，kN；

　　　　α——工作条件系数，取 0.7~1.0，视施工操作水平、滑模平台结构情况而定，一般整体式刚性平台取 0.7，分割式平台取 0.8，采用工具式支承杆取 1.0；

　　　　E——支承杆弹性模量，kN/cm²；

　　　　J——支承杆截面惯性矩，cm⁴；

　　　　K——安全系数，取值应不小于 2.0；

　　　　L_0——支承杆脱空长度，从混凝土上表面至千斤顶下卡头的距离，cm。

模板滑空时，应事先验算支承杆在操作平台自重、施工荷载、风载等共同作用下的稳定性。如稳定性不满足要求，应采取可靠的措施，对支承杆进行加固。

5.6　爬升模板安全技术设计

5.6.1　爬升模板的基本组成及规定

爬模应由模板、支承架、附墙架和爬升动力设备等组成，如图 5.26 所示。

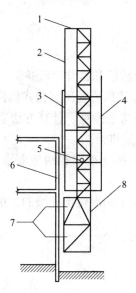

图 5.26　爬升模板的基本组成

1—爬模的支承架；2—爬模用爬杆；3—大模板；4—脚手架；5—爬升爬架用的千斤顶；
6—钢筋混凝土外墙；7—附墙连接螺栓；8—附墙架

爬模应采用大模板，爬模及其部件的最大变形值不得超过下列容许值：

（1）爬架立柱的安装变形值不得大于爬架立柱高度的 1/1000。

（2）爬模结构的主梁，根据重要程度的不同，其最大变形值不得超过计算跨度的 1/500~1/800。

（3）支点间轨道变形值不得大于 2mm。

5.6.2　爬升模板荷载及荷载效应组合

（1）模板结构设计荷载。

1）侧向荷载：新浇混凝土侧向荷载和风荷载。当为工作状态时按 6 级风计算；非工作状态偶遇最大风力时，应采用临时固结措施。

2）竖向荷载：模板结构自重、机具、设备按实计算，施工人员按 1.0kN/m^2 采用；以上各荷载仅供选择爬升设备、计算支承架和附墙架时用。

3）混凝土对模板的上托力：当模板的倾角小于 45°时，取 $3\sim5\text{kN/m}^2$；当模板的倾角不小于 45°时，取 $5\sim12\text{kN/m}^2$。

4）新浇混凝土与模板的黏结力按 0.5kN/m^2 采用，但确定混凝土与模板间摩擦力时，两者间的摩擦系数取 0.4~0.5。

5）模板结构与滑轨的摩擦力：滚轮与轨道间的摩擦系数取 0.05，滑块与轨道间的摩擦系数取 0.15~0.5。

（2）模板结构荷载组合。

1）计算支承架的荷载组合：处于工作状态时，应为竖向荷载加向墙面风荷载；处于非工作状态时，仅考虑风荷载。

2）计算附墙架的荷载组合：处于工作状态时，应为竖向荷载加背墙面风荷载；处于非工作状态时，仅考虑风荷载。

5.6.3 爬升模板的设计计算

爬升模板应分别按混凝土浇筑阶段和爬升阶段验算。

（1）支承架。爬模的支承架应按偏心受压格构式构件计算，应进行整体强度验算、整体稳定性验算、单肢稳定性验算和缀条验算。计算方法应按现行国家标准《钢结构设计规范》（GB 50017—2017）的有关规定进行。

（2）附墙架。附墙架各杆件应按支承架和构造要求选用，强度和稳定性都能满足要求，可不必进行验算。

（3）穿墙螺栓连接。附墙架与钢筋混凝土外墙的穿墙螺栓计算简图如图 5.27 所示。

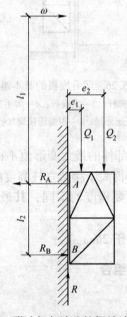

图 5.27　附墙架与墙连接螺栓计算简图

图中：

ω——作用在模板上的风荷载，风向背离墙面，kN/m^2；

l_1——风荷载与上排固定附墙架螺栓的距离，mm；

l_2——两排固定附墙架螺栓的间距，mm；

Q_1——模板传来的荷载，离开墙面 e_1，N；

Q_2——支承架传来的荷载，离开墙面 e_2，N；

R_A——固定附墙架的上排螺栓拉力，N；

R_B——固定附墙架的下排螺栓拉力，N；

R——垂直反力，N。

附墙架与钢筋混凝土外墙的穿墙螺栓连接验算应满足下列要求：

1）4 个及以上穿墙螺栓应预先采用钢套管准确留出孔洞。固定附墙架时，应将螺栓预拧紧，将附墙架压紧在墙面上。

2）应按一个螺栓的剪、拉强度及综合公式小于 1 进行验算，还应验算附墙架靠墙肢轴力对螺栓产生的抗弯强度。

3）螺栓孔壁局部承压计算简图如图 5.28 所示，螺栓孔壁局部承压应按式（5.68）~式（5.70）进行计算

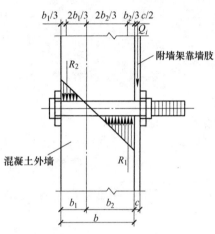

图 5.28　螺栓孔混凝土承压计算

$$\begin{cases} 4R_2b - Q_i(2b_1 + 3c) = 0 \\ R_1 - R_2 - Q_i = 0 \\ R_1(b - b_1) - R_2b_1 = 0 \end{cases} \quad (5.68)$$

$$F_i = 1.5\beta f_c A_m \quad (5.69)$$

$$F_i > R_1 \text{ 或 } R_2 \quad (5.70)$$

式中　R_1，R_2——一个螺栓预留孔混凝土孔壁所承受的压力，N；

　　　　b——混凝土外墙的厚度，mm；

　　　　b_1，b_2——孔壁压力 R_1、R_2 沿外墙厚度方向承压面的长度，mm；

　　　　F_i——一个螺栓预留孔混凝土孔壁局部承压允许设计值，N；

　　　　β——混凝土局部承压提高系数，取 1.73；

　　　　f_c——混凝土强度等级的轴心抗压强度设计值，N/mm²，按实测所得；

　　　　A_m——一个螺栓局部承压净面积，mm²，$A_m = db_1$（d 为螺栓直径，有套管时为套管外径）；

　　　　Q_i——一个螺栓所承受的竖向外力设计值，N；

　　　　c——附墙架靠墙肢的形心距离再另加 3mm 离外墙边的空隙，mm。

复习思考题

5-1　模板工程安全专项方案的内容是什么？

5-2　模板的类型包括哪些？

5-3　现浇混凝土模板的荷载包括哪些？

5-4　大模板由哪些基本部分组成，其荷载取值及荷载效应组合是如何规定的？

5-5　液压滑动模板由哪些基本部分组成，其荷载取值及荷载效应组合是如何规定的？

5-6　爬升模板由哪些基本部分组成，其荷载取值及荷载效应组合是如何规定的？

5-7　住宅楼工程钢筋混凝土柱截面为 0.8m×0.8m 和 0.8m×0.4m；梁高 $h = 0.6$m；宽 $b = 0.4$；楼板厚 $d_1 = 0.10$m；墙厚 $d_2 = 0.49$m，试计算每立方米混凝土柱、梁、楼板和墙的模板用量。

5-8 商住楼底层平台楼面，标高为 5.1m，楼板厚 120mm，次梁截面为 250mm×400mm，中心距 2.0m，采用组合钢模板支模，主板型号为 P3015（钢面板厚度为 2.3mm，重量 0.33kg/m²，$I_{xj} = 26.39 \times 10^4 \text{mm}^4$，$W_{xj} = 5.86 \times 10^3 \text{mm}^3$，钢材设计强度为 215N/mm²，弹性模量为 2.1×10⁵kN/mm²，支承横楞用内卷边槽钢，试验算梁模板是否满足要求？

6 起重吊装工程施工安全专项设计

起重吊装工程是指将建筑工程设备或者结构构件用起重机械（或提升设备）提升至设计位置并直至固定的过程。起重吊装作业的专业性、技术性非常强，过程中的突发事件多，是伤亡事故及其他事故多发的作业环节，是施工过程中的重大危险源，因此是安全管理工作的重要监控对象。建筑起重吊装工程的施工工艺包括构件吊装和设备吊装，因为作业条件和环境多变，施工技术也非常复杂，作业前，技术人员应认真研究施工图纸，组织图纸审查，核对构件或设备安装各部位的空间就位尺寸和相互间的关系，在充分考察和分析的基础上，针对现场实际情况，根据工程特点认真编写《起重吊装工程专项施工方案》。在编制专项施工方案时，要根据吊装的设备或构件的强度、刚度及起重机械的可能性，选择最有利的受力条件，必要时采取补强加固措施，并进行强度核算。

6.1 起重吊装绳索计算与选型

6.1.1 麻绳计算与选型

起重吊装工程中所用的麻绳按照拧成的股数可分为三股、四股、九股三种。

（1）麻绳技术性能。常用麻绳的种类品牌较多，其中较常用的国产某品牌白棕绳的技术性能指标见表 6.1。

表 6.1 某白棕绳的技术性能指标

直径 d/mm	破断力 S_b/kN	直径 d/mm	破断力 S_b/kN
6	2.0	25	24.0
8	3.25	29	26.0
11	5.75	33	29.0
13	8.0	38	35.0
14	9.50	41	37.5
16	11.50	44	15.0
19	13.50	51	60.0
20	16.00	57	65.0
22	18.50	63	70.0

（2）麻绳允许拉力计算。在吊装作业现场中，根据起吊物体的重量，选型麻绳时可用式（6.1）进行验算。其验算公式为

$$P \leqslant S_b/K \qquad (6.1)$$

式中　P——允许起吊重量，N；

S_b——麻绳的破断拉力，N；

K——麻绳的安全系数（见表6.2）。

麻绳的许用应力见表6.3。

表6.2　麻绳的安全系数

使用情况	安全系数 K	使用情况	安全系数 K
一般起重作业	5	绑扎绳	10
缆风绳	6	吊人绳	14
千斤绳	6~10		

表6.3　麻绳的许用应力　　　　　　　　　　（N/mm²）

种　类	安全系数 K	绑扎用绳
白棕绳	10	5
浸油麻绳	9	4.5

6.1.2　钢丝绳计算与选型

钢丝绳是吊装的主要绳索，强度高、韧性好、耐磨。磨损后外部产生许多毛刺，容易检查，便于预防事故。普通钢丝绳的主要数据见表6.4～表6.6。

（1）钢丝绳的构造。结构吊装中常用的钢丝绳是由六束绳股和一根绳芯捻成。绳股是由许多高强钢丝捻成。钢丝绳按捻制方法可分为右交互捻、左交互捻、右同向捻、左同向捻四种。

同向捻钢丝绳中钢丝捻的方向和绳股捻的方向一致；交互捻钢丝绳中钢丝捻的方向和绳股捻的方向相反。同向捻钢丝绳比较柔软，表面较平整，它与滑轮或卷筒凹槽的接触面较大，磨损较轻，但容易松散和产生扭结弯曲，吊重时容易旋转，故吊装中一般不用；交互捻钢丝绳较硬，强度较高，吊重时不容易扭结和旋转，故吊装中应用广泛。

（2）钢丝绳的种类。钢丝绳按绳股数及每股中的钢丝数区分，有6股7丝、7股7丝、6股19丝、6股37丝、6股61丝等，吊装中常用的有6×19、6×37两种。6×19钢丝绳可用作缆风绳和吊索；6×37钢丝绳用于穿滑车组和用作吊索。

（3）钢丝绳计算。

1）钢丝绳破断力计算公式如式（6.2）：

$$S_b = \frac{\pi d_i^2}{4} \cdot n\sigma_b\phi = nF_i\sigma_b\phi \tag{6.2}$$

式中　S_b——钢丝绳的破断拉力，N；

d_i——钢丝绳中每一根钢丝的直径，mm；

n——钢丝绳中钢丝的总根数；

σ_b——钢丝绳中钢丝的抗拉强度，N/mm²；

F_i——钢丝绳中钢丝的总断面积，mm²；

ϕ——钢丝绳中钢丝的搓捻不均匀引起的受载不均匀系数，当钢丝绳为 6×61+1 时，$\phi = 0.85$；当钢丝绳为 6×37+1 时，$\phi = 0.82$；当钢丝绳为 6×19+1 时，$\phi = 0.80$。

表 6.4　6×19+1 普通钢丝绳的主要数据

直径/mm		钢丝绳总断面积/mm²	每米重量/kg·(100m)⁻¹	钢丝绳抗拉强度/MPa				
钢丝绳	钢丝			1400	1550	1700	1850	2000
				钢丝破断拉力/kN				
6.2	0.4	14.32	135.3	17	18.8	20.6	22.4	24.4
7.7	0.5	22.37	211.4	26.6	29.4	32.3	35.2	38
9.3	0.6	32.22	304.5	38.3	42.4	46.5	50.7	54.7
11.0	0.7	43.85	414.0	52.1	57.7	63.8	68.9	74.5
12.5	0.8	57.27	541.2	68.1	75.3	82.7	89.7	97.3
14.0	0.9	72.49	685.0	86.2	95.2	104.5	114.2	123
15.50	1.0	89.49	845.7	106	117.8	129	140.7	152
17.0	1.1	108.28	1023	128.5	142.5	156	170	184
18.5	1.2	128.87	1218	153	169.5	186	202	219
20.0	1.3	151.24	1429	179.5	198.9	218.5	247	257
21.5	1.4	175.40	1658	208.5	230	253	277	301.5
23.0	1.5	201.35	1903	239.5	265	290.5	316	342.5
24.5	1.6	229.09	2165	272.5	301.5	331	360	389.5
26.0	1.7	258.63	2444	307.5	340	373.5	407	440
28.0	1.8	289.95	2740	345	380	418.5	456	493
31.0	2.0	357.96	3383	425.5	471	517	562	608
34.0	2.2	433.13	4093	515	570	625.5	681	—
37.0	2.4	515.46	4871	613	678	744.5	810	—
40.0	2.6	604.95	57107	719.5	97.5	74	943	—
43.0	2.8	701.60	6630	834.5	922.5	1010	1100	—
46.0	3.0	805.41	7611	958.5	1041	1160	1268	—

表 6.5　6×37+1 普通钢丝绳的主要数据

直径/mm		钢丝绳总断面积/mm²	每米重量/kg·(100m)⁻¹	钢丝绳抗拉强度/MPa				
钢丝绳	钢丝			1400	1550	1700	1850	2000
				钢丝破断拉力/kN				
8.7	0.4	27.88	261.2	30	35.4	38.8	42.3	45.7
11.0	0.5	43.57	409.6	50	55.3	60.7	66	71.4
13.0	0.6	62.74	589.8	72	79.7	87.4	95.1	102.5
15.0	0.7	85.39	802.7	98	108.2	119	129	140
17.5	0.8	111.53	1048.0	128	141.3	155	169	182.5
19.5	0.9	141.16	1327.0	162	179.2	196.5	214	231.5
21.5	1.0	174.27	1638	200	223	242.5	264	288.5

直径/mm		钢丝绳总断面积/mm²	每米重量/kg·(100m)⁻¹	钢丝绳抗拉强度/MPa				
钢丝绳	钢丝			1400	1550	1700	1850	2000
				钢丝破断拉力/kN				
24.0	1.1	210.87	1982	242	267.3	293.5	320	343.5
26.0	1.2	250.95	2359	288	319.2	349.5	380	411
28.0	1.3	294.52	2768	338	374	410.5	446	483
30.0	1.4	341.57	3211	392	434	476	517	560
32.5	1.5	392.11	3686	450	498	546.5	594	642
34.5	1.6	446.13	4194	512	567	621.5	667	731

表6.6　6×61+1普通钢丝绳的主要数据

直径/mm		钢丝绳总断面积/mm²	每米重量/kg·(100m)⁻¹	钢丝绳抗拉强度/MPa				
钢丝绳	钢丝			1400	1550	1700	1850	2000
				钢丝破断拉力/kN				
11.0	0.4	46.97	432.1	51.4	57	62.5	68	73.8
14.0	0.5	71.83	675.2	80.4	88.8	97.6	106	114.8
16.5	0.6	103.43	972.2	115.6	128	140.4	152.8	165.1
19.5	0.7	140.78	1323	157.6	174.4	191.2	208	225.2
22.0	0.8	183.88	1728	205.6	228	250	272	294
25.0	0.9	232.72	2188	260.4	288.4	316.4	344.4	372
27.5	1.0	287.31	2701	321.6	256	390.4	425.2	459.6
30.5	1.1	347.65	3268	391.2	430.8	472.8	514.4	556
33.0	1.2	413.73	3889	463.2	512.8	562.4	612	661.6
36.0	1.3	485.55	4564	543.6	602	660	718.4	686.8
38.5	1.4	563.13	5293	630.4	698	765.6	832	900
41.5	1.5	646.45	3077	724	800	876	956	1032
44.0	1.6	735.51	6194	820	912	100	1088	1328
47.0	1.7	830.33	7805	928	1028	1128	1228	1488
50.0	1.8	930.88	8750	1040	1152	1264	1376	1836
55.5	2.0	1149.24	10803	1284	1424	1560	1700	—
61.0	2.2	1390.58	13071	1556	1724	1888	2056	—
66.5	2.4	1654.91	15556	1852	2052	2248	1448	—
72.0	2.6	1942.22	18257	2172	2408	1640	2872	—
77.5	2.8	2252.22	21174	2520	2792	3060	3332	—
83.0	3.0	2585.79	24306	2896	3204	3316	3824	—

2) 钢丝绳允许拉力计算。钢丝绳的允许拉力 P 等于破断拉力除以安全系数，即

$$P = \frac{S_b}{K}$$

$$(6.3)$$

式中 S_b——钢丝绳破断拉力估算值，kN；

　　K——钢丝绳的安全系数，其取值详见表 6.7。

表 6.7 钢丝绳的安全系数

使用情况	安全系数 K	使用情况	安全系数 K
缆风绳用	3.5	用于吊索无弯曲时	6~7
用于手动起重设备	4.5	用于捆绑	8~10
用于机动起重设备	5~6	用于载人升降机	14

3) 钢丝绳破断力 S_b 估算

在现场施工中，不论是用哪种计算方法求钢丝绳破断拉力，都不太方便。可采用经验估算公式来进行估算，实际运用中较为正确的是：

$$S_b = 0.5d^2 \qquad (6.4)$$

式中 d——钢丝绳直径，mm。

式（6.4）仅适于钢丝抗拉强度为 1600MPa 的钢丝绳，其他抗拉强度的钢丝绳的破断拉力经验公式可由式（6.5）换算得出：

$$S_b = \frac{\sigma_b}{1600} \cdot 0.5d^2 \qquad (6.5)$$

但为了使用方便，一般都用 $S_b = 0.5d^2$ 这一公式，用此公式算出的破断拉力既不偏大，也不偏小，一般常用的钢丝绳的抗拉强度都在 1600MPa 左右。

4) 钢丝绳缠绕滚筒或滑轮最小直径的计算。

$$D \geqslant Kd \qquad (6.6)$$

式中 D——卷筒或滑轮直径，mm；

　　K——滑轮与钢丝绳直径比值（查表 6.8）。

表 6.8 滑轮与钢丝绳直径比值表

钢丝绳的用途和性质			滑轮与钢丝绳直径比值
缆风绳			$K \geqslant 12$
驱动方式	人力		$K \geqslant 16$
	机械	轻级	$K \geqslant 16$
		中级	$K \geqslant 18$
		重级	$K \geqslant 20$
千斤绳			$K \geqslant 20$
载人升降级			$K \geqslant 40$

5) 绳卡计算选型。钢丝绳的骑马式绳卡使用数量的计算：

$$N = \frac{T}{2N(f_1 + f_2)} = 2.5T/N \qquad (6.7)$$

式中 T——钢丝绳上所受的拉力，N；

　　N——拧紧绳卡的螺母时，螺栓上所受的力（可根据螺栓上的直径按表 6.9 求出），N；

f_1——钢丝绳在钢丝绳上的摩擦系数（为了确保安全取$f_1 = 0$）；

f_2——钢丝绳在绳卡卡箍上的摩擦系数，$f_2 = 0.2$。

表 6.9　拧紧绳卡螺母时，螺栓上受力值

螺栓直径/mm	9.5	12.7	15.8	19	22.2	25.4	28.6	31.8
螺纹处断面计算面积	0.44	0.78	1.31	1.96	2.72	3.57	4.49	5.77
螺栓受力/kN	4	7.5	15.5	25	235	45	58	75

骑马式绳卡技术规格见表 6.10。

表 6.10　骑马式绳卡技术规格

绳卡公称尺寸（钢丝绳公称直径）/mm	各部尺寸/mm					螺母	单组重量/kg
	A	B	C	R	H		
6	13.0	14	27	3.5	31	M6	0.034
8	17.0	19	36	4.5	41	M8	0.073
10	21.0	23	44	5.5	51	M10	0.140
12	25.0	28	53	6.5	62	M12	0.234
14	29.0	32	61	7.5	72	M14	0.372
16	31.0	32	63	8.5	77	M14	0.402
18	35.0	37	72	9.5	87	M16	0.601
20	37.0	37	74	10.5	92	M16	0.624
22	43.0	46	89	12.0	108	M20	1.122
24	45.5	46	91	13.0	113	M20	1.205
26	47.5	46	93	14.0	117	M20	1.244
28	51.5	51	102	15.0	127	M22	1.605
32	55.5	51	106	17.0	136	M22	1.727
36	61.5	55	116	19.5	151	M24	2.286
40	69.0	62	131	21.5	168	M27	3.133
44	73.0	62	135	23.5	178	M30	3.470
48	80.0	69	149	25.5	196	M30	4.701
52	84.5	69	153	28.0	205	M30	4.897
56	88.5	69	157	30.0	214	M30	5.075
60	98.5	83	181	32.0	237	M36	7.921

6）卸扣计算选型。钢丝绳的卸扣的承载能力与弯环部位直径的平方成正比。对于直环形螺旋式卡环的允许承载荷重可按式（6.8）估算：

$$P = 40d_{平均}^2 \qquad\qquad (6.8)$$

式中　P——允许承载荷重，kN；

$d_{平均}$——销轴与弯环直径的平均值，$d_{平均} = (d + d_1)/2$。

常用卸扣的规格和允许吊重见表 6.11。

表 6.11 常用卸扣的各种规格及允许吊重

卡环号码	允许负荷/kN	适合钢丝绳最大直径/mm	卸扣各部尺寸/mm							
			D	H	H_1	L	B	d	d_1	h
0.2	2	4.7	15	49	35	35	12	M8	6	6
0.3	3.3	6.5	19	63	45	44	16	M10	8	8
0.5	5	8.5	23	72	50	55	20	M12	10	10
0.9	9.3	9.5	29	87	60	65	24	M16	12	12
1.4	14	13	38	115	80	86	32	M20	16	16
2.1	21	15	46	133	90	101	36	M24	20	20
2.7	27	17.5	48	146	100	111	40	M27	22	22
3.1	33	19.5	58	163	110	123	45	M30	24	24
4.1	41	22	66	180	120	137	50	M33	27	27
4.9	41	26	72	196	130	150	58	M36	30	30
6.8	68	28	77	225	150	176	64	M42	36	36
9.0	90	32	87	256	170	197	70	M48	42	42
10.7	107	34	97	284	190	218	80	M52	45	45
16	160	43.5	117	346	235	262	100	M64	52	52

7）千斤绳的受力计算。千斤绳是用钢丝绳做成的，钢丝绳的允许拉力 [P] 即为吊索的允许拉力 [T]。在工作中，吊索拉力 P 不应超过其允许拉力，即：

$$P \leq [T] = \frac{S_d}{K} \tag{6.9}$$

吊索拉力不仅与构件的重量有关，而且与吊索的水平夹角有关。夹角越小，吊索拉力就越大，同时吊索对构件的水平压力也越大。在实际操作中，不应使吊索与构件之间的夹角小于 30°，一般为 45°~60°。已知构件重量和水平夹角，吊索拉力可从表 6.12 查得。

表 6.12 两支吊索的拉力计算表

夹角/(°)	吊索拉力	水平压力	夹角/(°)	吊索拉力	水平压力
25	1.18P	1.07P	50	0.65P	0.42P
30	1.00P	0.87P	55	0.61P	0.35P
35	0.87P	0.71P	60	0.58P	0.29P
40	0.78P	0.60P	65	0.56P	0.24P
45	0.71P	0.50P	70	0.53P	0.18P

6.1.3 吊索计算与选型

6.1.3.1 吊索的选型要求

（1）常用做吊索用的钢丝绳有 6×37+1 和 6×61+1 两种，这两种规格的钢丝绳强度高，又比较柔软、捆绑方便。按照吊索使用频繁的特点，通常用6×61+1的钢丝绳成对加工。

（2）用吊索时，要考虑拆除是否方便，会不会损坏吊索。在吊索与物体棱角间要加垫块，以免损坏钢丝绳。吊索要挂在合适的位置上，两端连接时，要用卸扣将物体吊正和捆牢。

（3）用两根吊索吊物体时，可避免在空间出现旋转状态。同时要求两根吊索不能并在一起使用。

（4）使用多根吊索捆绑物体时，要在试吊过程中调整好各根绳的状态，防止吊索由于长短不同而受力不均，导致事故的发生。

（5）吊索的直径要根据物体质（重）量、吊索的根数及吊索与水平面夹角大小来决定，当夹角越大，吊索受力越小；反之，夹角越小，受力越大。同时水平分力还会产生较大的挤压力，如图 6.1 所示。因此，在吊起物体时，吊索最好是垂直的，有夹角时，应不小于30°，通常在 45°~60° 比较合适，这样能减少吊索的拉力。

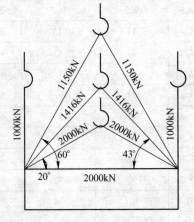

图 6.1　吊索拉力与夹角变化关系

6.1.3.2　吊索受力计算

（1）吊索拉力计算。起重吊装的吊索承受拉力按式（6.10）进行计算

$$S = \frac{Qg}{n} \cdot \frac{1}{\sin\beta} \qquad (6.10)$$

式中　S——一根吊索承受的拉力，kN；

　　　Q——物体质（重）量，t；

　　　g——重力加速度，$g = 9.8\text{m}/\text{s}^2$；

　　　n——吊索根数；

　　　β——吊索与水平面的夹角。

吊索上受力大小与绑扎方法有关。用 2 根吊索起吊时，用 a 表示物体两绑扎点间的水平距离，h 表示吊索高，从三角形 ABC 求出：

$$\sin\beta = \frac{h}{\sqrt{\left(\dfrac{a}{2}\right)^2 + h^2}} \qquad (6.11)$$

将式（6.11）代入式（6.12），有

$$S = \frac{Qg}{2\sin\beta} \qquad (6.12)$$

得出

$$S = \frac{\sqrt{\left(\dfrac{a}{2}\right)^2 + h^2}}{2h}Qg \qquad (6.13)$$

或

$$S = \frac{Qg}{2} \sqrt{\left(\frac{a}{2h}\right)^2 + 1} \qquad (6.14)$$

按上面计算，吊索绑扎越平缓（即 a/h 或 a 越大），则吊索受力就越大，吊索的水平分力 $H = S\cos\beta$，根据求得的 S 值来选取吊索的直径。

（2）吊点受力计算。

1）吊装点焊缝长度计算。所需焊缝长度计算如下：

$$l_w = \frac{N}{2h_f f_f^w} = \frac{555000}{2 \times 0.7 \times 10 \times 160} = 247\mathrm{mm}$$

2）吊装环截面尺寸确定。考虑吊装承受动力荷载，取动力荷载分项系数为 1.4，钢材强度 $295\mathrm{N/mm^2}$，所需吊装环截面面积为

$$A_s = \frac{1.4 \times 555000}{295} = 2634\mathrm{mm^2}$$

根据吊装要求，吊装环上需开直径为 150mm 的圆孔，根据钢板的构造要求，拟采用图 6.2 所示截面，钢板厚度 50mm，则吊装环孔净截面面积为

$A = (400 - 150) \times 50 = 12500\mathrm{mm^2} > 2634\mathrm{mm^2}$

满足要求。

在吊装时在吊装环两侧各焊接两块 50mm 厚 400mm ×
300mm 的加劲板，防止侧向倾覆。

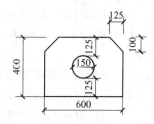

图 6.2　净面积计算简图

（3）吊装绳选择及卡环确定。起吊时，吊装绳夹角约为 35°，根据上述计算，吊点承受的动力荷载为 77t，选用 50t 双股吊装绳，每股吊装绳承受的拉力验算如下：

$$N = \frac{1}{2}(\sin\alpha \times P_1) = \frac{1}{2} \times 0.58 \times 77 = 44.7\mathrm{t}$$

故满足要求。同时，卡环选用 63t 卡环，也满足要求。

6.1.3.3　吊索的选择

为了防止吊装中过大的弯曲变形，用平衡梁进行吊装，平衡梁至吊钩用 2 根吊索。吊索承受拉力按式（6.15）进行计算：

$$S = \frac{Qg}{n} \times \frac{1}{\sin\beta} \qquad (6.15)$$

式中　S——一根吊索承受的拉力，kN；

　　　Q——物体质（重）量，t；

　　　g——重力加速度，$g = 9.8\mathrm{m/s^2}$；

　　　n——吊索根数；

　　　β——吊索与水平面的夹角，（°）。

根据构件的重量表，选取最大重量 $Q = 14.235\mathrm{t}$，设定吊索与水平面夹 $\beta = 45°$，则

$$S = \frac{14.235 \times 1}{2 \times \sin45°} = 98.65\mathrm{kN}$$

选取安全系数 $K = 6$，钢丝绳最小破断拉力 $S_破 = S \times K = 98.65 \times 6 = 592\mathrm{kN}$，查钢丝绳主要性能表可知，应选用 $\phi32$ 的 6×37+FC 钢丝绳。10t 以上构件均选用此索组，其余用 $\phi18$ 和 $\phi13$ 两种规格的钢丝绳。

6.1.4　吊钩的选型

（1）吊钩不能用铸造钩，因铸造容易存在质量上的缺陷，不能保证其机械性能。

（2）一般吊钩是用整块钢材锻制的，表面应光滑，不得有裂纹、刻痕、剥裂、锐角等缺陷存在，并不准对磨损或有裂缝的吊钩进行补焊修理，因补焊后的吊钩会变脆，致使受力后裂断而发生事故。

（3）不能用焊接钩、钢筋钩。因吊钩在起动制动时受很大的冲击荷载，因此不能用强度过高、冲击韧性低的材料制作。

（4）用绳扣挂钩，要将绳扣挂至钩底。用吊钩来勾挂构件，吊钩不能硬别或歪扭，以免吊钩产生变形或拉直而使构件脱落。

（5）吊钩上应注有载重能力，如设有标记，在使用前应经过计算，确定载荷重量，并做动静载荷试验，在试验中经检查无变形、裂纹等现象后方可使用。

（6）起重机上用吊钩应设有防止脱钩的吊钩保险装置。

（7）要经常检查钩体是否有裂纹、变形和磨损等情况，出现有下列情况之一时应报废：

1）挂绳处的断面磨损超过厚度的 10%。

2）用 20 倍放大镜，观察表面有裂纹、破口。

3）开口度比原尺寸增大超过 15%。

4）扭转变形超过 10°。

5）危险断面与吊钩颈部产生塑性变形。

6）板钩衬套磨损达原尺寸的 50% 时。

7）板钩心轴磨损达原尺寸的 50% 时。

6.2　汽车式起重机

6.2.1　起重机械的选择及使用

6.2.1.1　起重机械的选择

起重吊装工程所选用的汽车式起重机械型号主要取决于以下参数。

（1）起重机的起重量。起重机的起重量可按式（6.16）确定。

$$Q \geqslant Q_1 + Q_2 \tag{6.16}$$

式中　Q——起重机起重量，t；

Q_1——构件/设备的计算重量，t；

Q_2——绑扎索具及其他计算的自重，t。

（2）起升高度。起重机的起升高度 h 应考虑安装支座表面高度 h_1、安装间隙 h_2、绑扎点至构件吊起后底面的距离 h_3、吊索的高度 h_4，可用式（6.17）表示：

$$h = h_1 + h_2 + h_3 + h_4 \tag{6.17}$$

（3）工作幅度。当起重机可以不受限制地开到所安装构件附近去吊装构件时，可不验算工作幅度。但当起重机受限制不能靠近安装位置去吊装构件时，则应验算当起重机的工作幅度为一定值时的起重量与起重高度能否满足吊装构件的要求（图 6.3）。一般根据所需的 $Q_{\min}$、$H_{\min}$ 值，初步选定起重机型号，再按式（6.18）进行计算：

$$R_{\min} = F + D + 0.5d \qquad (6.18)$$

式中　F——起重臂枢轴中心距回转中心距离，m；

D——起重臂枢轴中心距所吊构件边缘距离，m，可用式（6.19）计算：

$$D = g + (h_1 + h_2 + h_3 - E)\cot\alpha \qquad (6.19)$$

式中　g——构件上口边缘与起重臂之间的水平空隙，不小于 0.5m；

E——吊杆枢轴心距地面高度，m；

α——起重臂的倾角，(°)；

h_1，h_2——含义同前；

h_3——所吊构件的高度，m。

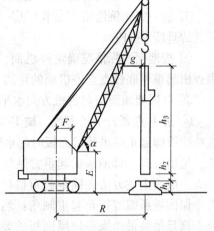

图 6.3　工作幅度计算简图

（4）最小起重臂长度。当起重机的起重臂需跨过屋架去安装屋面板时，为了不碰动屋架，需求出起重臂的最小长度。求最小臂长可用数解法或图解法。

1）用数解法求解起重机最小臂杆长的计算简图如图 6.4 所示，并按式（6.20）进行计算：

$$L = \frac{h}{\sin\alpha} + \frac{a + g}{\cos\alpha} \qquad (6.20)$$

式中　L——起重臂的长度，m；

h——起重臂底铰至构件安装支座的高度，m；

a——起重钩需跨过已安好构件的距离，m；

g——起重杆轴线与已安好的屋架间的距离，至少取 1m；

α——起重杆的仰角，α 的求解可用下述导出公式：

$$\alpha = \arctan\left(\frac{h}{a + g}\right)^{\frac{1}{3}} \qquad (6.21)$$

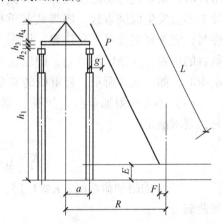

图 6.4　最小臂杆长的图解法

h_1—屋面板的安装高度；h_2—安全距离；

h_3—屋面板厚；h_4—吊索高度；

h_5—滑轮组高度；a—起重钩需跨过已经吊装结构的距离；E—起重杆下铰点距停机面距离；

F—起重杆下铰点至起重机回转中心的距离

将求得的 α 代入式（6.20）即可得最小的臂杆长。根据求出的臂杆长度选择出实际安装用的杆长，并计算出起重半径 R：

$$R = F + L\cos\alpha \qquad (6.22)$$

式中　F——起重机回转中心至臂杆下铰点距离，m。

最后根据实际采用的臂长和起重半径，查阅起重机性能表，复核起重量 Q 及起重高度 h。

2) 图解法。用作图法求出起重机臂杆的长度，可参阅图 6.4 并按下述步骤求出。

① 按一定比例绘出欲吊装厂房一个节间图，并画出起重机吊装屋面板时起重钩需伸到处的垂线 $V—V$；

② 按地面实际情况确定停机面，并根据初步选定的起重机型号，从起重机外形尺寸表查出起重臂底铰点至停机面的距离 E 值，画出水平线 $H—H$；

③ 自屋架顶面向起重机方向水平量出一距离（$g \geqslant 1\text{m}$），可得 P 点；

④ 过 P 点画若干条直线，被 $V—V$ 及 $H—H$ 两线所截，得线段 S_1G_1、S_2G_2、S_3G_3 等。这些线段即起重机吊装屋面板时起重臂的轴线长度。取其中最短的一根，即所求的最小臂长，量出 α 角，即所求的起重臂倾角。

一般按上述方法先确定起重机位于跨中，吊装跨中屋面板所需臂长及起重倾角；然后再复核一下能否满足吊装最边缘一块屋面板的要求。若不能满足吊装要求，则需改选较长的起重臂及改变起重倾角，或将起重机开到跨边去吊装跨边的屋面板。

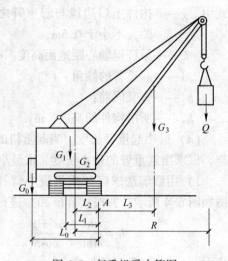

图 6.5 起重机受力简图

6.2.1.2 起重机的稳定性验算

履带式起重机在进行超负荷吊装时，或者接长吊杆时，需要进行稳定性验算，以保证起重机在吊装中不会发生倾倒事故。履带式起重机在验算稳定性时，应选择起重最不利位置，即车身与行驶方向垂直的位置，其稳定性最差。即以履带中点 A 为倾覆中心，如图 6.5 所示，起重机的安全条件为：

（1）不考虑附加荷载（风荷、制动惯性力等）时，要求满足

$$K = \frac{稳定力矩（M_稳）}{倾覆力矩（M_倾）} \geqslant 1.4 \tag{6.23}$$

（2）考虑附加荷载时，$K \geqslant 1.15$，为简化计算，验算起重机稳定性时，一般不考虑附加荷载

$$K = (G_1L_1 + G_2L_2 + G_0L_0 - G_3L_3)/[Q(R - L_2)] \geqslant 1.4 \tag{6.24}$$

式中 G_0——原机身平稳重量，t；

         G_1——起重机机身可转动部分的重量，t；

         G_2——起重机机身不转动部分的重量，t；

         G_3——起重杆重量（约为起重机重的 $4\% \sim 7\%$）；

L_0，L_1，L_2，L_3——以上各部分的重心至倾覆中心 A 的相应距离，m；

         R——工作幅度，m；

         Q——起重量，t。

验算时，如不满足式（6.24），则应采取增加配重等措施解决，必要时还需对起重臂的强度和稳定性进行验算。

【例 6.1】 混凝土柱吊装受力计算

以最重柱 5.1t 计算：5.1×1.2（为动力系数）$= 6.12\text{t}$，柱高 8.5m + 2m（吊索）+

0.5m（离地高度）=11m，即为起重高度。根据25t汽车吊机械性能表，汽车吊起重臂长度17.6m，工作幅度10m，起升高度14.4m，吊起重量6.38t，能够满足吊装要求。

【例6.2】 预应力钢盘混凝土折线形屋架吊装受力计算。

屋架重14.235t×1.2（动力系数）=17.08t，起升高度7.2m（柱顶标高）+4.1m（屋架高度）+6m（吊索高度）+0.5m（安装时柱顶到屋架底的距离）=17.8m。根据50t汽车吊机械性能表，汽车吊起重臂长度25.4m，工作幅度6m，起重量为18t，能够满足屋架吊装要求。

根据计算选用25t及50t汽车式起重机各1台。

6.2.1.3　地面受力计算

根据汽车式起重机外形尺寸、出杆长度、支脚纵横间距，安装满吊时不向前倾覆，计算出前面两个支脚承受的压力；空吊时不向后倾，计算出后面两个支脚的压力，后面两个支脚压力大于前面两个支脚压力。

6.2.2　构件吊装

6.2.2.1　钢柱的吊装与校正

（1）钢柱的吊装方法（图6.6）与装配式钢筋混凝土柱子相似，采用人工辅助就位，构件就位后采用单机旋转法吊装，为提高吊装效率，在堆放柱时，尽量使柱的绑扎点、柱脚中心与基础中心三点共圆弧。

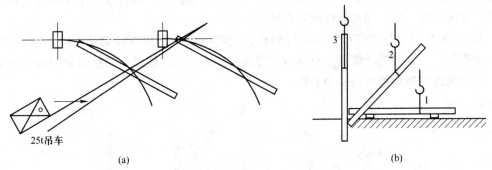

（a）　　　　　　　　　　　　　　　　（b）

图6.6　钢柱的吊装
（a）平面布置；（b）旋转过程
1—柱平放时；2—起吊中途；3—直立

（2）起吊时吊机将绑扎好的柱子缓缓吊起离地20cm后暂停，检查吊索牢固和吊车稳定，同时打开回转刹车，然后将钢柱下放到离安装面40～100mm，对准基准线，指挥吊车下降，把柱子插入锚固螺栓临时固定，钢柱经初校正后，待垂直度偏差控制在20mm以内方可使起重机脱钩，钢柱的垂直度用设在纵横轴线上的2台经纬仪检验，如有偏差立即进行校正，在校正过程中随时观察底部和标高控制块之间是否垫实，以防整根钢柱用锚栓承重。

（3）柱子的垂直校正（图6.7），测量时用2台经纬仪安置在纵横轴线上，先对准柱中线，再渐渐仰视到柱顶，如中线偏离视线，表示柱子不垂直，可指挥调节拉绳或支撑，可用敲打等方法使柱子垂直。在施工中，首先把4个单元的柱子和托梁连接起来，然后进行校正。这时可把 2 台经纬仪分别安置在纵横轴线一侧。在吊装屋架时或安装竖向构件时，还需对钢柱进行复核校正，校正完后拧紧柱脚螺母，点焊柱脚垫板。

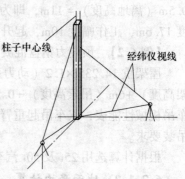

图 6.7　钢柱垂直校正测量示意图

（4）弧形钢梁的吊装与校正。

1）钢梁构件运到现场，先进行现场对接焊，对接焊缝进行探伤，满足要求后方可进行吊装。吊装采用 2 台吊车同时起吊的方法，站在 7.035m 平台上 2 个信号指挥必须协调一致，对 2 台吊车进行指挥，吊装用 2 扁担，2 台 50t 吊车分别吊弧形梁的两端重心位置，均匀抬起后在空中将其缓慢翻身，垂直吊装就位，再由人工在地面拉动预先扣在大梁上的控制绳，转动到位后即可用扳钳来定柱梁孔位，同时用高强螺栓固定。桁架就位后用 6 根缆风绳对称成 12 个固定点，每根缆风绳用一个 3t 手扳葫芦将桁架固定，然后撤掉汽车吊，把第二榀桁架按一样的方法吊装就位后塔吊不松钩，对已吊装就位的 2 榀桁架用 2 台经纬仪进行校正，然后用 25t 吊车起吊相应的中间钢管杆件进行连接，使 2 榀桁架形成整体结构后，然后吊车再松钩，依此类推，吊装下一榀，高空各临时固定杆件定位焊接时用 25t 汽车吊进行安装，所有钢构安装执行现行验收规范的规定。

2）钢构工程安装时节点处的所有螺栓都先暂时作为钢梁临时固定用的临时螺栓，钢柱临时固定示意图如图 6.8 所示。钢梁的检验主要是垂直度，垂直度可用水准仪检验，检验符合要求后的屋架再用高强度螺栓作最后固定。

3）在吊装钢梁时还需对钢柱进行复核，此时一般采用葫芦拉钢丝绳缆索进行检查，待大梁安装完后方可松开缆索。对钢梁屋脊线也必须控制。使屋架与柱两端中心线等值偏差，这样两跨钢屋架均在同一中心线上。

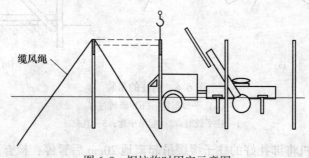

图 6.8　钢柱临时固定示意图

6.2.2.2　钢梁的吊装与校正

张弦梁现场拼装时，用 28a 槽钢焊接搭设 1000mm×1000mm×1000mm 的工作平台（图 6.9）。拼接前先把平台底部基础夯实，用水平仪将各平台高度找平。然后张弦梁就位，张弦梁预拼好后，用水平仪及钢尺进行几何尺寸校对。

平台承载力计算：

该平台采用 28 号槽钢作为 4 个平台柱。

四根 28 号槽钢的平面面积为 A：$40cm^2×4=160cm^2$，张弦梁自重为 220kN，每个平台

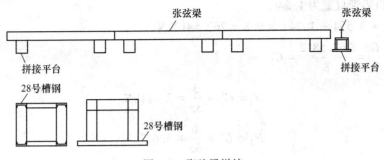

图 6.9 张弦梁拼接

承受的荷载为 $N = 220\text{kN}/6 = 36.67\text{kN}$。

求得压应力为 $\sigma = N/A = 36.67 \times 1000\text{N}/(160 \times 100)\text{mm}^2 = 2.29\text{N/mm}^2 < [\delta] = 215\text{N/mm}^2$，满足要求。

现场拼装时环境温度不得低于 5℃，且在拼装焊接时焊缝处要进行加热处理，把焊缝处的钢板加热到 20℃，当现场温度在 0℃ 以下时做一个彩色复合板保温小房，高 2m，长宽为 2.5m，用小房把拼接节点罩住，用火焰进行加热，加热区外用石棉被进行保温，焊接方法采用 CO_2 气体保护焊，见表 6.13，并采用多层堆焊。

表 6.13 CO_2 气体保护焊

焊接方式	焊接材料	焊接规格	焊接电流 /A	焊接电压 /V	焊接速度 /cm·min^{-1}	气体流量 /L·min^{-1}
CO_2 气保焊	E7n-1	$\phi 1.2$	120~300	20~30	15~18	15~25

为了减少焊接变形在施焊时采用以下措施：（1）减少焊缝尺寸。（2）减小焊接拘束度。（3）采取合理焊接顺序：在 H 型梁的拼接焊时，翼缘板比腹板厚，拘束度较大，焊接时先焊翼缘板，后焊腹板。必要时还可把翼缘与腹板之间的角焊缝预留一段（30~500mm），待翼板、腹板拼焊完成以后再施焊，以便进一步减小翼、腹板焊接时的应力以及焊后残余应力。（4）用锤击法减小焊接残余应力：在每层焊道焊完后立即用圆头敲渣小锤均匀敲击焊缝金属，使其产生塑性延伸变形，并抵消焊缝冷却后承受的局部拉应力。张弦梁拼接好后，放在张拉的平台上等候张拉。

钢构件吊装施工设计案例：工程钢结构工程中张弦梁实际长度为 47.6m，吊装时采用 1 台 150t 履带吊车，8 点起吊。起吊时仰角 74°，吊索最大夹角不超过 70°，吊车的工作参数示意图如图 6.10 所示。吊索双向使用，每根长度为 58.21m，如图 6.11 所示。轴力及稳定性验算如下。

（1）截面确定。根据钢梁最小截面（H700×250×16×20）

$A = 21360\text{mm}^2$，$I_x = 1.81 \times 10^9 \text{mm}^2$，$I_y = 5.23 \times 10^7 \text{mm}^2$，

$i_x = 291.0814\text{mm}$，$i_y = 49.494\text{mm}$

（2）钢梁吊装产生的最大轴力计算。

钢梁自重 22t。

张拉索具自重 3.554t。

加固用的架管自重为 1.24t。

$$G = (22 + 3.554 + 1.24) \times 9.8 = 262.5812\text{kN}$$

即 $G_1 = \dfrac{G}{8} = \dfrac{262.5812}{8} = G_1'$

即求得

$$N_1 = G_1' \times \frac{3}{35} = 2.811\text{kN}$$

$$N_2 = G_1' \times \frac{6}{35} = 5.627\text{kN}$$

$$N_3 = G_1' \times \frac{15}{35} = 14.057\text{kN}$$

$$N_4 = G_1' \times \frac{21}{35} = 19.68\text{kN}$$

即求得钢梁最大承受轴力为 $N = N_1 + N_2 + N_3 + N_4 = 42.171\text{kN}$

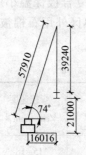

图 6.10　吊车的工作参数示意图（mm）

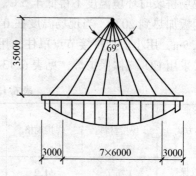

图 6.11　起吊示意简图（mm）

（3）计算梁的轴心压应力：

$$\sigma = \frac{N}{A} = 42.171 \times \frac{10^3}{21360} < [\sigma] = 315\text{mm}^2$$

满足要求。

（4）计算钢梁在吊装时的整体稳定性。

平面内：因为设有 8 个吊点，每个吊点处增加了侧向支撑点，故计算长度为 6m。

即 x：$\dfrac{l_{\text{ox}}}{i_{\text{ox}}} = \dfrac{6000}{291.0814} = 20.613 < [\delta]：150$

平面外：因为设有 8 个吊点，每个吊点处增加了侧向支撑点，故计算长度为 6m。

即 y：$\dfrac{l_{\text{oy}}}{i_{\text{oy}}} = \dfrac{6000}{49.494} = 121 < [\delta]：150$

该工程吊点间距设为 6m，满足要求。

根据以上计算方法求得钢梁吊装时平面内外稳定性符合要求。

计算简图如图 6.12 所示。

脚手架管桁架，设在每个吊点处，增加了 8 个张弦梁平面外支撑点，如图 6.13 所示。

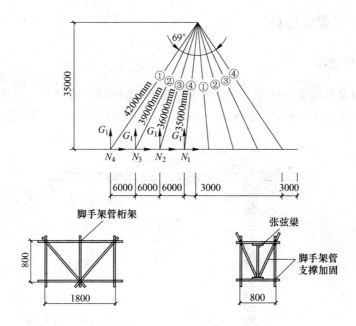

图6.12　计算简图（mm）

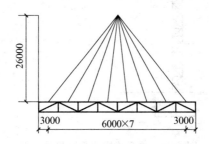

图6.13　张弦梁平面外支撑（mm）

张弦梁安装就位时采用吊篮，如图6.14所示。

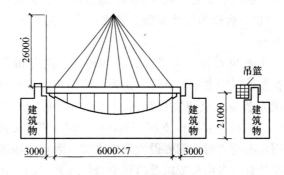

图6.14　张弦梁安装就位（mm）

6.3 塔式起重机设计计算

6.3.1 起重机的选型

（1）起重机基本构造与选型。塔式起重机由基础底架、基础节、标准节、套架、塔帽、驾驶室、回转装置、配重、起重臂、平衡臂、变幅小车等组成，如图 6.15 所示。

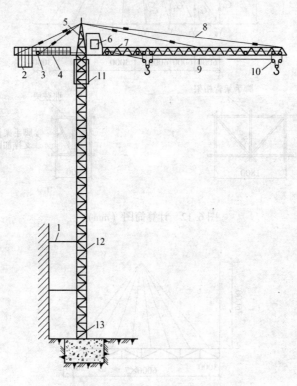

图 6.15　自升式塔式起重机示意图

1—附墙联杆；2—平衡配重；3—钢丝绳卷筒；4—平衡臂；5—塔帽；6—驾驶室、控制台；7—起重臂；

8—臂拉杆；9—起升钢丝绳；10—变幅小车；11—套架；12—标准节；13—基础节

根据工程建筑物高度、层数、宽度、长度和面积来选型，为保证施工顺利进行，拟选定采用 QTZ80 型塔式起重机一台作为计算案例，塔式起重机最大吊装高度为 120m，回转半径 48m，最大起重量为 6t。

（2）计算要求。塔式起重机附着（锚固）装置的构造、内力和安装要求以及基础构造、荷载和施工要求等在使用说明书中均有详细说明，使用单位按要求执行即可，不需要另行计算。当塔式起重机安装位置至建筑物距离超过使用说明书规定，需增长附着联杆（支撑杆），或附着联杆与建筑物连接的两支座的间距改变时，则需要进行附着计算。

自升式塔式起重机用作附着式时，需要设置附着支撑。附着支撑的水平力是根据塔式起重机的起重能力、塔身悬臂的自由长度以及荷载组合情况确定的。在施工之前，应将支撑附着的水平力通知设计单位与施工单位，以便设置预埋铁件。

附着支撑的结构形式有两种：整个塔身抱箍式和抱柱式，两种附着支撑形式都有各自特点。抱箍式能充分利用塔身空间，整体性好；而抱柱式结构比较简单，安装方便。

（3）附墙塔式起重机垂直运输能力估算。附墙塔式起重机和混凝土泵车配合使用时的塔式起重机垂直运输能力估算。一般高层建筑均有裙房，高层部分采用塔式起重机，混凝土采用商品混凝土泵送，塔式起重机垂直运输量就大大减少，主要是吊钢筋和模板等。

根据大量施工实践经验数据得出：每台塔式起重机一个台班有效吊次为 $50\sim75$，或完成 $60\sim80\mathrm{m}^2$ 的建筑面积的物料吊运，每平方米建筑面积需 $1.2\sim1.7$ 吊次。根据建筑物的规模、所需钢筋和模板数量等，判断塔吊是否满足施工要求，同时零星材料可由人货电梯来完成，塔式起重机运输能力是比较富余的。

6.3.2 塔式起重机基础设计计算

塔式起重机附着（锚固）装置的基础构造，在使用说明书中虽已有详细说明，但不同地质条件下，塔式起重机的基础仍需要详细计算。

（1）塔式起重机的基本参数。

1）承台设计方案。该塔式起重机基础采用钻孔灌注桩基础，四桩承台，如图 6.16 所示。

2）承台计算方式。

① 验算承台尺寸。承台边缘至桩中心距 $C=600\mathrm{mm}$，桩列间距 $A=2500\mathrm{mm}$，桩行间距 $B=2500\mathrm{mm}$，承台高度 $H=1000\mathrm{mm}$。纵筋合力重心到底边的距离 $a_\mathrm{s}=70\mathrm{mm}$，平均埋深 $h_\mathrm{m}=1.00\mathrm{m}$，矩形柱宽 $b_\mathrm{C}=1700\mathrm{mm}$，矩形柱高 $h_\mathrm{C}=1700\mathrm{mm}$，圆桩直径 $D_\mathrm{S}=600\mathrm{mm}$。

② 材料信息。混凝土强度等级 C30，混

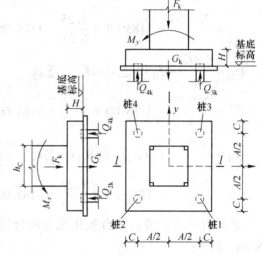

图 6.16 桩承台示意图

凝土轴心抗压强度设计值 $f_\mathrm{c}=14.30\mathrm{N/mm}^2$，混凝土轴心抗拉强度设计值 $f_\mathrm{t}=1.43\mathrm{N/mm}^2$，钢筋强度等级 HRB335，强度设计值 $f_\mathrm{y}=300.00\mathrm{N/mm}^2$。

3）基础承台计算。

① 荷载设计值（作用在承台顶部）：

竖向荷载：

$$F_\mathrm{k}+G_\mathrm{k}(承台及承台上土自重)=765.00\mathrm{kN}$$

绕 x 轴弯矩：

$$M_x=1135.00\mathrm{kN\cdot m}$$

绕 y 轴弯矩：

$$M_y=1135.00\mathrm{kN\cdot m}$$

x 向剪力：

$$V_x=50\mathrm{kN}$$

y 向剪力：

$$V_y = -50\text{kN}$$

作用在承台底部的弯矩

绕 x 轴弯矩：

$$M_{xk} = M_x - V_y h = 1135.00 - (-50.00) \times 1.00 = 1185.00\text{kN} \cdot \text{m}$$

绕 y 轴弯矩：

$$M_{yk} = M_y - V_x h = 1135.00 + 50.00 \times 1.00 = 1185.00\text{kN} \cdot \text{m}$$

基桩净反力设计值计算公式：

$$Q_{ik} = (F_k + G_k)/n \pm M_{xk} y_i / \sum y_i^2 x_i / \sum x_i^2 \qquad (6.25)$$

式中　n——桩的个数；

　　y_i——i 号桩至坐标原点的距离（本例坐标原点取承台中心）；

　　Q_{ik}——i 号桩净反力设计值。

$$Q_{1k} = \frac{F_k + G_k}{n} - M_{xk} y_1 / \sum y_1^2 - M_{yk} x_1 / \sum x_1^2$$

$$= \frac{765.00}{4} - 1185.00 \times \frac{1.25}{6.25} - 1185.00 \times \frac{1.25}{6.25} = -282.75\text{kN}$$

$$Q_{2k} = \frac{F_k + G_k}{n} - M_{xk} y_2 / \sum y_i^2 - M_{yk} x_2 / \sum x_2^2$$

$$= \frac{765.00}{4} - 1185.00 \times \frac{1.25}{6.25} + 1185.00 \times \frac{1.25}{6.25} = 191.25\text{kN}$$

$$Q_{3k} = \frac{F_k + G_k}{n} - M_{xk} y_3 / \sum y_i^2 - M_{yk} x_3 / \sum x_3^2$$

$$= \frac{765.00}{4} + 1185.00 \times \frac{1.25}{6.25} - 1185.00 \times \frac{1.25}{6.25} = 191.25\text{kN}$$

② 承台受压验算。承台抗压能力的计算公式依据《混凝土结构设计规范》，如式 (6.26) 所示：

$$F_L \le 1.35\beta_c \beta_l f_c A_{Ln} \qquad (6.26)$$

经计算，局部荷载设计值 $F_L = F_1 = 765.00\text{kN}$。

混凝土局部受压面积：

$$A_L = b_c \times h_c = 1.7 \times 1.7 = 2.89\text{m}^2$$

混凝土局部受压净面积 $A_{Ln} = A_L$。局部受压的计算底面积，按《混凝土结构设计规范》有关规定计算：

$$A_b = \min[(1.7 + 1.7 + 1.7) \times (1.7 + 1.7 + 1.7),\ 3.7 \times 3.7]$$

$$= \min(26.01,\ 13.69)$$

$$= 13.69\text{m}^2$$

混凝土受压时强度提高系数：

$$\beta_L = \sqrt{\frac{A_b}{A_L}} = \sqrt{\frac{13.69}{2.89}} = 2.17$$

混凝土强度影响系数 β_c 按《混凝土结构设计规范》取：$\beta_c = 1.0$（混凝土强度等级不超过 C50）。

③ 计算结果。

x 方向钢筋选筋：计算面积 $A_{sy} = 5161.50\text{mm}^2$，采用方案：27$\Phi$16@130，实配面积 5427mm^2。

y 方向钢筋选筋：计算面积 $A_{sy} = 5161.50\text{mm}^2$，采用方案：27$\Phi$16@130，实配面积 5427mm^2。

（2）塔式起重机基础平面布置。塔式起重机基础平面布置如图6.17所示。

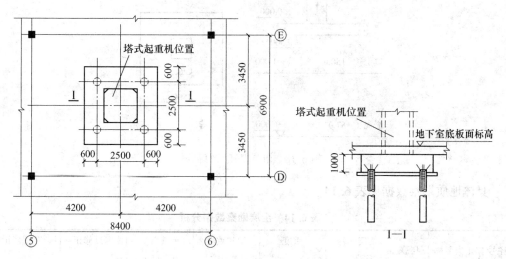

图 6.17　塔式起重机基础平面图

6.4　施工电梯安全施工专项设计

6.4.1　选型

施工电梯主要由附墙支撑、自装起重机、限速器、梯笼、立柱导轨架、楼层门、底笼、驱动机构、电气箱、电缆及电缆箱、地面电气控制箱等组成。根据建筑物高度和电梯运输能力，确定选用施工电梯的型号。本节以 SCD200/200 双笼人货电梯为例进行介绍，其施工高度能达到150m，每只吊笼额定载重量1000kg。配合塔式起重机运输短小材料和施工人员等上下之用。

建筑施工电梯的附着（锚固）装置的构造、内力和安装要求、荷载和施工要求等在使用说明书中均有详细说明，使用单位按要求执行即可，不需要另行计算。当施工电梯安装超过使用说明书规定条件时，如其安装位置至建筑物距离超过4m需增长附着联杆（支撑杆）等情况，则需要进行设计计算。施工电梯的基础需要根据施工现场的地质条件和使用要求进行必要的设计计算。

6.4.2　基础设计计算

6.4.2.1　计算参数

（1）基本计算参数。施工电梯的基础计算参数按电梯型号、高度和运输能力要求选取如下：基础长 $L(\text{m})$ 3.500；基础宽 $b(\text{m})$ 3.000；基础厚度 $d(\text{m})$ 0.400；柱边长 $h_c(\text{m})$

0.800；柱边宽 b_c(m)0.800；基底标高(m)-0.400；基础顶轴力标准值(kN)433.000；L 向弯矩标准值（kN·m）；B 向弯矩标准值（kN·m）；基础与覆土的平均容重（kN/m³）γ 为 25.000；地下水标高为-0.500m。验算承台尺寸电梯基础计算简图如图 6.18 所示。

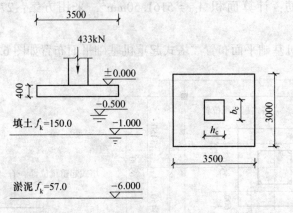

图 6.18　电梯基础计算简图

具体地质勘察数据见表 6.14。

表 6.14　土层勘察数据分析

序号	土类名称	层厚/m	层底标高/m	重度/kN·m⁻³	饱和重度/kN·m⁻³	承载特征值/kPa	深度修正 η_d	宽度修正 η_b
1	石渣填土	1.00	-1.00	18.00	19.00	150.00	1.000	1.000
2	淤泥	5.00	-6.00	—	17.60	57.00	1.000	1.000

（2）材料信息。混凝土强度等级，C25 抗压强度设计值 $f_c = 11.9$N/mm²，抗拉强度设计值 $f_t = 1.27$N/mm²。钢筋强度等级，HRB335，强度设计值 $f_y = 300.00$N/mm²。纵筋合力点至近边距离 $a_s = 50$mm。

（3）基础宽高比。基础柱边宽高比计算如下：

$$\frac{L - h_c}{2H} = \frac{3.5 - 0.8}{2 \times 0.25} = 3.9$$

$$\frac{b - b_c}{2H} = \frac{3.0 - 0.8}{2 \times 0.25} = 3.14$$

基础柱边宽高比大于 2.5，满足要求。

（4）荷载的综合分项系数 $\gamma_z = 1.35$，永久荷载的分项系数 $\gamma_G = 1.35$。

（5）基础自重和基础上的土重。基础混凝土的容重 $\gamma_c = 25$kN/m³，基础顶面以上土的容重 $\gamma_s = 18$kN/m³，顶面上覆土厚度 $d_s = 0$mm。

基础自重和基础上的土重标准值：

$$G_k = V_{jc} \times \gamma_c + (A - b_c \times h_c) \times d_s \times \gamma_s$$
$$= 3.5 \times 3.0 \times 0.4 \times 25 + (10.5 - 0.8 \times 0.8) \times 0 \times 18 = 105\text{kN}$$

基础自重和基础上的土重设计值：

$$G = G_k \times \gamma_G = 1.35 \times 105 = 141.75\text{kN}$$

（6）基础底面积：
$$A = L \times b = 3.5 \times 3.0 = 10.5 \mathrm{m}^2$$

（7）基础上的竖向附加荷载标准值：
$$F'_{\mathrm{K}} = 0 \mathrm{kN}$$

6.4.2.2　计算

A　地基承载力验算

底板全反力（kPa）计算如下所示，基础底板反力示意图如图 6.19 所示。

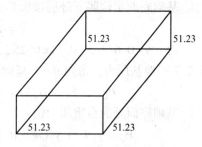

$$P_{\mathrm{k}} = \frac{F_{\mathrm{k}} + G_{\mathrm{k}}}{A} = \frac{433 + 105}{3.5 \times 3.0} = 51.23 \mathrm{kPa}$$

石渣层修正后的地基承载力特征值按《建筑地基

图 6.19　基础反力（kPa）

基础设计规范》公式 5.2.4 计算：
$$f_{\mathrm{a}} = f_{\mathrm{ak}} + \eta_{\mathrm{b}} \gamma (b - 3) + \eta_{\mathrm{d}} \gamma_{\mathrm{m}} (d - 0.5) \tag{6.27}$$
式中　f_{ak}——地基承载力特征值，kPa；

η_{b}，η_{d}——基础宽度和埋深的地基承载力修正系数；

γ——基础底面以下土的重度，地下水位以下取浮重度，$\mathrm{kN/m}^3$；

b——基底长边长度，m，当 $b<3\mathrm{m}$，取 $b=3\mathrm{m}$，当 $b>6\mathrm{m}$，取 $b=6\mathrm{m}$；

m——基础底面以上土的加权平均重度，地下水位以下取浮重度，$\mathrm{kN/m}^3$；

d——基础埋深，m，当 $d < 0.5\mathrm{m}$，取 $d=0.5\mathrm{m}$。

其中，$f_{\mathrm{ak}} = 150 \mathrm{kPa}$，$\gamma = 18.0 \mathrm{kN/m}^3$，$b = 3.5\mathrm{m}$，$\gamma_{\mathrm{m}} = 25 \mathrm{kN/m}^3$，$d = 0.5\mathrm{m}$（$d = 0.4\mathrm{m}$ $<0.5\mathrm{m}$，取 0.5m）

查《建筑地基基础设计规范》表 5.2.4 得：$\eta_{\mathrm{b}} = 0$，$\eta_{\mathrm{d}} = 1.0$，故：
$$f_{\mathrm{a}} = 150 + 0 \times 18.0 \times (3.5 - 3) + 1.0 \times 25 \times (0.5 - 0.5) = 150 \mathrm{kPa}$$
$$P_{\mathrm{k}} = 52.17 \mathrm{kPa} < f_{\mathrm{a}} = 150 \mathrm{kPa}$$

故地基承载力验算满足。

B　软弱下卧层验算

（1）软弱下卧层顶面处经深度修正后的地基承载力特征值：
$$f_{\mathrm{az}} = f_{\mathrm{ak}} + \eta_{\mathrm{d}} \gamma_{\mathrm{m}} (d - 0.5) \tag{6.28}$$
其中，

$f_{\mathrm{ak}} = 150 \mathrm{kPa}$，$\gamma = 25 \mathrm{kN/m}^3$，$b = 3.5\mathrm{m}$，$\gamma_{\mathrm{m}} = 17.6 \mathrm{kN/m}^3$，$d = 1\mathrm{m}$（软弱下卧层层顶深度），$\eta_{\mathrm{b}} = 0$，$\eta_{\mathrm{d}} = 1.0$，故：
$$f_{\mathrm{az}} = 57 + 0 \times 25 \times (3.5 - 3) + 1.0 \times 17.6 \times (1 - 0.5) = 65.8 \mathrm{kPa}$$

（2）基础自重、土重标准值 G_{k}。

基础自重：
$$G_{\mathrm{k1}} = \gamma_{\mathrm{c}} V_{\mathrm{c}} = \gamma_{\mathrm{c}} L b h = 25 \times 3.0 \times 3.5 \times 0.4 = 105 \mathrm{kN}$$
基础上的土重：
$$G_{\mathrm{k2}} = 0.0 \mathrm{kN}（没有覆土）$$
$$G = G_{\mathrm{k1}} + G_{\mathrm{k2}} = 105 + 0.0 = 105 \mathrm{kN}$$

（3）相应于荷载效应标准组合时，软弱下卧层顶面处附加压力值 P_z，按《建筑地基基础设计规范》（GB 50007—2011）公式 5.2.7-3 计算。

$$P_z = Lb(P_k - P_c)/[(b + 2\tan\theta) \times (L + 2\tan\theta)]　　　　　(6.29)$$

式中各数据计算如下：

基础底面至软弱下卧层顶面的距离：

$$z = d_z - d = 1 - 0.4 = 0.6m$$

由 $z/b = 0.6/3.5 = 0.17 < 0.25$，查《建筑地基基础设计规范》（GB 50007—2011）表 5.2.7 得地基压力扩散角 $\theta = 0°$ 基础底面的压力：

$$P_k = (F_k + G_k)/A = (433 + 105)/(3.5 \times 3.0) = 51.23kPa$$

基础底面处的自重压力值：

$$P_c = \gamma_1 d_1 + \gamma_2(d - d_1) = 18 \times 0.4 + 25 \times (0.4 - 0.4) = 7.2kPa$$

对于矩形基础的 P_z 值

$$P_z = 3.0 \times 3.5 \times (51.23 - 7.2)/(3.5 \times 3.0) = 44.03kPa$$

软弱下卧层顶面处土的自重压力值 P_{cz}

$$\gamma_{m1} = (25 \times 0.4 + 18 \times 0.6)/1 = 19kN/m^3$$

$$P_{cz} = \gamma_{m1} \times d_z = 19 \times 1 = 19kPa$$

（4）当地基受力层范围内有软弱下卧层时，应按《建筑地基基础设计规范》公式 5.2.7-1 验算。

$$P_z + P_{cz} \leq f_{az}　　　　　(6.30)$$

$$P_z + P_{cz} = 44.03 + 19 = 63.03kPa \leq f_{az} = 65.8kPa$$

满足要求。

C　混凝土基础计算

（1）基本计算参数。

柱子高度 $h_c = 800mm$，柱子宽度 $b_c = 800mm$；

基础底面长度 $L = 3500mm$（x 方向），底面宽度 $b = 3000mm$（y 方向）；

基础根部高度 $H = 400mm$；

柱边基础截面面积计算如下：

x 方向截面面积：

$$A_{cb} = HL = 0.4 \times 3.5 = 1.4m^2$$

y 方向截面面积：

$$A_{cl} = Hb = 0.4 \times 3.0 = 1.2m^2$$

按式（6.27）求得修正后的地基承载力特征值 $f_a = 150kPa$。

（2）控制内力。控制内力包括以下几项：

　　N_k——相应于荷载效应标准值组合时的柱底轴向力值，kN；

　　F_k——相应于荷载效应标准值组合时作用于基础顶面的竖向力值，kN；

　V_{kx}，V_{ky}——相应于荷载效应标准值组合时作用于基础顶面的剪力值，kN；

M'_{kx}，M'_{ky}——相应于荷载效应标准值组合时作用于基础顶面的弯矩值，kN·m；

　M_{kx}，M_{ky}——相应于荷载效应标准值组合时作用于基础底面的弯矩值，kN·m，

$$M_{kx} = M'_{kx} - V_{ky}H \tag{6.31}$$

$$M_{ky} = M'_{ky} - V_{kx}H \tag{6.32}$$

F，M_x，M_y——相应于荷载效应基本组合时的竖向力、弯矩设计值，取值及计算如下：

$$N_k = 433\text{kN}, \quad M'_{kx} = 0, \quad M'_{ky} = 0, \quad V_{kx} = 0, \quad V_{ky} = 0, \quad F_k = 433\text{kN}$$

$$M_{kx} = 0, \quad M_{ky} = 0, \quad F = F_k + G = 433 + 141.75 = 574.75\text{kN}$$

$$M_x = 0, \quad M_y = 0$$

（3）冲切验算。基础的冲切按《建筑地基基础设计规范》（GB 50007—2011）公式8.2.7-1-3 计算。

$$F_L \leqslant 0.7\beta_{hp}f_t a_m H_0 \tag{6.33}$$

$$a_m = (a_t + a_b)/2 \tag{6.34}$$

$$F_L = P_j A_L \tag{6.35}$$

式中各数据计算如下：

扣除基础自重及其上土重后的基底净反力 P_j，最大压力

$$P_{max} - \gamma_z P_k = 1.35 \times 51.23 = 69.16\text{kPa}$$

$$P_j = P_{max} - \frac{G}{A} = 69.16 - \frac{141.75}{10.5} = 55.66\text{kPa}$$

冲切破坏锥体有效高度：

$$H_0 = 0.4 - 0.025 - 0.025 = 0.35\text{m}$$

x 方向（L 方向），因 $L > b_c + 2H_c$ 且 $L - b_c > b - h_c$

冲切验算时取用的部分基底面积：

$$A_{1x} = 0.5(L - h_c + 2b_c + 2H_0)\left[(L - h_c)/2 - H_0\right]$$

$$= 0.5 \times (3.5 - 0.8 + 2 \times 0.8 + 2 \times 0.35) \times \left[(3.5 - 0.8)/2 - 0.35\right] = 2.5\text{m}^2$$

冲切破坏锥体最不利一侧斜截面的上边长：

$$a_c = b_c = 0.8\text{m}$$

冲切破坏锥体最不利一侧斜截面的下边长：

$$a_b = b_c + 2H_0 = 0.8 + 2 \times 0.35 = 1.5\text{m}$$

冲切破坏锥体最不利一侧计算长度：

$$a_{mx} = \frac{a_t + a_b}{2} = \frac{0.8 + 1.5}{2} = 1.35\text{m}$$

受冲切承载力截面高度影响系数：

因 $h = 0.4\text{m} < 0.8\text{m}$，故 $\beta_{hp} = 1.0$

$$F_{Ly} = P_j \times A_{1y} = 55.66 \times 1.63 = 90.72\text{kN}$$

$$0.7\beta_h f_t a_m H_0 = 0.7 \times 1.0 \times 1270 \times 1.35 \times 0.35 = 420\text{kN} \geqslant F_{Ly} = 90.72\text{kN}$$

满足要求。

（4）剪切验算。剪切按《混凝土结构设计规范》（GB 50010—2010）公式 7.5.3-1 验算。

$$V \leqslant 0.7\beta_h f_t b_0 H_0 \tag{6.36}$$

1）x 方向（L 方向）。

计算宽度 $b = 3000\text{mm}$。

$$V_x = P_j A_x = P_j(L - H_c)b/2 = 55.66 \times (3.5 - 0.8) \times 3/2 = 225.42\text{kN}$$

截面高度影响系数：因 $h = 0.4\text{m} < 0.8\text{m}$，故 $\beta_h = 1.0$。

$$0.7\beta_h f_t b_0 H_0 = 0.7 \times 1.0 \times 1270 \times 3.0 \times 0.35 = 933.45\text{kN} \geqslant V_x = 225.42\text{kN}$$

满足要求。

2）y 方向（b 方向）。

计算宽度 $L = 3500\text{mm}$。

$$V_y = \frac{P_j A_y(b - b_c)L}{2} = 55.66 \times (3 - 0.8) \times \frac{3.5}{2} = 214.29\text{kN}$$

截面高度影响系数：因 $h = 0.4\text{m} < 0.8\text{m}$，故 $\beta_h = 1.0$。

$$0.7\beta_h f_t b_0 H_0 = 0.7 \times 1.0 \times 1270 \times 3.5 \times 0.35 = 1089\text{kN} \geqslant V_y = 214.29\text{kN}$$

满足要求。

（5）抗弯计算。

弯矩计算，Y 方向柱边 I—I 截面如图 6.20 所示。

M_I 按《建筑地基基础设计规范》（GB 50007—2011）

公式 8.2.7-4 计算：

$$M_I = a_I^2 \times \left[(2L + a')\left(P_{max} + P - \frac{2G}{a}\right) + (P_{min} - p)L \right] \tag{6.37}$$

因 $P_{max} = P_{min} = p$

截面 I—I 至基底边缘最大反力处的距离

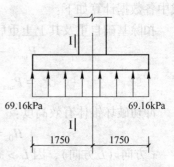

图 6.20   计算截面位置示意图

$$a_1 = \frac{b - b_c}{2} = \frac{3.5 - 0.8}{2} = 1.35\text{m}$$

基础底面边长 $L = 3.0\text{m}$

$$a' = b_c = 0.8\text{m}$$

$$M_I = a_I^2 \times \frac{(2L + a')\left(P_{max} + P - \dfrac{2G}{a}\right) + (P_{min} - p)L}{12}$$

$$= 1.35^2 \times [(2 \times 3.0 + 0.8) \times (69.16 + 69.16 - 2 \times 141.75/10.5) + (69.16 - 69.16) \times 3.0]/12 = 114.96\text{kN} \cdot \text{m}$$

x 方向柱边 II—II 截面如图 6.21 所示。

M_{II} 按《建筑地基基础设计规范》（GB 50007—2011）

公式 8.2.7-5 计算

$$M_{II} = (L - a')2(2b + b')(P_{max} + P_{min} - 2G/A)/48 \tag{6.38}$$

$$b' = h_c = 0.8\text{m}$$

其余数据取值同 M_I 计算过程。

$$M_{II} = (L - a')2(2b + b')(P_{max} + P_{min} - 2G/A)/48$$

$$= (3.0 - 0.8)^2 \times (2 \times 3.5 + 0.8) \times (69.6 +$$

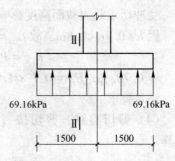

图 6.21   计算截面位置示意图

$69.16 - 2 \times 141.75/10.5)/48$

$= 87.55 \text{kN} \cdot \text{m}$

（6）配筋计算。

$$M_{\text{I max}} = 114.96 \text{kN} \cdot \text{m}$$

$$M_{\text{II max}} = 87.55 \text{kN} \cdot \text{m}$$

y 向钢筋计算：

$$A_{s\text{I}} = \frac{M_{\text{I max}}}{0.9 h_0 f_y} = 114.96 \times \frac{10^6}{0.9 \times 300 \times 350} = 1216 \text{mm}^2$$

配筋率：

$$\rho_v = \frac{A_{s\text{I}}}{h_0 L} = \frac{1216}{350 \times 3500} = 0.000992 < \rho_{v\min} = 0.0015$$

故取最小配筋率 $\rho_{v\min} = 0.0015$。

y 向钢筋：

$$A_{s\text{I}} = \rho_{v\min} h_0 L = 0.0015 \times 350 \times 3500 = 1838 \text{mm}^2$$

$18\phi12@200$，实配面积 $A_s = 2034 \text{mm}^2$。

x 向钢筋计算：

$$A_{s\text{II}} = \frac{M_{\text{II max}}}{0.9 h_0 f_y} = 87.55 \times 10^6/(0.9 \times 300 \times 350) = 926 \text{mm}^2$$

配筋率：

$$\rho_v = \frac{A_{s\text{II}}}{h_0 b} = \frac{926}{350 \times 3000} = 0.00091 < \rho_{v\min} = 0.0015$$

故取最小配筋率 $\rho_{v\min} = 0.0015$。

x 向钢筋：

$$A_{s\text{I}} = \rho_{v\min} h_0 L = 0.0015 \times 350 \times 3000 = 1575 \text{mm}^2$$

$16\phi12@200$，实配面积 $A_s = 1808 \text{mm}^2$。

施工电梯基础配筋图如图 6.22 所示。

（7）柱下局部受压承载力计算。

柱下局部荷载设计值按《混凝土结构设计规范》公式
7.8.1-1 计算：

$$F_L \leqslant 1.35 \beta_c \beta_L f_c A_{Ln} \qquad (6.39)$$

可得：

$$F_L = F = 574.75 \text{kN}$$

混凝土局部受压面积：

$$A_L = b_c h_c = 0.8 \times 0.8 = 0.64 \text{m}^2$$

混凝土局部受压净面积：

$$A_L = A_{Ln}$$

基础在柱下局部受压时的计算底面积按《混凝土结构设计规范》（GB 50010—2010）
（7.8.2 条）计算：

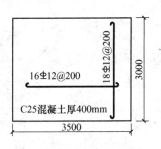

图 6.22　施工电梯基础配筋图

$$A_b = 3b(2b + a) = 3 \times 0.8 \times (0.8 + 2 \times 0.8) = 5.76\text{m}^2$$

混凝土局部受压时的强度提高系数：

$$\beta_L = \sqrt{\frac{A_b}{A_L}} = \sqrt{\frac{5.76}{0.64}} = 3$$

按《混凝土结构设计规范》取 $\beta_c = 1.0$。

$1.35\beta_c\beta_L f_c A_{Ln} = 1.35 \times 1.0 \times 3 \times 11900 \times 0.64 = 30844.8\text{kN} \geqslant F_L = 574.75\text{kN}$

满足要求。

复习思考题

6-1 起重扒杆组装后达到验收使用应具备哪些条件？

6-2 起重吊装包括结构吊装和设备吊装，其作业属高处危险作业，作业条件多变，施工技术也比较复杂，施工前应编制专项施工方案，其主要内容应包括哪些？

6-3 已知桥式起重机额定起重量 $G = 20\text{t}$，吊具重量 $G_1 = 0.5\text{t}$，卷筒底槽直径为 400mm，钢丝绳直径为 16mm，双联滑轮组，倍率 $m = 4$，机械总效率 $\eta = 0.90$，所选起升机构制动器的制动力矩为 500N·m，起升机构为一般使用情况，$K_2 = 1.5$，试计算该起升机构减速器的传动比。

预埋构件的计算

预埋构件（预制埋件）是指预先安装（埋藏）在隐蔽工程内的构件，是在结构浇筑时安置的构配件，主要用于外部工程设备基础、连接结构构件或非结构构件的安装固定。预埋件大多由金属制造，如钢筋或者铸铁，也可用木头、塑料等非金属刚性材料，在混凝土结构与钢结构连接和施工临时设施的固定中应用非常广泛。本章主要介绍地脚螺栓、水平锚碇、预埋铁件和马镫的设计计算方法和要求。

7.1 地脚螺栓的设计计算

在大量大型施工设备设施基础中，经常埋设有大量的地脚螺栓，这些地脚螺栓的埋设精度要求高，中心线的垂直度偏差不得超过 1/10，螺栓中心轴线偏差应该在 2mm 以内，螺栓顶端标高偏差应在 10mm 以内。为保证地脚螺栓的埋设位置、标高以及垂直度的正确，施工中可采用固定架来固定地脚螺栓。因这种固定架在浇筑混凝土时要经受各种施工荷载的作用，为确保其不发生变形以及位移，施工前需根据螺栓固定架的布置进行设计计算。地脚螺栓固定架的种类较多，常用的是钢固定架、混凝土固定架和钢与混凝土混合固定架三种。固定架一般由支承框和固定框两部分在现场焊接成整体构架，组成一个空间几何不变体。固定架将地脚螺栓精确地固定在设计位置，并且和设备的基础一起浇筑混凝土。施工完成后，大部分的固定架将留在混凝土中，露出混凝土的部分可以回收重复利用。固定架的设计计算可以归纳为模板设计计算的一部分。

7.1.1 地脚螺栓荷载计算

建筑施工中的地脚螺栓固定架承受的荷载包括以下几个方面：

（1）自重，其中包括地脚螺栓的自重，地脚螺栓固定架的自重以及锚板、套筒、填塞物等的自重；对较大的套筒螺栓，如锚板下不设底座，还应考虑螺栓锚板上部分混凝土的重力。

（2）当固定架上吊挂有钢筋、模板、预埋件或者管道时应考虑这些吊挂物的重力。

（3）施工荷载，当有安装工人在施工时，应考虑工人、工具、机械设备等的重力。

（4）冲击荷载，当浇筑混凝土时，模板和脚手架与固定架连在一起，要考虑浇筑混凝土的冲击荷载以及对模板等的侧压力。

7.1.2 地脚螺栓固定架的设计计算方法

建筑施工中的地脚螺栓固定架的设置形式可根据结构特点、螺栓大小以及使用材料而定，由立柱、横梁和螺栓固定框以及斜撑、拉结条等构件组合而成，螺栓固定架杆件之间采用焊接连接，为简化计算，固定框和横梁均按简支计算，钢立柱主要承受横梁传来的荷载，按偏心受压杆件计算，计算方法同一般结构杆件。固定架一般与脚手架、模板等分开设置，自成体系，可不验算侧向位移。

（1）固定框计算。地脚螺栓固定框是螺栓上部的固定件，保证位置和标高正确，要求有一定的刚度和强度，用角钢、槽钢、粗钢筋等组合而成。根据固定螺栓数量和位置，可按弯矩、剪力以及挠度值计算公式计算。

强度计算应该满足

$$\sigma = \frac{M_{max}}{W_n} \leqslant f \tag{7.1}$$

挠度应该满足

$$\omega_A \leqslant [\omega] = 10mm \tag{7.2}$$

式中 M_{max}——作用于固定框的最大弯矩，N·mm；

      W_n——固定框的截面抵抗弯矩，N·mm；

      ω_A——固定框的计算挠度值，mm；

      f——钢材的抗压、抗拉、抗弯的强度设计值，N/mm²；

      $[\omega]$——固定框的允许挠度值，可取为10mm。

（2）横梁计算。横梁用于连系立柱和支承螺栓固定框，使之成为空间体系。横梁可采用各种规格的角钢或者槽钢制成，承受固定角钢传来的集中荷载，计算时取荷载最大、跨度最长加以核算。作用在横梁上的荷载为 P，计算简图如图7.1所示，横梁在两个主平面内受弯，强度验算公式如下

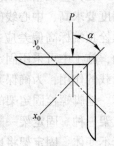

$$\sigma = \frac{M\cos\alpha}{W_{Pnx_0}} + \frac{M\sin\alpha}{W_{Pny_0}} \leqslant f \tag{7.3}$$

式中 W_{Pnx_0}，W_{Pny_0}——分别为角钢对 x_0 和 y_0 轴的净截面抵抗矩；图7.1 横梁计算简图
    其他符号意义同前。

（3）立柱计算。立柱是固定架的支柱，一般多采用槽钢、角钢、废旧轻轨或钢管、粗钢筋等制成，建议间距为1.5~2.5m，最大不超过3m。由于横梁与立柱为单面焊接，故柱子按偏心受压构件计算，横梁与立柱的关系如图7.2所示。强度按式（7.4）计算

$$\sigma = \frac{N}{A_n} \pm \frac{M_x}{\gamma_x M_{nx}} \pm \frac{M_y}{\gamma_y W_{ny}} \leqslant f \tag{7.4}$$

式中 N——横梁作用于立柱之上的轴力，N；

  M_x，M_y——分别为作用于立柱 x、y 轴的弯矩，N·mm，$M=Ne$；

W_{nx}，W_{ny}——分别为 x、y 轴方向的净截面抵抗矩，mm³；

    A_n——立柱的截面积，mm²；

  γ_x，γ_y——分别为 x、y 轴方向的截面塑性影响系数。

图7.2 立柱计算简图

立柱的长细比应满足式（7.5）

$$\lambda = \frac{l_0}{i} \leqslant 150 \tag{7.5}$$

（4）斜撑和拉条计算。斜撑用于立柱之间的连系，使其成一稳定的几何不变体；拉结条用于拉固地脚螺栓，以防发生歪斜。斜撑多采用∟70×4、∟50×5、∟63×6、∟70×6角钢，斜撑、拉条按长细比 $\lambda \leqslant 150$ 的要求进行设置，不再另行计算。

（5）固定架的侧向位移计算。考虑到固定架应单独自成体系不与脚手架合用或连接，故可不进行侧向位移计算，但实际施工中所有刚架应通过水平系杆及相互间的垂直剪刀撑或拉条连成一片，即形成一个大的整体刚架体系，以增加固定架的整体稳定性。

当固定架与脚手架合用，固定架顶部有水平作用力时，将产生水平位移，如图7.3（a）所示，应进行计算并控制在允许的范围内。

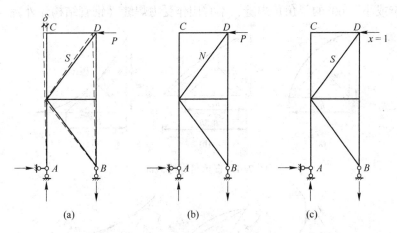

图7.3　固定架位移计算简图

固定架的位移可用虚功法进行计算。假定 A 端为固定，B 点为移动端，先在固定架上端施加实荷载 P，如图7.3（b）所示，求出各杆件产生的内力 N，然后再将荷载移去，在 D 点作用单位虚力 $x=1$，求出各杆件的虚应力 S，如图7.3（c）所示，由表7.1计算出各杆件的 $\dfrac{NSL}{AE}$ 值，则固定架的总水平位移 δ 由式（7.6）求得

$$\delta = \sum \frac{NSL}{AE} \leqslant [\delta] = 2\text{mm} \tag{7.6}$$

如果求得的 δ 值大于容许值，应对固定架的侧向进行加固。如果模板支在固定架上，那么水平位移将很大，应避免这种位移产生。

表7.1　固定架侧向位移计算用表

杆件编号	杆件截面积 A /mm^2	杆件长度 L/mm	实荷载内力 N/N	$\dfrac{NL}{AE}$ /mm	虚荷载内力 S/N	$\dfrac{NSL}{AE}$ /mm

（6）焊缝计算。可根据作用于连接接头处的轴向力及剪力，按一般钢结构焊缝计算方法确定焊缝的厚度及长度。

钢结构的连接方法可分为焊接连接、螺栓连接和铆钉连接三种。焊接连接是现代钢结构最主要的连接方法。它的优点是：焊件间可直接相连，构造简单，制作加工方便；不削弱截面，用料经济；连接的密闭性好，结构刚度大；可实现自动化操作，提高焊接结构的质量。缺点是：在焊缝附近的热影响区内，钢材的材质变脆；焊接残余应力和变形使受压构件承载力降低；焊接结构对裂纹很敏感，低温时冷脆的问题较为突出。

1）焊缝的形式。

① 角焊缝。角焊缝按其截面形式可分为直角角焊缝（图 7.4）和斜角角焊缝（图 7.5）。两焊脚边的夹角为 90° 的焊缝称为直角角焊缝，直角边边长 h_f 称为角焊缝的焊脚尺寸，$h_e = 0.7 h_f$ 为直角角焊缝的计算厚度。斜角角焊缝常用于钢漏斗和钢管结构中。对于夹角大于 135° 或小于 60° 的斜角角焊缝，不宜用作受力焊缝（钢管结构除外）。

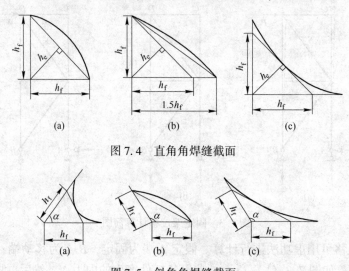

图 7.4 直角角焊缝截面

图 7.5 斜角角焊缝截面

② 对接焊缝。对接焊缝的焊件常需加工成坡口，故又叫坡口焊缝。焊缝金属填充在坡口内，所以对接焊缝是被连接件的组成部分。

坡口形式（图 7.6）与焊件厚度有关。当焊件厚度很小（手工焊 $t \leq 6\mathrm{mm}$，埋弧焊 $t \leq 10\mathrm{mm}$）时，可用直边缝。对于一般厚度（$t = 10 \sim 20\mathrm{mm}$）的焊件可采用具有斜坡口的单边 V 形或 V 形焊缝。斜坡口和离缝 c 共同组成一个焊条能够运转的施焊空间，使焊缝易于焊透；钝边 p 有托住熔化金属的作用。对于较厚的焊件（$t > 20\mathrm{mm}$），则采用 U 形、K 形和 X 形坡口。对于 V 形缝和 U 形缝需对焊缝根部进行补焊。对接焊缝坡口形式的选用，应根据板厚和施工条件按现行标准《建筑结构焊接规程》的要求进行。

凡 T 形、十字形或角接接头的对接焊缝称为对接与角接组合焊缝。

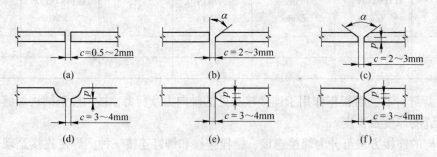

图 7.6 对接焊缝的坡口形式

2）焊缝质量检验。《钢结构工程施工质量验收规范》规定焊缝按其检验方法和质量要求分为一级、二级和三级。三级焊缝只要求对全部焊缝作外观检查且符合三级质量标准；一级、二级焊缝则除外观检查外，还要求一定数量的超声波检验并符合相应级别的质量标准。焊缝质量的外观检验检查外观缺陷和几何尺寸，内部无损检验检查内部缺陷。

3）直角角焊缝的构造与计算。角焊缝按其与作用力的关系可分为正面角焊缝、侧面角焊缝和斜焊缝。正面角焊缝的焊缝长度方向与作用力垂直，侧面角焊缝的焊缝长度方向与作用力平行，斜焊缝的焊缝长度方向与作用力倾斜，由正面角焊缝、侧面角焊缝和斜焊缝组成的混合，通常称作围焊缝。

侧面角焊缝主要承受剪力，塑性较好、强度较低。应力沿焊缝长度方向的分布不均匀，呈两端大中间小的状态。焊缝越长，应力分布不均匀性越显著。

正面角焊缝受力复杂，其破坏强度高于侧面角焊缝，但塑性变形能力差。斜焊缝的受力性能和强度值介于正面角焊缝和侧面角焊缝之间。

① 角焊缝的构造要求。

a. 最小焊脚尺寸。

$$h_f \geqslant 1.5\sqrt{t_2} \tag{7.7}$$

式中　t_2——较厚焊件厚度，mm，计算时，焊脚尺寸取整数。

自动焊熔深较大，可减小 1mm；T 形连接的单面角焊缝应增加 1mm；当焊件厚度小于或等于 4mm 时，则取与焊件厚度相同。

b. 最大焊脚尺寸。

$$h_f \leqslant 1.2t_1（钢管结构除外） \tag{7.8}$$

式中　t_1——较薄焊件的厚度，mm。

对板件边缘的角焊缝，当板件厚度 $t > 6$mm 时，取 $h_f \leqslant t-(1 \sim 2)$mm；当 $t \leqslant 6$mm 时，取 $h_f \leqslant t$。

焊缝的最大焊脚尺寸如图 7.7 所示。

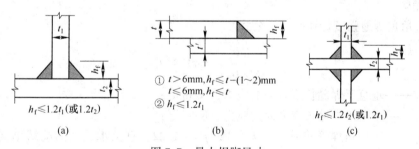

图 7.7　最大焊脚尺寸

c. 角焊缝的最小计算长度。侧面角焊缝或正面角焊缝的计算长度不得小于 $8h_f$ 和 40mm。

d. 侧面角焊缝的最大计算长度。侧面角焊缝在弹性阶段沿长度方向受力不均匀，两端大中间小，可能首先在焊缝的两端破坏，故规定侧面角焊缝的计算长度 $l_w \leqslant 60h_f$。若内力沿侧面角焊缝全长分布，可不受上述限制。

e. 搭接连接的构造要求。当板件端部仅有两条侧面角焊缝连接时，应使每条侧焊缝的长度不宜小于两侧焊缝之间的距离。两侧面角焊缝之间的距离也不宜大于 $16t$（$t > 12$mm）或 190mm（$t \leqslant 12$mm），t 为较薄焊件的厚度。

搭接连接中，当仅采用正面角焊缝时，其搭接长度不得小于焊件较小厚度的 5 倍，也不得小于 25mm。

焊缝长度及两侧焊缝间距如图 7.8 所示，板件的连接如图 7.9 所示。

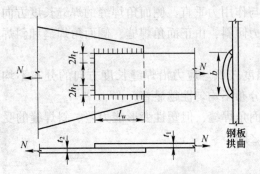

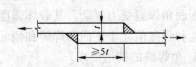

图 7.8　焊缝长度及两侧焊缝间距　　　　　　　图 7.9　搭接连接

f. 间断角焊缝的构造要求。间断角焊缝只能用于一些次要构件的连接或受力很小的连接中。间断角焊缝的间断距离 l 不宜过长，以免连接不紧密。一般在受压构件中应满足 $l \leqslant 15t$；在受拉构件中 $l \leqslant 30t$，t 为较薄焊件的厚度。连续角焊缝和间断角焊缝如图 7.10 所示。

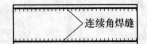

图 7.10　连续角焊缝和间断角焊缝

h. 减小角焊缝应力集中的措施。杆件端部搭接采用三面围焊时，所有围焊的转角处必须连续施焊。对于非围焊情况，当角焊缝的端部在构件转角处时，可连续地作长度为 $2h_f$ 的绕角焊。

② 直角角焊缝强度计算的基本公式。

$$\sqrt{\left(\frac{\sigma_f}{\beta_f}\right)^2 + \tau_f^2} \leqslant f_f^w \tag{7.9}$$

式中　σ_f——垂直于焊缝长度方向的应力，N/mm^2；

　　　τ_f——平行于焊缝长度方向的应力，N/mm^2；

　　　β_f——正面角焊缝的强度增大系数，$\beta_f = 1.22$；直接承受动力荷载结构中的角焊缝，$\beta_f = 1.0$；

　　　f_f^w——角焊缝的强度设计值，N/mm^2。

式 (7.9) 为角焊缝的基本计算公式。只要将焊缝应力分解为垂直于焊缝长度方向的应力 σ_f 和平行于焊缝长度方向的应力 τ_f，上述基本公式可适用于任何受力状态。

对正面角焊缝，$\tau_f = 0$，得

$$\sigma_f = \frac{N}{h_e l_w} \leqslant \beta_f f_f^w \tag{7.10}$$

对侧面角焊缝，$\sigma_f = 0$，得

$$\tau_f = \frac{N}{h_e l_w} \leqslant f_f^w \tag{7.11}$$

式中　h_e——直角角焊缝的有效厚度，$h_e = 0.7h_f$，mm；

　　　l_w——焊缝的计算长度，考虑起灭弧缺陷，按各条焊缝的实际长度每端减去 h_f 计算，mm。

③ 角焊缝连接的计算。

a. 承受轴心力作用的角焊缝连接计算。

a）采用盖板连接（图7.11）。当轴心力通过连接焊缝中心时，可认为焊缝应力是均匀分布的。

当只有侧面角焊缝时

$$\tau_f = \frac{N}{h_e l_w} \leqslant f_f^w$$

当只有正面角焊缝时

$$\sigma_f = \frac{N}{h_e l_w} \leqslant \beta_f f_f^w$$

当采用三面围焊时，先计算正面角焊缝所承担的内力

$$N_1 = \beta_f f_f^w \sum h_e l_w$$

再计算侧面角焊缝的强度

$$\tau_f = \frac{N - N_1}{\sum h_e l_w} \leqslant f_f^w$$

式中　$\sum l_w$——连接一侧正面角焊缝计算长度的总和，mm。

b）承受斜向轴心力（图7.12）。

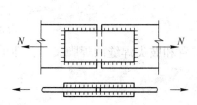

图7.11　承受轴心力的盖板连接

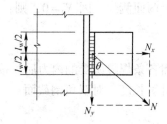

图7.12　承受斜向轴心力

将 N 力分解为垂直于焊缝和平行于焊缝的分力

$$N_x = N\sin\theta \;；\; N_y = N\cos\theta$$

$$\begin{cases} \sigma_f = \dfrac{N\sin\theta}{\sum h_e l_w} \\[2mm] \tau_f = \dfrac{N\cos\theta}{\sum h_e l_w} \end{cases}$$

代入式（7.9）验算角焊缝的强度

$$\sqrt{\left(\frac{\sigma_f}{\beta_f}\right)^2 + \tau_f^2} \leqslant f_f^w$$

c）承受轴心力的角钢角焊缝计算。钢桁架中角钢腹杆与节点板的连接焊缝一般采用两面侧焊或三面围焊，特殊情况也可采用 L 形围焊（图7.13）。腹杆受轴心力作用，为了避免焊缝偏心受力，焊缝所传递的合力的作用线应与角钢杆件的轴线重合。

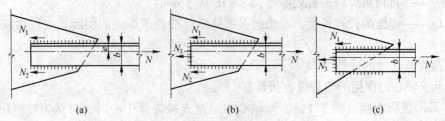

图 7.13　角钢与节点板的连接

（a）两面侧焊；（b）三面围焊；（c）L 形围焊

对于三面围焊，可先假定正面角焊缝的焊脚尺寸 h_{f3}，求出正面角焊缝所分担的轴心力 N_3。当腹杆为双角钢组成的 T 形截面，且肢宽为 b 时，

$$N_3 = 2 \times 0.7 h_{f3} b \beta_f f_f^w \tag{7.12}$$

由平衡条件（$\Sigma M = 0$）可得：

$$N_1 = \frac{N(b-e)}{b} - \frac{N_3}{2} = k_1 N - \frac{N_3}{2} \tag{7.13}$$

$$N_2 = \frac{Ne}{b} - \frac{N_3}{2} = k_2 N - \frac{N_3}{2} \tag{7.14}$$

式中　N_1，N_2——角钢肢背和肢尖的侧面角焊缝所承受的轴力，kN；

e——角钢的形心距，mm；

k_1，k_2——角钢肢背和肢尖焊缝的内力分配系数，可查表得到。

对于两面侧焊，因 $N_3 = 0$，则：

$$N_1 = k_1 N \tag{7.15}$$

$$N_2 = k_2 N \tag{7.16}$$

求得各条焊缝所受的内力后，按构造要求假定肢背和肢尖焊缝的焊脚尺寸，即可求出焊缝的计算长度。对双角钢截面

$$l_{w1} = \frac{N_1}{2 \times 0.7 h_{f1} f_f^w} \tag{7.17}$$

$$l_{w2} = \frac{N_2}{2 \times 0.7 h_{f2} f_f^w} \tag{7.18}$$

式中　h_{f1}，l_{w1}——一个角钢肢背上的侧面角焊缝的焊脚尺寸及计算长度，mm；

h_{f2}，l_{w2}——一个角钢肢尖上的侧面角焊缝的焊脚尺寸及计算长度，mm。

实际焊缝长度为计算长度加 $2h_f$。对于三面围焊，焊缝实际长度为计算长度加 h_f；对于采用绕角焊的侧面角焊缝实际长度等于计算长度（绕角焊缝长度 $2h_f$ 不进入计算）。

当杆件受力很小时，可采用 L 形围焊。由于只有正面角焊缝和角钢肢背上的侧面角焊缝，令 $N_2 = 0$，得：

$$N_3 = 2k_2 N \tag{7.19}$$

$$N_1 = N - N_3 \tag{7.20}$$

角钢端部的正面角焊缝的长度已知，可按式（7.21）计算其焊脚尺寸：

$$h_{f3} = \frac{N_3}{2 \times 0.7 l_{w3} \beta_f f_f^w} \tag{7.21}$$

式中，$l_{w3} = b - h_f$。

b. 承受弯矩、轴心力或剪力共同作用的角焊缝连接计算。图 7.14 所示的双面角焊缝连接承受偏心斜拉力 N 作用，计算时，可将作用力 N 分解为 N_x 和 N_y 两个分力。角焊缝同时承受轴心力 N_x 和剪力 N_y 和弯矩 $M = N_x \cdot e$ 的共同作用。焊缝计算截面上的应力分布如图 7.14 所示，图中 A 点应力最大，为控制设计点。此处垂直于焊缝长度方向的应力由两部分组成，即由轴心拉力 N_x 产生的应力

$$\sigma_N = \frac{N_x}{A_e} = \frac{N_x}{h_e l_w}$$

由弯矩 M 产生的应力

$$\sigma_M = \frac{M}{W_e} = \frac{6M}{h_e l_w^2}$$

这两部分应力由于在 A 点处的方向相同，可直接叠加，故 A 点垂直于焊缝方向的应力为

$$\sigma_f = \frac{N_x}{2h_e l_w} + \frac{6M}{2h_e l_w^2}$$

剪力 N_y 在 A 点处产生平行于焊缝长度方向的应力

$$\tau_f = \frac{N_y}{A_e} = \frac{N_y}{2h_e l_w}$$

则焊缝的强度计算式为

$$\sqrt{\left(\frac{\sigma_f}{\beta_f}\right)^2 + \tau_f^2} \leqslant f_f^w$$

当连接直接承受动力荷载作用时，取 $\beta_f = 1.0$。

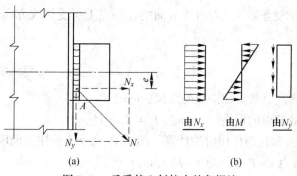

由N_x　　由M　　由N_y

(a)　　　　　　　　　　(b)

图 7.14　承受偏心斜拉力的角焊缝

工字形和 H 形截面梁（或牛腿）与钢柱翼缘的角焊缝连接，通常承受弯矩 M 和剪力 V 的共同作用（图 7.15）。计算时通常假设腹板焊缝承受全部剪力，弯矩则由全部焊缝承受。

翼缘焊缝的最大弯曲应力发生在翼缘焊缝的最外纤维处，此应力满足角焊缝的强度条件

$$\sigma_{f1} = \frac{M}{I_w} \cdot \frac{h}{2} \leqslant \beta_f f_f^w$$

式中　M——全部焊缝所承受的弯矩，N·mm；

　　　　I_w——全部焊缝有效截面对中和轴的惯性矩，mm^4。

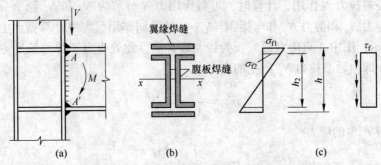

图 7.15　工字形梁（或牛腿）的角焊缝连接

　　腹板焊缝承受两种应力的共同作用，即弯曲应力和剪应力，设计控制点为翼缘焊缝与腹板焊缝的交点处 A，此处的弯曲应力和剪应力分别按下式计算

$$\sigma_{f2} = \frac{M}{I_w} \cdot \frac{h_2}{2}$$

$$\tau_f = \frac{V}{\sum (h_{e2} l_{w2})}$$

式中　$\sum (h_{e2} l_{w2})$——腹板焊缝有效截面之和，mm^2。

　　则腹板焊缝在 A 点的强度验算式为

$$\sqrt{\left(\frac{\sigma_{f2}}{\beta_f}\right)^2 + \tau_f^2} \leqslant f_f^w$$

　　c. 承受扭矩或扭矩与剪力共同作用的角焊缝连接计算。

　　a) 环形角焊缝承受扭矩 T。在有效截面的任一点上所受切线方向的剪应力 τ_f，应按式（7.22）计算

$$\tau_f = \frac{T \times r}{I_p} < f_f^w \tag{7.22}$$

式中　r——圆心至焊缝有效截面中线的距离，mm；

　　　　I_p——焊缝有效截面的惯性矩，mm^4，$I_p = 2\pi h_e r^3$。

　　b) 围焊承受剪力和扭矩作用时的计算。图 7.16 所示为采用三面围焊搭接连接。该连接角焊缝承受竖向剪力 $V = F$ 和扭矩 $T = F(e_1 + e_2)$ 作用。

　　计算角焊缝在扭矩 T 作用下产生的应力时，基于下列假定：

　　被连接件是绝对刚性的，它有绕焊缝形心 O 旋转的趋势，而角焊缝是弹性的；

　　角焊缝上任一点的应力方向垂直于该点与形心的连线，且应力大小与连线长度 r 成正比。

　　图 7.16 中 A 点与 A' 点距形心 O 点最远，故 A 点和 A' 点由扭矩 T 引起的剪应力 τ_T 最大，焊缝群其他各处由扭矩 T 引起的剪应力 τ_T 均小于 A 点和 A' 点的剪应力，故 A 点和 A' 点为设计控制点。

　　在扭矩 T 作用下，A 点（或 A' 点）的应力为

$$\tau_T = \frac{T \times r}{I_{\mathrm{p}}} = \frac{T \times r}{I_x + I_y} \tag{7.23}$$

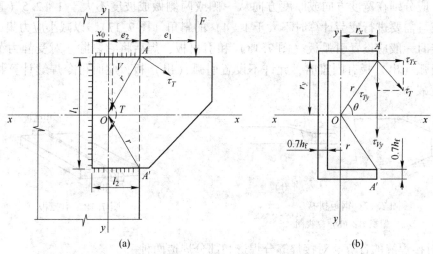

图 7.16　受剪力和扭矩作用的角焊缝

将 τ_T 沿 x 轴和 y 轴分解为

$$\tau_{Tx} = \tau_T \cdot \sin\theta = \frac{T \times r}{I_{\mathrm{p}}} \cdot \frac{r_y}{r} \tag{7.24}$$

$$\tau_{Ty} = \tau_T \cdot \cos\theta = \frac{T \times r}{I_{\mathrm{p}}} \cdot \frac{r_x}{r} \tag{7.25}$$

由剪力 V 在焊缝群引起的剪应力 τ_V 按均匀分布，则在 A 点（或 A' 点）引起的应力 τ_{Vy} 为

$$\tau_{Vy} = \frac{V}{\sum h_{\mathrm{e}} l_{\mathrm{w}}}$$

则 A 点受到垂直于焊缝长度方向的应力为

$$\sigma_{\mathrm{f}} = \tau_{Ty} + \tau_{Vy}$$

沿焊缝长度方向的应力为 τ_{Tx}，则 A 点的应力满足的强度条件为

$$\sqrt{\left(\frac{\tau_{Ty} + \tau_{Vy}}{\beta_{\mathrm{f}}}\right)^2 + \tau_{Tx}^2} \leqslant f_{\mathrm{f}}^{\mathrm{w}}$$

当连接直接承受动态荷载时，取 $\beta_{\mathrm{f}} = 1.0$。

4）斜角角焊缝的计算。两焊脚边夹角 α 为 $60° \leqslant \alpha \leqslant 135°$ 的 T 形接头的斜角角焊缝采用与直角角焊缝相同的计算公式进行计算。但不考虑焊缝的方向，一律取 β_{f}（或 $\beta_{\mathrm{f}\theta}$）$= 1.0$。

5）对接焊缝的构造和计算。

①对接焊缝的强度。焊接缺陷对受压、受剪的对接焊缝影响不大，故可认为受压、受剪的对接焊缝与母材强度相等，但受拉的对接焊缝对缺陷甚为敏感，由于三级检验的焊缝允许存在的缺陷较多，故其抗拉强度为母材强度的 85%，而一、二级检验的焊缝的抗拉强度可认为与母材强度相等。

② 对接焊缝的构造和计算。

a. 对接焊缝的构造。对接焊缝的拼接处，当焊件的宽度不同或厚度在一侧相差 4mm 以上时，应分别在宽度方向或厚度方向从一侧或两侧做成坡度不大于 1：2.5（直接承受动力荷载且需要进行疲劳计算时不大于 1：4）的斜角（图 7.17），以减小应力集中。

焊接时一般应设置引弧板（图 7.18）和引出板，焊后将它割除。对受静力荷载的结构设置引弧（出）板有困难时，允许不设置引弧（出）板，此时可令焊缝计算长度等于实际长度减 2t。

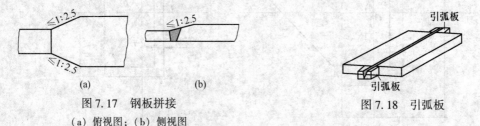

图 7.17　钢板拼接
（a）俯视图；（b）侧视图

图 7.18　引弧板

b. 对接焊缝的计算。对接焊缝分焊透和部分焊透两种。

a）焊透的对接焊缝的计算。对接焊缝是焊件截面的组成部分，计算方法与构件的强度计算一样。

轴心力作用的对接焊缝满足强度条件

$$\sigma = \frac{N}{l_w t} \leqslant f_t^w \text{ 或 } f_c^w \tag{7.26}$$

式中　N——轴心拉力或压力设计值，kN；

　　　l_w——焊缝的计算长度，mm，当未采用引弧板时，取实际长度减去 2t；

　　　t——对接接头中为连接件的较小厚度，T 形接头中为腹板厚度，mm；

f_t^w，f_c^w——对接焊缝的抗拉、抗压强度设计值，N/mm²。

弯矩和剪力共同作用的对接焊缝（图 7.19）强度条件：

对接接头受到弯矩和剪力的共同作用，正应力与剪应力的最大值应分别满足下列强度条件

$$\sigma = \frac{M}{W_w} = \frac{6M}{l_w^2 t} \leqslant f_t^w \tag{7.27}$$

$$\tau = \frac{VS_w}{I_w t} = \frac{3}{2} \cdot \frac{V}{l_w t} \leqslant f_v^w \tag{7.28}$$

式中　W_w——焊缝的截面模量，mm³；

　　　S_w——焊缝的截面面积矩，mm³；

　　　I_w——焊缝的截面惯性矩，mm⁴。

工字形或 H 形截面梁的接头，采用对接焊缝，除应分别验算最大正应力和剪应力外，对于同时受有较大正应力和较大剪应力处，例如腹板与翼缘的交接点，还应按式（7.29）验算折算应力：

$$\sqrt{\sigma_1^2 + 3\tau_1^2} \leqslant 1.1 f_t^w \tag{7.29}$$

式中　σ_1，τ_1——验算点处焊缝的正应力和剪应力，N/mm²；

1.1——考虑到最大折算应力只在局部出现，而将强度设计值适当提高的系数。

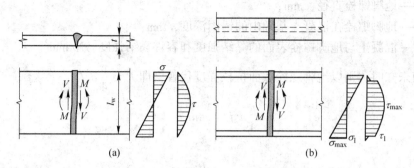

图 7.19　对接焊缝受弯矩和剪力共同作用

轴心力、弯矩和剪力共同作用的对接焊缝强度条件：

当轴心力与弯矩、剪力共同作用时，焊缝的最大正应力应为轴心力和弯矩引起的应力之和，剪应力、折算应力仍分别按式（7.28）和式（7.29）验算。

b）部分焊透的对接焊缝。部分焊透的对接焊缝必须在设计图上注明坡口的形式和尺寸。其强度计算方法与前述直角角焊缝相同，在垂直于焊缝长度方向的压力作用下，取 $\beta_{\mathrm{f}} = 1.22$，其他受力情况取 $\beta_{\mathrm{f}} = 1.0$。

7.1.3　地脚螺栓锚固强度和深度的计算

地脚螺栓的承载能力，是由两方面同时判定的：一方面，地脚螺栓本身所具有的承载能力（一般情况下不考虑变形）；另一方面，地脚螺栓在混凝土基础中的锚固强度。当螺栓或其锚固这两者中任一个先遭受破坏，即失去承载能力。因此，地脚螺栓的承载能力与其锚固能力应互相适应。地脚螺栓本身的承载能力，通常在机械制造厂设计机器设备时，根据机器可能作用于地脚螺栓上的最不利荷载，通过选择螺栓钢材的材质和螺栓的直径来确定。地脚螺栓在混凝土中的锚固能力，则往往需要在设计基础时，根据机械制造厂提供的相关资料进行验算，或做地脚螺栓锚固深度的计算。

地脚螺栓锚固强度的计算方法随锚固破坏形式的不同而不一样，大致可以分为按黏结力计算以及按锚板作用计算两种类型。

7.1.3.1　按黏结力计算锚固强度

对于弯钩地脚螺栓（包括直钩、弯折和鱼尾形螺栓），假定其锚固破坏是因螺栓表面与混凝土的黏结力失效，螺栓从混凝土基础中拔出。因此，其锚固强度的计算，只考虑埋入混凝土基础内的螺杆表面与混凝土的黏结力，而不考虑螺栓端部的弯钩在混凝土基础内的锚固作用。影响混凝土黏结力大小的因素很多，主要有地脚螺栓表面的粗糙程度、混凝土的材料及配合比、混凝土的收缩以及螺栓周围包裹的混凝土厚度等，所以变化范围较大。锚固强度按式（7.30）计算：

$$F = \pi d h \tau_{\mathrm{b}} \tag{7.30}$$

计算锚固深度时，应考虑一定的安全度：

$$h \geqslant \frac{F}{\pi d [\tau_{\mathrm{b}}]} \tag{7.31}$$

式中　F——锚固力，即作用于地脚螺栓上的轴向拔出力，kN；

　　　　d——地脚螺栓直径，mm；

　　　　h——地脚螺栓在混凝土基础内的锚固深度，mm；

τ_{b}，$[\tau_{\mathrm{b}}]$——混凝土与地脚螺栓表面的黏结强度和容许黏结强度，N/mm²。

　　当 F 值未知时，则以地脚螺栓截面抗拉强度代替，即 $F = \dfrac{\pi}{4}d^2 f_{\mathrm{y}}$

　　则

$$\frac{\pi}{4}d^2 f_{\mathrm{y}} = \pi d h \tau_{\mathrm{b}}$$

　　可得

$$h \geqslant \frac{d f_{\mathrm{y}}}{4[\tau_{\mathrm{b}}]} \tag{7.32}$$

式中　f_{y}——螺栓抗拉强度设计值，N/mm²。

　　一般光圆螺栓在混凝土中的锚固深度为 $(20 \sim 30)d$；有弯钩时为 $(15 \sim 20)d$。当地脚螺栓只承受静力荷载时，锚固深度采用较小值；承受较大动力荷载和重复荷载时，取用较大值。

7.1.3.2　按锚板锚固计算锚固强度

　　死螺栓中的锚板螺栓以及活螺栓中的拧入螺栓、对拧螺栓和丁头螺栓的螺杆端部都带有锚板。计算时一般不会考虑地脚螺栓与混凝土之间的黏结力，而按锚板的锚固强度进行计算。锚固能力全由锚板通过基础混凝土承担。计算方法有以下三种，最终设计值取三者最小的。

　　(1) 按冲切强度计算。假定螺栓承受的轴向拔出力 F 可由式 (7.33) 计算

$$F \leqslant u h [\tau] \tag{7.33}$$

式中　u——锚固周长，mm；

　　　　h——锚固深度，mm；

　　　$[\tau]$——混凝土的容许剪切强度，N/mm²。

　　(2) 按局部抗压强度计算。锚板通常是正方形，假定它的尺寸是由基础混凝土局部抗压强度所决定的，计算公式如下：

$$F \leqslant \left(b^2 - \frac{1}{4}\pi d^2\right) f_{\mathrm{cc}} \tag{7.34}$$

　　若以 $F = \dfrac{\pi}{4}d^2 f_{\mathrm{y}}$ 代入，整理得：

$$b \geqslant \frac{d}{2} \sqrt{\pi\left(1 + \frac{f_{\mathrm{y}}}{f_{\mathrm{cc}}}\right)} \tag{7.35}$$

式中　b——锚板边长，mm；

　　　　d——螺栓直径，mm；

　　　f_{y}——螺栓抗压强度设计值，N/mm²；

　　　f_{cc}——混凝土的局部抗压强度设计值，N/mm²，$f_{\mathrm{cc}} = 0.95 f_{\mathrm{c}}$。

b 值一般按经验确定，不做计算。死螺栓的锚板边长 b 不应小于 $5d$。

7.1.3.3　按锥体破坏计算

　　假定地脚螺栓到基础边缘有足够的距离，锚板螺栓在轴向力 F 的作用下，地脚螺栓及

其周围混凝土以圆台锥形从基础中拔出破坏（图7.20）。沿破裂面作用有切向应力 τ_s 和法向应力 σ_s。由力系平衡条件可得式（7.36）、式（7.37）：

$$F = A(\tau_s \sin\alpha + \sigma_s \cos\alpha) \qquad (7.36)$$

$$A = \frac{h}{\sin\alpha}(R + r) \qquad (7.37)$$

令 $r = \dfrac{b}{\sqrt{\pi}}$, $R = h\cot\alpha + r$

且令 $\sigma_F = \tau_s \sin\alpha + \sigma_s \cos\alpha$，代入式（7.36）得：

$$F = \frac{\sqrt{\pi}h}{\sin\alpha}(\sqrt{\pi}h\cot\alpha + 2b)\sigma_F \qquad (7.38)$$

由试验得出，当 b/h 在 $0.19 \sim 1.9$ 时，$\alpha = 21°$，$\sigma_F = 0.0203 f_c$，代入式（7.38）得：

$$F = \frac{2 \times 0.0203}{\sin21°}\sqrt{\pi}f_c\left(\frac{\sqrt{\pi}}{2}h^2\cot21° + bh\right) = 0.2f_c(2.3h^2 + bh) \qquad (7.39)$$

式中　A——破坏锥体侧面积，mm^2；

　τ_s, σ_s——破坏锥体侧面的切向和法向平均应力，N/mm^2；

　　α——破坏锥体母线与水平面的夹角，(°)；

　　h——破坏锥体高度（通常与锚固深度相同），mm；

　R, r——破坏锥体大、小底面的半径，mm；

　　b——锚板边长，mm；

　　f_c——混凝土抗压强度设计值，N/mm^2。

按式（7.39）计算时，尚应考虑材料的均质性、耐久性等各种安全使用因素，已知 F、f_c 和 b 值，即可求得螺栓需要锚固深度。

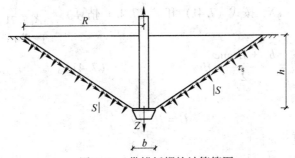

图 7.20　带锚板螺栓计算简图

【例7.1】　厂房设备基础带锚板地脚螺栓直径 $d = 60mm$，锚板边长 $350mm$，埋深 $900mm$，设备基础采用 C20 混凝土，$f_c = 10N/mm^2$，$f_{cc} = 9.5N/mm^2$，$[\tau_b] = 0.66N/mm^2$，试计算带锚板地脚螺栓的锚固力。

解：带锚板地脚螺栓的锚固力 F 按冲切强度，由式（7.33）得

$$F = uh[\tau] = 4 \times 350 \times 900 \times 0.66$$
$$= 831.6 \times 10^3 N = 831.6kN$$

按局部抗压强度，由式（7.34）得

$$F \leqslant \left(b^2 - \frac{1}{4}\pi d^2\right)f_{cc} = \left(300^2 - \frac{1}{4} \times 3.14 \times 60^2\right) \times 9.5$$

$$= 1161 \times 10^3 \, \text{N} = 1161 \, \text{kN}$$

按锥体破坏，取 $K = 2$，由式（7.39）得

$$F = 0.2 f_c (2.3 h^2 + bh) \frac{1}{K}$$

$$= 0.2 \times 10 \times (2.3 \times 900^2 + 350 \times 900) \times \frac{1}{2}$$

$$= 2178 \times 10^3 \, \text{N} = 2178 \, \text{kN}$$

取三者的最小值 $F = 831.6 \, \text{kN}$，用 $800 \, \text{kN}$。

7.2   水平（卧式）锚碇计算

锚碇主要是用来固定缆风绳、悬索等的预埋装置。在已知锚碇所承受的荷载情况下，水平锚碇的计算内容包括以下几个方面：在垂直分力作用下锚碇的稳定性计算、侧向土壤强度计算以及锚碇横梁的计算。

7.2.1   在垂直分力作用下锚碇的稳定性计算

锚碇的稳定性（图 7.21），按式（7.40）计算：

$$KT\sin\alpha \leqslant G + \mu T\cos\alpha \qquad (7.40)$$

式中 K——安全系数，一般取 2；

T——钢丝绳所受张力，kN；

α——钢丝绳与地面的夹角；

μ——摩擦系数，无板栅锚碇取 0.5，有板栅锚碇取 0.4；

G——土的重力，kN，按式（7.41）和式（7.42）估算。

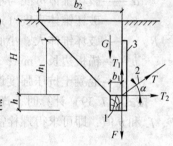

图 7.21   锚碇稳定性计算
1—横木；2—钢丝绳；3—板栅

对无板栅锚碇

$$G = \frac{b_1 + H\tan\varphi}{2} Hl\gamma \qquad (7.41)$$

对有板栅锚碇

$$G = Hb_1 l\gamma \qquad (7.42)$$

式中 l——横梁长度，m；

γ——土的重度，N/m³；

b_1——横梁宽度，m；

b_2——有产生压力区宽度，与土的内摩擦角有关，m；

φ——土的内摩擦角，松土取 15°~20°，一般土取 20°~30°，坚硬土取 30°~40°；

H——锚碇埋置深度，m。

7.2.2   在水平分力作用下侧向土壤强度计算

对于无板栅锚碇

$$[\sigma]K \geqslant \frac{T\cos\alpha}{hl} \qquad (7.43)$$

对于有板栅锚碇

$$[\sigma]K \geqslant \frac{T\cos\alpha}{(h+h_1)l} \qquad (7.44)$$

式中　$[\sigma]$——深度 H 处的土的容许压应力，N/mm^2；

　　　　K——土挤压不均容许应力降低系数，可取 $0.5 \sim 0.7$。

7.2.3　锚碇横梁计算

当使用一根钢丝绳系在横梁上时，如图 7.22（a）所示，其最大弯矩计算如下：
对圆木横梁

$$M = \frac{Tl}{8} \qquad (7.45)$$

对矩形横梁

$$M_x = \frac{Tl\cos\alpha}{8}, \quad M_y = \frac{Tl\sin\alpha}{8} \qquad (7.46)$$

对圆木横梁应力

$$\sigma = \frac{M}{W_n} \leqslant f_m \qquad (7.47)$$

对矩形横梁应力

$$\sigma = \frac{M_x}{W_{nx}} + \frac{M_y}{W_{ny}} \leqslant f_m \qquad (7.48)$$

式中　M，M_x，M_y——分别为圆木横梁所受的弯矩，矩形横梁水平方向弯矩，矩形横梁垂直方向弯矩，$N \cdot mm$；

　　　　W_n，W_{nx}，W_{ny}——分别为圆木横梁的截面抵抗矩，矩形横梁水平方向的截面抵抗矩，矩形横梁垂直方向的截面抵抗矩，mm^3；

　　　　f_m——横梁受弯强度设计值，N/mm^2。

当使用两根钢丝绳系在横梁上时，如图 7.22（b）所示，其最大弯矩计算如下：
对圆木横梁

$$M = \frac{Ta^2}{2l} \qquad (7.49)$$

对矩形横梁

$$M_x = \frac{Ta^2\cos\alpha}{2l}, \quad M_y = \frac{Ta^2\sin\alpha}{2l} \qquad (7.50)$$

对圆木横梁应力

$$\sigma = \frac{Mf_c}{W_n f_m} + \frac{N_0}{A_n} \leqslant f_c \qquad (7.51)$$

对矩形横梁应力

$$\sigma = \frac{M_x}{W_{nx}} + \frac{M_y}{W_{ny}} + \frac{N_0}{A} \leqslant f_c \qquad (7.52)$$

圆形或矩形横梁的轴向力为

$$N_0 = \frac{T}{2}\tan\beta \tag{7.53}$$

式中　a——横梁端点到绳的距离，mm；

　　　　β——两绳夹角的一半，（°）；

　　　　A——横梁截面面积，mm²；

　　　　f_c——木材顺纹抗压强度设计值，N/mm²。

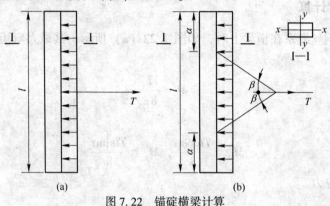

图 7.22　锚碇横梁计算

（a）一根钢丝绳的横梁计算图；（b）两根钢丝绳的横梁计算图

7.3　预埋铁件计算

预埋铁件是指预先埋入的钢铁结构件，一般仅指埋入混凝土结构，也称"预埋件"。在工业与民用建筑中，为支撑模板、桁架等构件，或吊装中悬挂、锚固吊索、缆风绳，或作桅杆等的支座，常常需要在施工的钢筋混凝土结构上预埋临时受力的铁件，作为施工的支撑件或者悬挂、锚固件，利用已完成的建筑物自身结构来承受施工荷载，以减少施工设施。为了保证操作使用安全，需要进行必要的计算。

7.3.1　由锚板和对称布置的直锚筋所组成的预埋件计算

由锚板和对称布置的直锚筋所组成的受力预埋件计算简图如图 7.23 所示。其锚筋的总截面积应符合下列规定：

（1）当有剪力、法向拉力和弯矩共同作用时，应按式（7.54）、式（7.55）计算并取较大值

$$A_s \geqslant \frac{V}{\alpha_r \alpha_v f_y} + \frac{N}{0.8\alpha_b f_y} + \frac{M}{1.3\alpha_r \alpha_b f_y z} \tag{7.54}$$

$$A_s \geqslant \frac{N}{0.8\alpha_b f_y} + \frac{M}{0.4\alpha_r \alpha_b f_y z} \tag{7.55}$$

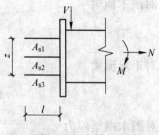

图 7.23　由锚板和直锚筋组成的预埋件

（2）当有剪力、法向压力和弯矩共同作用时，应按式（7.56）、式（7.57）计算，并取其中较大值

$$A_s \geqslant \frac{V - 0.3N}{\alpha_r \alpha_v f_y} + \frac{M - 0.4Nz}{1.3\alpha_r \alpha_b f_y z} \tag{7.56}$$

$$A_s \geq \frac{M - 0.4Nz}{0.4\alpha_r\alpha_b f_y z} \tag{7.57}$$

当 M 小于 $0.4Nz$ 时，取 $0.4Nz$。

上述公式中的系数 α_v、α_b 应按式（7.58）、式（7.59）计算：

$$\alpha_v = (4.0 - 0.08d) \sqrt{\frac{f_c}{f_y}} \tag{7.58}$$

$$\alpha_b = 0.6 + 0.25 \frac{t}{d} \tag{7.59}$$

式中 f_y——锚筋的抗拉强度设计值，但不应大于 300MPa；

V——剪力设计值，kN；

N——法向拉力或法向压力设计值，kN，法向压力设计值不应大于 $0.5f_c A$，此处，A 为锚板的面积（mm^2）；

M——弯矩设计值，kN·m；

α_r——锚筋层数的影响系数，当锚筋按等间距布置时，两层取 1.0；三层取 0.9；四层取 0.85；

α_v——锚筋的受剪承载力系数，当 α_v 大于 0.7 时，取 0.7；

d——锚筋直径，mm；

α_b——当采取防止锚板弯曲变形措施时，可取 α_b 等于 1.0；

t——锚板厚度，mm；

z——沿剪力作用方向最外层锚筋中心线之间的距离，mm。

【例 7.2】 已知承受拉力设计值 $N = 180kN$ 的直锚筋预埋件，构件的混凝土强度等级 C25，锚筋为 HRB335 级钢筋，$f_y = 300MPa$，锚板采用 Q235 钢，厚度 $t = 12mm$。为该预埋件进行直锚筋的选择。

解：预先假设锚筋直径 $d = 14mm$，计算 α_b

$$\alpha_b = 0.6 + 0.25 \frac{t}{d} = 0.6 + 0.25 \times 12/14 = 0.814$$

$$A_s \geq \frac{N}{0.8\alpha_b f_y} = \frac{180000}{0.8 \times 0.814 \times 300} = 921mm^2$$

选用锚筋 $6\phi14$，满足要求。

7.3.2 由锚板和对称布置的弯折锚筋及直锚筋共同承受剪力的预埋件计算

由锚板和对称配置的弯折锚筋及直锚筋共同承受剪力的预埋件计算简图如图 7.24 所示。

其弯折锚筋的总截面积应符合下列规定：

$$A_{sb} \geq 1.4 \frac{V}{f_y} - 1.25\alpha_v A_s \tag{7.60}$$

式中 α_v——锚筋的受剪承载力系数，当 α_v 大于 0.7 时，取 0.7；弯折锚筋与钢板之间的夹角不宜小于 15°，也不宜大于 45°。

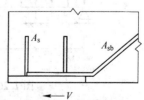

图 7.24 由锚板和弯折锚筋及直锚筋组成的预埋件

7.4 马镫计算

7.4.1 基本概念

钢筋支架（马镫）的形状像凳子，故俗称马镫，也称撑筋，应用于上下两层板钢筋中间，起固定上层板钢筋的作用。钢筋支架采用型钢焊制的支架来支撑上层钢筋的重量和上部操作平台的全部施工荷载，并控制钢筋的标高。钢筋支架材料主要由角钢、工字钢和槽钢以及钢管组成。

型钢支架一般按排布置，其立柱和上层一般采用型钢或者钢管，斜杆可采用钢筋、型钢、钢管，焊接成一片进行布置。对水平杆进行强度和刚度验算，对立柱和斜杆进行强度和稳定验算。作用的荷载包括自重和施工荷载。

钢筋支架所能承受的荷载包括上层钢筋的自重、施工人员及施工设备荷载。

7.4.2 技术条件

依据《钢结构设计规范》（GB 50017—2017）需要进行支架横梁的计算，以及支架立柱的计算。

（1）支架横梁的计算（图 7.25、图 7.26）。最大弯矩考虑为三跨连续梁均布荷载作用下的跨中弯矩，计算公式如下

$$M_{1\max} = 0.08q_1l^2 + 0.10q_2l^2 \tag{7.61}$$

支座最大弯矩计算公式如下

$$M_{2\max} = -0.10q_1l^2 - 0.117q_2l^2 \tag{7.62}$$

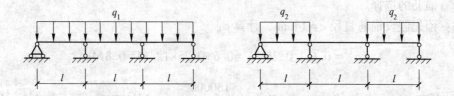

图 7.25 支架横梁计算荷载组合简图（跨中最大弯矩和跨中最大挠度）

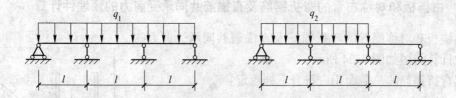

图 7.26 支架横梁计算荷载组合简图（支座最大弯矩）

最大挠度考虑为三跨连续梁均布荷载作用下的挠度，计算公式如下：

$$V_{\max} = 0.667\frac{q_1l^4}{100EI} + 0.990\frac{q_2l^4}{100EI} \tag{7.63}$$

（2）支架立柱的计算。支架立柱作为轴心受压构件进行稳定验算，计算长度按上下层钢筋间距定。

$$\sigma = \frac{N}{\varphi A} + \frac{M}{W} \leqslant [f] \tag{7.64}$$

式中　σ——立柱的压应力，N/mm^2；

　　　N——轴向压力设计值，N；

　　　φ——轴心受压杆稳定系数，根据立杆的长细比 $\lambda = l/i$ 查《钢结构设计规范》（GB 50017—2017）附录 G；

　　　A——立杆的截面面积，mm^2；

　　　$[f]$——立杆的抗压强度设计值，N/mm^2。

采用第二步的荷载组合计算方法，可以得到支架立柱对支架横梁的最大支座反力为

$$N_{max} = 0.617q_1 l + 0.583q_2 l \tag{7.65}$$

复习思考题

7-1　地脚螺栓固定架承担的荷载包括哪些？

7-2　地脚螺栓锚固破坏形式包括哪几种？

7-3　预埋件由哪几部分组成？

7-4　如图 7.27 所示，已知预埋件承受的偏心压力 $N = 400kN$，斜向压力作用点对锚筋截面重心偏心距 $e_0 = 50mm$，斜向压力与预埋件锚板平面间夹角 $\alpha = 60°$，锚板采用 Q235 钢，预埋锚板的厚度 $t = 14mm$，锚筋四层，直锚筋 $f_y = 300N/mm^2$，间距 $b_1 = 100mm$，$b = 120mm$，锚板尺寸 $l_1 \times l_2 = 190mm \times 370mm$，混凝土强度等级 C25。求预埋件直锚筋的锚筋直径。

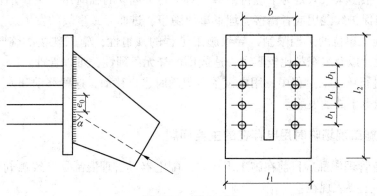

图 7.27　题 7-4 图

7-5　阀板基础大于 2000mm，面筋是三级 32@200 的钢筋，底筋是三级 32@150，中部钢筋是三级 20@200，请计算一下马蹬筋需要的钢筋直径和间距，其中，阀板基础是 2.2m 与 2.8m。

7-6　M36×4×1300（丝长 120）的脚螺栓重量如何计算？

7-7　竖直长度 420mm 入地后有 120mm 的 90°弯角就是"L"形状，公称直径 12，请问这是什么型号？如何计算重量？配什么规格的螺母？

8　建筑施工临时用电安全专项设计

建筑施工临时用电安全是保证建筑工程正常施工的基础，是建筑工程开工前和施工过程中必须做好的一项保障性工作。一个科学、安全的施工现场临时用电系统可以有效保证建设工程的顺利进行。临时用电的安装、维护、使用的安全技术管理要求极高，稍有不慎，极易造成恶性事故，危害人的生命安全，给工程建设造成巨大损失。因此高度重视施工现场临时用电方案的编制，是控制安全事故的一项重要手段。本章主要讲述建筑工程施工临时用电安全技术要求、临时用电的设计及防雷设计与接地装置设计等。

8.1　建筑施工现场临时用电的特点与主要问题

8.1.1　建筑施工现场临时用电的特点

（1）施工现场具有用电设备涉及种类繁多、通常采取露天作业方式、设备电容量较大、临时性使用等特点。

（2）建筑行业施工现场环境特殊，导致施工现场的临时用电安全问题很复杂。

（3）施工现场属于劳动力密集区域，施工现场的劳动力流动性很大，施工单位的管理难度十分复杂和困难。

（4）施工现场的施工工作中，由于受劳动力的个人情况所致，现场临时用电的施工人员素质较低，很多工人只是为了应付差事，对于施工现场的临时用电工作不负责任，导致用电的零线与保护线混用或者错接，埋下事故隐患，进而导致事故的发生。

（5）受施工单位的工期限制，导致施工进程的强迫性，施工现场的临时用电杂乱无章，用电的设计以及组织都比较零乱，造成用电毫无条理性，难以管理。

（6）在进行施工的过程中，用电设备需要随时进行移动，这些移动和人工的流动性都很容易造成触电事故的发生。

8.1.2　建筑施工现场临时用电存在的主要问题

（1）设备管理混乱。目前在施工现场中，配电器具管理混乱是导致触电事故发生的一个主要原因。主要表现在：

1）在施工现场中由于配电设备没有按照相关的管理要求和规范，导致配电设备杂乱摆放，如共用一个开关箱，同时没有相关的隔离开关设备。

2）在施工过程中，很多用电设备没有相应的指示标示。

3）相关配电设置不按要求进行设置，如对于开关箱和分配箱进行混用，导致工作电流过大等。

（2）施工现场用电不规范。在施工现场的施工过程中，由于施工操作人员的水平以及安全意识的欠缺，导致现场施工用电极不规范。这些不规范主要体现在：

1）现场的施工用电中，不合理地对用电线路进行拖、拉、拽等，或者为了节省材料采用老化电线等行为。

2）在进行架空作业过程中，没有进行相应的架空保护措施以防止不必要的安全事故发生。

3）在进行施工用电布局和布置过程中，没有采取必要的勘测措施以确定设备和线路的位置和走向，故没有对设备的走向和布局进行技术解决。

4）没有考虑施工现场附近的外电线路对于施工的影响等。

（3）施工现场用电器具使用不合理。在现场施工过程进行中，用电器具的不合理、混乱使用也是导致用电事故频发的一个原因。

1）相关施工人员对于施工过程中的临时用电问题没有安全意识，对于现场的电气线路和相关线路没有施以更多的保护和管理，导致用电线路在施工进程中遭受到不同程度的破坏。

2）施工的用电现场中，对于照明线路的设计、布置不得当，采用劣质线路或者塑料胶质线路进行接电。

3）在建筑施工现场临时用电过程中使用不合理、不安全的线路，这些都为施工现场造成触电事故埋下隐患，尤其是接地线路的地线等。

8.2 施工临时用电的设计计算

8.2.1 临时用电的设计计算依据

（1）国家、行业、地方的规范、规程和标准，主要包括：

1）《低压配电设计规范》（GB 50054—2011）。

2）《建筑施工现场供电安全规范》（GB 50194—2014）。

3）《供配电系统设计规范》（GB 50052—2009）。

4）《施工现场临时用电安全技术规范》（JGJ 46—2012）。

5）《建筑施工安全检查标准》（JGJ 59—2011）。

6）《通用用电设备配电设计规范》（GB 50052—2011）。

（2）建筑施工技术图纸等技术资料。

（3）施工安全手册等。

8.2.2 施工方案

（1）方案选型。建筑工程临时施工用电设计，应根据项目部提供的用电设备容量及现场布置进行设计编制。按项目部的总体部署及施工组织设计要求执行，确保安全文明标准化施工。为了满足现场各机械设备正常运转需要和照明需要，应认真执行《建筑施工安全检查标准》（JGJ 59—2011）和《施工现场临时用电安全技术规范》（JGJ 46—2012），做到用电安全，确保人身和财产安全，确定现场临时施工用电采用 TN-S 专用保护接零系统（图 8.1）配电的三相五线制。

（2）方案部署。临时施工用电设三级配电保护，即总配电箱（柜）—分配电箱—开关箱，确保一机一箱一闸一漏保。具体部署主要包括：配电室设在变压器附近，保持安全

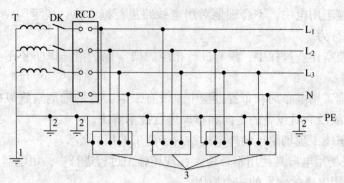

图 8.1　TN-S 专用保护接零系统

1—工作接地；2—PE 线重复接地；3—电器设备金属（正常不带电的外露可导电部分）；L_1，L_2，L_3—相线；
N—工作零线；PE—保护零线；DK—总电源隔离开关；RCD—总漏电保护器械
（兼有断路、过载、漏电保护功能的漏电断路）；T—变压器

距离，内设总配电柜 1 台，设分配电箱若干只，供各回路配电。第一分配电箱供塔式起重机、混凝土泵车、操作层用；第二分配箱供钢筋切断机、钢筋调直机、木工电刨、钢筋弯曲机、木工圆锯用；第三分配箱供建筑施工外用电梯、插入式振动器、电渣压力焊机、交流电焊机用；第四分配箱供高压汞灯、碘钨灯、荧光灯、白炽灯用；第五分配箱供建筑施工外用电梯、插入式振动器、压力点焊机、交流电焊机用；第六分配箱供塔式起重机、混凝土泵车、操作层用等。

8.2.3　负荷计算

（1）确定施工条件。根据施工需求和现场情况可以确定塔式起重机、建筑施工外用电梯、混凝土泵车等施工机具数量、型号和功率。为了便于讲解，这里假定设置相应的施工设备，具体详情见表 8.1。

表 8.1　全部施工机具一览表

序号	机具名称	型号	安装功率 /kW	数　量	合计功率 /kW
1	塔式起重机	JL5613	50	1	50
2	钢筋切割机	QJ32-1	3	2	6
3	钢筋调直机	GT4/14	4	2	8
4	木工电刨	MIB2-80/1	0.7	2	1.4
5	钢筋弯曲机	GW40	3	2	6
6	木工圆锯	MJ104	3	2	6
7	建筑施工外用电梯	SCD200/200A	33	1	33
8	插入式振动器	ZX25	0.8	2	1.6
9	电渣压力焊机		6	1	6
10	交流电焊机	BX3-120-1	9	2	18
11	高压汞灯		1	3	3
12	碘钨灯		0.5	4	2

序号	机具名称	型号	安装功率 /kW	数 量	合计功率 /kW
13	荧光灯		0.1	10	1
14	白炽灯			8	8
15	建筑施工外用电梯	SCD200/200A	33	1	33
16	高压水泵		15	2	30
17	插入式振动器	ZX25	0.8	2	1.6
18	电渣压力焊		6	1	6
19	交流电焊机	BX3-120-1	9	2	18
20	塔式起重机	JL5613	50	1	50
21	混凝土泵车		65	2	130
22	逆变直流弧焊机	ZX7-630N	38	1	38

（2）计算电量。建筑现场临时供电，包括施工动力用电和照明用电两部分，其用电量可按式（8.1）计算

$$P_{计} = （1.05 \sim 1.1）（K_1 \frac{\sum P_1}{\cos\varphi} + K_2 \sum P_2 + K_3 \sum P_3 + K_4 \sum P_4） \tag{8.1}$$

综合考虑为施工用电约占总用电量的 90%，室内外照明用电约占总用电量的 10%。因此，式（8.1）可简化为：

$$P_{计} = 1.1（K_1 \frac{\sum P_1}{\cos\varphi} + K_2 \sum P_2 + K_3 \sum P_3 + 0.1P_{计}）$$

$$P_{计} = 1.24（K_1 \frac{\sum P_1}{\cos\varphi} + K_2 \sum P_2） \tag{8.2}$$

式中　$P_{计}$——计算用电量，kW；

1.05~1.1——用电不均衡系数；

　　$\sum P_1$——全部施工动力用电设备额定用电量之和，kV·A；

　　$\sum P_2$——电焊机额定容量，kV·A；

　　$\sum P_3$——室内照明设备额定用电量之和，kV·A；

　　$\sum P_4$——室外照明设备额定用电量之和，kV·A；

　　K_1——全部施工动力用电设备同时使用系数；

　　K_2——电焊机同时使用系数；

　　K_3——室内照明设备同时使用系数；

　　K_4——室外照明设备同时使用系数；

　　$\cos\varphi$——用电设备功率因数，施工最高为 0.75~0.78，一般为 0.65~0.75。

（3）计算内容。

施工现场所用全部电动机总功率：

$\sum P_1 = 50 + 3 \times 2 + 2 \times 4 + 2 \times 0.7 + 3 \times 2 + 3 \times 2 + 1 \times 33 + 2 \times 0.8 + 1 \times 33 + 2 \times$
　　　　$0.8 + 1 \times 50 = 196.6$kW

$\sum P_2$电焊机和对电焊机的额定用量：

$$\sum P_2 = 6 + 9 \times 2 + 6 + 9 \times 2 = 48 \text{kW}$$

电动机 27 台（其中电梯每台 4 个电动机），电焊机计 6 台。查得相关数据，取 $K_1 = 0.6$，$K_2 = 0.6$

考虑到室内、室外照明用电后，按式（8.2）可得

$$p_{\text{计}} = 1.24 (K_1 \frac{\sum P_1}{\cos\varphi} + K_2 \sum P_2) = 230.7 \text{kW}$$

所以，该工地总用电量为 230.7kW，该工地宜选用供电功率为 240kW，才能满足条件。

8.2.4　配电导线截面计算

（1）按导线的允许电流选择。三相四线制低压线路上的电流可以按式（8.3）计算

$$I_{\text{线}} = \frac{KP}{\sqrt{3}\cos\varphi U_{\text{线}}} \tag{8.3}$$

式中　$I_{\text{线}}$——电流值，A；

$\qquad P$——功率，kW，为所有电焊机和电动机的功率之和；

$\qquad K$——使用系数；

$\qquad U_{\text{线}}$——电压值，kV，三相四线制低压时取 380V；

$\qquad \cos\varphi$——功率因素，临时取 0.7~0.75。

经过计算得到

$$I_{\text{线}} = \frac{0.6 \times 244.6}{1.73 \times 0.38 \times 0.75} = 297.65 \text{A}$$

选用导线 VV_{22}-0.6kV-3×120+2×70，能满足该用电安全需要。

（2）按现场允许电流计算。

1）总配电箱至第一动力分配电箱，供塔式起重机及其中的混凝土泵车（1 台）、操作层，备用电 3kW。

$$P_{\text{动}} = 50 + 65 + 3 = 118 \text{kW}$$
$$I_{\text{线}} = 0.7 \times 118 \div (1.73 \times 0.38 \times 0.75) = 172.12 \text{A}$$

选用导线 VV_{22}-1kV-4×50+1×25，能满足要求。

2）总配电箱至第二动力分配电箱，供钢筋切断机（2 台）、钢筋调直机（2 台）、木工电刨（2 台）、钢筋弯曲机（2 台）、木工圆锯（2 台），备用电 3kW。

$$P_{\text{动}} = 3 \times 2 + 4 \times 2 + 0.7 \times 2 + 3 \times 2 + 3 \times 2 + 3 = 30.4 \text{kW}$$
$$I_{\text{线}} = 0.7 \times 30.4 \div (1.73 \times 0.38 \times 0.75) = 43.16 \text{A}$$

选用导线 VV_{22}-1kV-4×50+1×25，满足要求。

3）总配电箱至第三动力分配箱供建筑施工外用电梯、插入式振动器（2 台）、电渣压力焊机、交流电焊机（2 台）用，备用电 3kW。

$$P_{\text{动}} = 33 + 0.8 \times 2 + 6 + 9 \times 2 + 3 = 61.6 \text{kW}$$
$$I_{\text{线}} = 0.7 \times 61.6 \div (1.73 \times 0.38 \times 0.75) = 87.46 \text{A}$$

选用导线 YJV-0.6kV-4×35+1×16，满足要求。

4）总配电箱至第四动力分配箱用于供水设备、施工和照明，备用电 3kW。

$$P_\text{动} = 15 \times 2 + 4 \times 3 + 3.5 \times 2 + 4 \times 2.2 + 58 + 3 = 118.8\text{kW}$$

$$I_\text{线} = 0.7 \times 118.8 \div (1.73 \times 0.38 \times 0.75) = 180.7\text{A}$$

选用导线 VV$_{22}$-1kV-4×50+1×25，满足要求。

5）总配电箱至第五动力分配箱供建筑施工外用电梯、插入式振动器（2台）、压力点焊机、交流电焊机（2台）用，备用电 3kW。

$$P_\text{动} = 33 + 0.8 \times 2 + 6 + 9 \times 2 + 3 = 61.6\text{kW}$$

$$I_\text{线} = 0.7 \times 61.6 \div (1.73 \times 0.38 \times 0.75) = 87.46\text{A}$$

选用导线 YJV-0.6kV-4×35+1×16，满足要求。

6）总配电箱至第六动力分配箱供塔式起重机、混凝土泵车、操作层用，备用电 3kW。

$$P_\text{动} = 50 + 65 + 3 = 118\text{kW}$$

$$I_\text{线} = 0.7 \times 118 \div (1.73 \times 0.38 \times 0.75) = 172.12\text{A}$$

选用导线 VV$_{22}$-1kV-4×50+1×25，满足要求。

8.2.5 动力配电箱至开关箱导线截面及开关箱元件选择

（1）塔式起重机开关箱。

1）计算电流。取 $K_\text{X} = 1$，$\cos\varphi = 0.7$，查表 8.1 得 $P_\text{e} = 50\text{kW}$

$$I_\text{js} = \frac{K_\text{X} P_\text{e}}{\sqrt{3}\cos\varphi U_\text{e}} = \frac{50}{1.73 \times 0.7 \times 0.38} = 108.65\text{A}$$

2）开关选择。施工现场临时用电一般为三级配电，一般情况下，一级箱为 1.5 倍电流，二级箱为 1.3 倍或 1.25 倍，三级箱为 1.2 倍，具体判定是几级箱要看从配电箱接出还是从分配电箱、开关箱接出。施工现场临时用电情况比较复杂，要考虑一定的余量。一级比一级放大，其目的是防止越级跳闸，减少事故影响面。选择开关：HR-160/30，其电流 $I_\text{T} = 1.25 I_\text{js} = 135.8\text{A}$，取 150A。

3）导线截面为 YC-3×50+2×25。

4）漏电保护器选择 DZ20L-160/4330，其漏电动作时间小于 0.1s，其漏电动作电流小于 30mA。

（2）钢筋切割机、弯曲机、木工圆锯开关箱。

1）计算电流。取 $K_\text{X} = 1$，$\cos\varphi = 0.7$，查表 8.1 得 $P_\text{e} = 3\text{kW}$

$$I_\text{js} = \frac{K_\text{X} P_\text{e}}{\sqrt{3}\cos\varphi U_\text{e}} = \frac{3}{1.73 \times 0.7 \times 0.38} = 6.52\text{A}$$

2）开关选择。选择开关：HGIF-32/30，其电流 $I_\text{T} = 1.5 I_\text{js} = 9.78\text{A}$，取整定电流 10A。

3）导线截面为 YZ-3×2.5+1×1.5。

4）漏电保护器选择 AB620-40/380V，其漏电动作时间小于 0.1s，其漏电动作电流小于 30mA。

（3）钢筋调直机开关箱。

1）计算电流。取 $K_\text{X} = 1$，$\cos\varphi = 0.7$，查表 8.1 得 $P_\text{e} = 4\text{kW}$

$$I_{js} = \frac{K_X P_e}{\sqrt{3}\cos\varphi U_e} = \frac{4}{1.73 \times 0.7 \times 0.38} = 8.69A$$

2）开关选择。选择开关：HGIF-32/30，其电流 $I_T = 1.5I_{js} = 13.04A$，取整定电流 10A。

3）导线截面为 YZ-3×2.5+1×1.5。

4）漏电保护器选择 AB620-40/380V，其漏电动作时间小于 0.1s，其漏电动作电流小于 30mA。

（4）木工电刨开关箱。

1）计算电流。取 $K_X = 1$，$\cos\varphi = 0.7$，查表 8.1 得 $P_e = 0.7kW$

$$I_{js} = \frac{K_X P_e}{\sqrt{3}\cos\varphi U_e} = \frac{0.7}{1.73 \times 0.7 \times 0.38} = 1.52A$$

2）开关选择。选择开关：HGIF-32/30，其电流 $I_T = 1.5I_{js} = 2.28A$，取电流 4A。

3）导线截面为 YZ-3×1.5+1×1。

4）漏电保护器选择 AB62-40/6，其漏电动作时间小于 0.1s，其漏电动作电流小于 30mA。

（5）建筑施工外用电梯开关箱。

1）计算电流。取 $K_X = 1$，$\cos\varphi = 0.7$，查表 8.1 得 $P_e = 33kW$

$$I_{js} = \frac{K_X P_e}{\sqrt{3}\cos\varphi U_e} = \frac{33}{1.73 \times 0.7 \times 0.38} = 71.71A$$

2）开关选择。选择开关：HGIF-100/30，其电流 $I_T = 1.25I_{js} = 89.63A$，取整定电流 100A。

3）导线截面为 YC-3×16+1×10。

4）漏电保护器选择 DZ15L-100/3901V，其漏电动作时间小于 0.1s，其漏电动作电流小于 30mA。

（6）插入式振动器。

1）计算电流。取 $K_X = 1$，$\cos\varphi = 0.7$，查表 8.1 得 $P_e = 50kW$

$$I_{js} = \frac{K_X P_e}{\sqrt{3}\cos\varphi U_e} = \frac{0.8}{1.73 \times 0.7 \times 0.38} = 1.74A$$

2）开关选择。选择开关：HGIF-32/30，其电流 $I_T = 1.5I_{js} = 2.6A$，取电流 4A。

3）导线截面为 YZ-3×1.5+1×1。

4）漏电保护器选择 AB62-40/6，其漏电动作时间小于 0.1s，其漏电动作电流小于 30mA。

（7）电渣压力焊机开关箱。

1）计算电流。取 $K_X = 1$，$\cos\varphi = 0.7$，查表 8.1 得 $P_e = 6kW$

$$I_{js} = \frac{K_X P_e}{\sqrt{3}\cos\varphi U_e} = \frac{6}{1.73 \times 0.7 \times 0.38} = 13.04A$$

2）开关选择。选择开关：HGIF-32/30，其电流 $I_T = 1.5I_{js} = 19.56A$，取电流 20A。

3）导线截面为 YZ-3×4+1×2.5。

4）漏电保护器选择 DZ15LE-40/15，其漏电动作时间小于 0.1s，其漏电动作电流小于 30mA。

（8）交流电焊机开关箱。

1）计算电流。取 $K_X = 1$，$\cos\varphi = 0.7$，查表 8.1 得 $P_e = 9$kW

$$I_{js} = \frac{K_X P_e}{\sqrt{3}\cos\varphi U_e} = \frac{9}{1.73 \times 0.7 \times 0.38} = 19.56\text{A}$$

2）开关选择。选择开关：HGIF-32/30，其电流 $I_T = 1.5 I_{js} = 29.33$A，取电流 30A。

3）导线截面为 YZ-2×2.5+1×1.5。

4）漏电保护器选择 AB62-40/30-220V，其漏电动作时间小于 0.1s，其漏电动作电流小于 30mA。

（9）混凝土泵车开关箱。

1）计算电流。取 $K_X = 1$，$\cos\varphi = 0.7$，查表 8.1 得 $P_e = 65$kW

$$I_{js} = \frac{K_X P_e}{\sqrt{3}\cos\varphi U_e} = \frac{65}{1.73 \times 0.7 \times 0.38} = 141.25\text{A}$$

2）开关选择。选择开关：HR5-200/30，其电流 $I_T = 1.25 I_{js} = 176.3$A（非一级箱），取电流 180A。

3）导线截面为 YZ-3×50+2×16。

4）漏电保护器选择 AZ20L-200/4330，其漏电动作时间小于 0.1s，其漏电动作电流小于 30mA。

（10）照明开关箱（分四路，即办公、木工车间、施工现场、钢筋车间）。

1）计算电流。取 $K_X = 1$，$\cos\varphi = 0.7$，查表 8.1 得 $P_e = 8.5$kW

$$I_{js} = \frac{K_X P_e}{\sqrt{3}\cos\varphi U_e} = \frac{8.5}{1.73 \times 0.7 \times 0.38} = 18.4\text{A}$$

2）开关选择。选择开关：DZ47-63，其电流 $I_T = 1.5 I_{js} = 27.6$A（非一级箱），取电流 30A。

3）导线截面为 YZ-2×2.5+1×1.5。

4）漏电保护器选择 AB62-40/30-220V，其漏电动作时间小于 0.1s，其漏电动作电流小于 30mA。

（11）高压水泵开关箱。

1）计算电流。取 $K_X = 1$，$\cos\varphi = 0.7$，查表 8.1 得 $P_e = 15$kW

$$I_{js} = \frac{K_X P_e}{\sqrt{3}\cos\varphi U_e} = \frac{15}{1.73 \times 0.7 \times 0.38} = 32.6\text{A}$$

2）开关选择。选择开关：HGIF-63/30，其电流 $I_T = 1.5 I_{js} = 49$A，取电流 50A。

3）导线截面为 YZ-3×6+1×4。

4）漏电保护器选择 AB62-63/4，其漏电动作时间小于 0.1s，其漏电动作电流小于 30mA。

8.2.6 临时用电示意图

（1）施工总平面配电布置。根据施工现场和建筑物平面布置情况，设计施工总平面配电布置示意图，如图 8.2 所示。

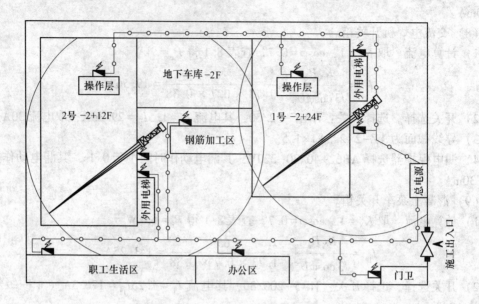

图 8.2 施工总平面配电布置示意图

（2）工程施工总配电。根据临时用电布置原则和用电设计计算，工程施工总配电示意图如图 8.3 所示。

（3）总配电柜。根据前面的计算，总配电柜的开关选择 HR3-600/500，其熔体额定电流为 $I_r = 500A$。总配电柜的漏电保护器选择 DZ20L-630/500。总配电柜示意图如图 8.4 所示。

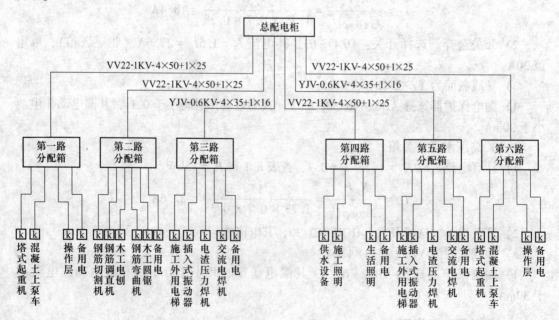

图 8.3 工程施工总配电示意图

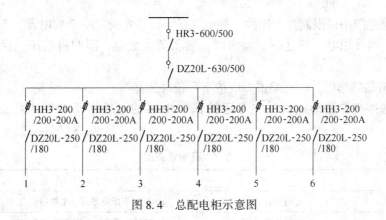

图 8.4 总配电柜示意图

8.3 防雷设计与接地装置设计

8.3.1 防雷设计

（1）在防雷保护设计中，应根据雷电活动情况、地形、地质、气象情况以及电网结构和运行方式等，结合运行经验进行全面分析和技术经济比较，做到技术先进、经济合理、符合电力系统和电气设备安全经济运行的要求。雷电活动特殊强烈的地区，还应根据当地实践经验，适当加强防雷措施。电力系统中电气设备绝缘所承受的雷电过电压见表8.2。

表 8.2 电气设备绝缘所承受的雷电过电压参数

过电压的分类	持续时间	电压数值
直击雷过电压	几十微秒至几百微秒	最高 30000kV
感应雷过电压	几十微秒至几百微秒	最高 500~600kV
侵入雷电波过电压	几十微秒至几百微秒	线路 50% 冲击放电电压

雷电过电压保护主要是：

1）防止雷电直接击于电气设备之上，一般采用避雷针、避雷线进行保护。

2）对于 60kV 及以下的电气设备，应尽量减小感应过电压。一般电气设备应远离可能遭到直击雷的设备或物体，增大电气设备对地电容或采用阀型避雷器保护。

3）防止从线路入侵的雷电波过电压对电气设备的危害，一般采用避雷器、间隙、电容器和相应的进线保护段进行保护。

（2）电压为 110kV 以上的屋外配电装置，可将避雷针装在配电装置的构架上；对于 35~60kV 的配电装置，为了防止雷击时引起的反击闪络的可能，一般采用独立避雷针进行保护。安装避雷针的构架支柱应与配电装置接地网相连接。在避雷针的支柱附近，应装设辅助的集中接地装置，其接地电阻不应大于 10Ω。由避雷针与配电装置接地网上的连接处起至变压器与接地网上的连接处止，沿接地线距离不得小于 15m。在变压器门型构架上不得装避雷针。

（3）避雷针的作用：将雷电流吸引到其本身并安全地将雷电流引入大地，从而保护设备。避雷针必须高于被保护物体，可根据不同情况或装设在配电构架上，或独立装设，避雷线主要用于保护线路，一般不用于保护变电所。

避雷器是专门用以限制过电压的一种电气设备，它实质是一个放电器，与被保护的电气设备并联，当作用电压超过一定幅值时，避雷器先放电，限制过电压，保护其他电气设备。

（4）避雷器的选择。阀式避雷器应按下列条件选择：

形式：选择避雷器形式时，应考虑被保护电器的绝缘水平和使用特点，按表 8.3选择。

表 8.3　避雷器类型

型号	形式	应用范围
FS	配电用普通阀型	10kV 以下配电系统、电缆终端盒
FZ	电站用普通阀型	3~220kV 发电厂、变电所配电装置
FCZ	电站用磁吹阀型	（1）330kV 及需要限制操作的 220kV 以下配电； （2）某些变压器中性点
FCD	旋转电机用磁吹阀型	用于旋转电机、屋内

1）额定电压 U_N：避雷器的额定电压应与系统额定电压一致。

2）灭弧电压 U_{mh}：按照使用情况，校验避雷器安装地点可能出现的最大导线对地电压，是否等于或小于避雷器的最大容许电压（灭弧电压）。

3）工频放电电压 U_{gf}：在中性点绝缘或经阻抗接地的电网中，工频放电电压一般大于最大运行相电压的 3.5 倍。在中性点直接接地的电网中，工频放电电压应大于最大运行相电压的 3 倍，工频放电电压应大于灭弧电压的 1.8 倍。

4）冲击放电电压和残压：一般国产阀式避雷器的保护特性与各种电器均可配合，故此项校验从略。

根据避雷器配置原则，配电装置的每组母线上，一般应装设避雷器，变压器中性点接地必须装设避雷器，并接在变压器和断路器之间。例如，某工程采用在 330kV、110kV 配电装置构架上设避雷针，35kV 配电装置设独立避雷针进行直接保护。为了防止反击，主变构架上不设置避雷针。考虑到氧化锌避雷器的非线性伏安特性优越于碳化硅避雷器，且没有串联间隙，保护特性好，没有工频续流、灭弧等问题，所以在 330kV、110kV 系统中，通常采用氧化锌避雷器。

根据相关规定，施工现场内的起重机、井字架及龙门架等机械设备，若在相邻建筑物、构筑物的防雷装置的保护范围以外且在表 8.4 规定的范围内，则应安装防雷装置。

表 8.4　施工现场内机械设备需安装防雷装置的规定

地区年平均雷暴日/d	机械设备高度/m
≤15	≥50
>15，<40	≥32
≥40，<90	≥20
≥90 及雷害特别严重的地区	≥12

（1）施工机具（塔吊、人货电梯、钢管外脚手架）的防雷按第三类工业建筑、构筑

物的防雷规定设置防雷装置。

（2）塔吊、人货电梯避雷引下线利用机械设备结构钢架（钢架连接点做好电气连接），避雷针可用直径为 $\phi10\sim20mm$，长 $1\sim2m$ 的圆钢，并进行有效的防腐处理。物料提升机上方必须设避雷针，并用不小于 $25mm^2$ 的多股铜线与接地装置可靠连接。

（3）钢管外脚手架的防雷接地，采用外架多点（每隔 10m 转角处作一次接地），每两步架设一组接地与防雷接地体连接。

（4）每三个月对所有地接极的接地电阻测试一次，并做好每一次测试点的测试记录。

8.3.2 避雷器的选择

330kV 侧避雷器的选择和校验：

（1）形式选择。根据设计规定选用 FCZ 系列磁吹阀式避雷器。

（2）额定电压的选择。

$$U_N \geqslant U_{NS} = 330kV$$

因此选 FCZ-330J 避雷器，其参数见表 8.5。

表 8.5 避雷器参数

型号	额定电压 /kV	灭弧电压 有效值 /kV	工频放电 电压有效值/kV		冲击放电 电压幅值（1.5~ 20μs）不大于/kV	5kA、10kA 冲击电流 下的残压幅值/kV	
			不小于	不大于		5kA 不大于	10kA 不小于
FCZ-330J	330	290	580	740	780	740	820

（3）灭弧电压校验。

最高工作允许电压：$U_m = 1.05U_N = 1.05 \times 330 = 346.5kV$

直接接地系统：$U_{mh} > C_d U_m = 0.8 \times 346.5 = 277.2kV$，满足要求。

（4）工频放电电压校验。

下限值：$U_{gfk} \geqslant K_0 U_{xg} = 3 \times \dfrac{346.5}{\sqrt{3}} = 600.2kV$

上限值：$U_{gfs} = 1.2U_{gfx} = 1.2 \times 600.2 = 720.2kV$ 均满足要求。

（5）残压校验：$U_{bc} = K_{bh} U_{mh} = 2.35 \times 277.2 = 650kV$，满足要求。

（6）冲击放电电压校验：$U_{crfd} = U_{bc} = 650kV < 780kV$，满足要求。

所以，所选 FCZ-330J 型避雷器满足要求。

8.3.3 避雷针的配置

（1）避雷针的配置原则。

1）独立式避雷针宜装设独立的接地装置。在非高土壤电阻率地区，其工频接地电阻 $R_e \leqslant 10\Omega$。当有困难时，可将该接地装置与主接地网连接，但避雷针与主接地网的地下连接点沿接地线的长度不得小于 15m。

2）独立式避雷针与变配电装置在空气中的间距 $d_1 \geqslant 0.2R_i + 0.1h$，且 $d_1 \geqslant 5m$；独立式避雷针的接地装置与变配电所主接地网在地中距离 $d_2 \geqslant 0.3R_i$，且 $d_2 \geqslant 3m$，式中 R_i 为

冲击接地电阻。

（2）避雷针位置的确定。首先应根据变电所设备平面布置图的情况确定，避雷针初步选定的安装位置与设备的电气距离应符合各种规程规范的要求。

1）电压 110kV 及以上的配电装置，一般将避雷针装在配电装置的构架或房顶上，但在土壤电阻率大于 1000Ω·m 的地区，宜装设独立的避雷针。

2）独立避雷针（线）宜设独立的接地装置，其工频接地电阻不超过 10Ω。

3）35kV 及以下高压配电装置架构或房顶不宜装避雷针，因其绝缘水平很低，雷击时易引起反击。

4）在变压器的门形架构上，不应装设避雷针、避雷线，因为门形架距变压器较近，装设避雷针后，构架的集中接地装置，距变压器金属外壳接地点的距离很难达到不小于 15m 的要求。

8.3.4 接地装置设计

（1）在施工现场专用的中性点直接接地的电力线路中必须采用 TN-S 接零保护系统。电气设备的金属外壳必须保护零线连接。保护零线应由工作接地线、配电室的电源侧零线或总漏电保护器电源侧的零线处引出。

（2）当施工现场与外电线路共用同一个供电系统时，电气设备的接地、接零保护应与原系统保持一致。不得一部分设备做保护接零，另一部分设备作保护接地。

（3）每一接地装置的接地线应采用 2 根及以上导体，在不同点与接地体做电气连接。不得采用铝导体做接地体或地下接地线。垂直接地体宜采用角钢、钢管或光面圆钢，不得采用螺纹钢。接地可利用自然接地体，但应保证其电气连接和热稳定。

（4）配电箱接地应采用双线双点双接地的接线方式进行接地保护，配电箱前后开启门应与箱壳接地线牢固连接。总配电箱处接地电阻应不大于 4Ω。单体重复接地电阻应不大于 10Ω，防雷接地电阻不应大于 30Ω。

（5）接地极与用电设备外壳连接必须使用不小于 10mm² 黄/绿双色多股铜线。手持电动工具外壳连接必须使用不小于 4~6mm² 黄/绿双色多股铜线做外壳保护接地。设备外壳与接地体连接两端应使用铜接地鼻子，并使用螺栓加平垫进行连接，压接要牢固可靠。

（6）接地体每 3 根（或 2 根）为一组，每根接地体长度为 2.5m，接地体每根之间间距不小于 3m。接地体连接应使用 40mm×4mm 的扁钢或角钢，依次将扁钢与接地极焊接连接，连接要牢固可靠。

（7）在 TN 系统中，保护零线每一处重复接地装置的接地电阻值不应大于 10Ω。在工作接地电阻值允许达到 10Ω 的电力系统中，所有重复接地的等效电阻值不应大于 10Ω。

复习思考题

8-1 施工现场临时用电的三项基本原则是什么？

8-2 二级漏电系统保护系统含义是什么？

8-3 写出漏电保护器安装要求（位置、参数）及管理要求。

9 建筑施工安全专项方案编制实例

依据《建设工程安全生产管理条例》和《危险性较大工程施工安全专项方案编制及专家论证审查办法》，危险性较大工程应当在施工前单独编制施工安全专项方案。前面八章分别对建筑施工过程中危险性较大的分部分项工程的设计计算理论和方法进行了详细的阐述，在此基础上，本章主要例举了"落地式脚手架安全专项方案"和"钢桁架吊装安全专项方案"的编制案例。

9.1 落地式脚手架施工安全专项方案

9.1.1 工程概况

某写字楼工程是一个综合功能的建筑。总建筑面积 24030m²，其中地上 17638.04m²，地下 6398.96m²；结构形式为现浇钢筋混凝土剪力墙梁板结构，基础为现浇钢筋混凝土梁式筏形基础。考虑采用落地式脚手架形式。

9.1.2 编制依据

（1）依据写字楼施工设计图纸；
（2）依据《高层住宅楼、写字楼施工组织设计》；
（3）各类参考规范、标准：
1）《建筑施工计算手册》；
2）《建筑施工手册》；
3）《钢结构设计规范》（GB 50017—2017）；
4）《建筑施工脚手架实用手册(含垂直运输设施)》；
5）《建筑结构荷载规范》（GB 50009—2012）；
6）《建筑施工扣件式钢管脚手架安全技术规范》（JGJ 130—2011）；
7）《建筑地基基础设计规范》（GB 50007—2011）；
8）《建筑施工安全检查标准》（JGJ 59—2013）。

9.1.3 设计计算

9.1.3.1 参数信息

（1）脚手架参数。搭设尺寸为：立杆纵距 1.85m，立杆横距 1.20m，立杆步距 1.45m；计算的脚手架为双排脚手架，搭设高度为 26.7m，立杆采用单立管；内排架距离墙长度为 0.30m；大横杆在上，搭接在小横杆上的大横杆根数为 2；采用的钢管类型为 $\phi48\times3.5$；横杆与立杆连接方式为单扣件；扣件抗滑承载力系数为 0.80；连墙件采用两步三跨，竖向间距 2.90m，水平间距 5.55m，采用扣件连接；连墙件连接方式为双扣件。落地式脚手架的结构示意图如图9.1所示。

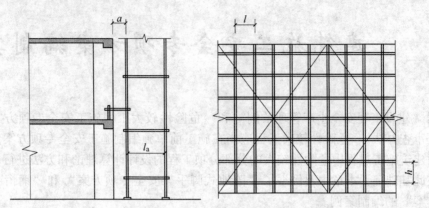

图9.1　落地式脚手架示意图

（2）活荷载参数。施工荷载均布参数（kN/m²）：3.000；脚手架用途：结构脚手架；同时施工层数：2层。

（3）风荷载参数。基本风压0.57kN/m²；风荷载高度变化系数μ_z计算时取0.74，风荷载体型系数μ_s为1.56。

（4）静荷载参数。每米立杆承受的结构自重荷载标准值（kN/m）：0.1548；脚手板自重标准值（kN/m²）：0.350；栏杆挡脚板自重标准值（kN/m）：0.140；安全设施与安全网自重标准值（kN/m²）：0.005；脚手板铺设层数：4层；脚手板类别：木脚手板；栏杆挡板类别：栏杆木。

（5）地基参数。地基土类型：素填土；地基承载力标准值（kN/m²）：500.00；基础底面扩展面积（m²）：0.09；基础降低系数：0.40。

9.1.3.2　大横杆的计算

按照《扣件式钢管脚手架安全技术规范》（JGJ 130—2011）第5.2.4条规定，大横杆按照三跨连续梁进行强度和挠度计算，大横杆在小横杆的上面。将大横杆上面的脚手板自重和施工活荷载作为均布荷载计算大横杆的最大弯矩和变形。

（1）均布荷载值计算。

大横杆的自重标准值：$P_1 = 0.038$kN/m；

脚手板的自重标准值：$P_2 = 0.350 \times 1.20/(2 + 1) = 0.140$kN/m；

活荷载标准值：$Q = 3 \times 1.20/(2 + 1) = 1.20$kN/m；

静荷载的设计值：$q_1 = 1.2 \times 0.038 + 1.2 \times 0.140 = 0.214$kN/m；

活荷载的设计值：$q_2 = 1.4 \times 1.20 = 1.680$kN/m。

（2）强度验算。跨中和支座最大弯矩分别按图9.2、图9.3所示组合。

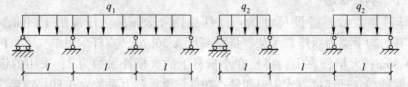

图9.2　大横杆设计荷载组合简图（跨中最大弯矩和跨中最大挠度）

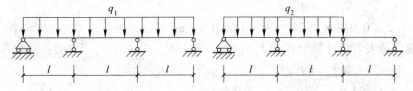

图 9.3　大横杆设计荷载组合简图（支座最大弯矩）

跨中最大弯矩计算公式如下

$$M_{1max} = 0.08q_1l^2 + 0.10q_2l^2$$

跨中最大弯矩为

$$M_{2max} = 0.08 \times 0.214 \times 1.850^2 + 0.10 \times 1.680 \times 1.850^2 = 0.634\text{kN} \cdot \text{m}$$

支座最大弯矩计算公式如下

$$M_{2max} = -0.10q_1l^2 - 0.117q_2l^2$$

支座最大弯矩为

$$M_{2max} = -0.10 \times 0.214 \times 1.850^2 - 0.117 \times 1.680 \times 1.850^2 = -0.746\text{kN} \cdot \text{m}$$

选择支座弯矩和跨中弯矩的最大值进行强度验算：

$$\sigma = \max(0.634 \times 10^6, 0.746 \times 10^6)/5080 = 146.85\text{N/mm}^2 < [f] = 205\text{N/mm}^2$$

故满足要求。

（3）挠度验算。最大挠度考虑为三跨连续梁均布荷载作用下的挠度。计算公式如下：

$$V_{max} = (0.677q_1l^4 + 0.990q_2l^4)/(100EI)$$

其中，静荷载标准值：$q_1 = P_1 + P_2 = 0.038 + 0.140 = 0.178\text{kN/m}$；

活荷载标准值：$q_2 = Q = 1.20\text{kN/m}$；

最大挠度计算值为：

$$V = 0.677 \times 0.178 \times 1850^4/(100 \times 2.06 \times 10^5 \times 121900) + 0.990 \times 1.20 \times 1850^4/$$
$$(100 \times 2.06 \times 10^5 \times 121900) = 6.105\text{mm}$$

大横杆的最大挠度 6.150mm 小于大横杆的最大容许挠度 1850/150 与 10mm，故满足要求。

9.1.3.3　小横杆的计算

根据《扣件式钢管脚手架安全技术规范》（JGJ 130—2011）第 5.2.4 条规定，小横杆按照简支梁进行强度和挠度计算，大横杆在小横杆的上面。用大横杆支座的最大反力计算值作为小横杆集中荷载，在最不利荷载布置下计算小横杆的最大弯矩和变形。小横杆计算简图如图 9.4 所示。

（1）荷载值计算。

大横杆的自重标准值：$P_1 = 0.038 \times 1.850 = 0.071\text{kN}$；

脚手板的自重标准值：$P_2 = 0.350 \times 1.200 \times 1.850/(2 + 1) = 0.259\text{kN}$；

活荷载标准值：$Q = 3 \times 1.200 \times 1.850/(2 + 1) = 2.220\text{kN}$；

集中荷载的设计值：$P = 1.2 \times (0.071 + 0.259) + 1.4 \times 2.220 = 3.504\text{kN}$。

（2）强度验算。最大弯矩考虑为小横杆自重均布荷载与大横杆传递荷载的标准值最不利分配的弯矩和。

均布荷载最大弯矩计算公式如下

$$M_{qmax} = ql^2/8$$

$$M_{qmax} = 1.2 \times 0.038 \times 1.200^2/8 = 0.008 \text{kN} \cdot \text{m}$$

集中荷载最大弯矩计算公式如下

$$M_{pmax} = Pl/3$$

$$M_{pmax} = 3.504 \times 1.200/3 = 1.402 \text{kN} \cdot \text{m}$$

最大弯矩

$$M = M_{qmax} + M_{pmax} = 1.410 \text{kN} \cdot \text{m}$$

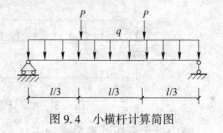

图 9.4　小横杆计算简图

最大应力计算值

$$\sigma = M/W = 1.410 \times 10^6/5080 = 277.5 \text{N/mm}^2$$

小横杆的最大弯曲应力 $\sigma = 277.5 \text{N/mm}^2$ 大于小横杆的抗弯强度设计值 205N/mm^2，不满足要求。建议减小脚手架"纵距"或"横距"，或控制施工荷载。

（3）挠度验算。最大挠度考虑为小横杆自重均布荷载与大横杆传递荷载的设计值最不利分配的挠度和。

小横杆自重均布荷载引起的最大挠度计算公式如下

$$\nu_{qmax} = 5ql^4/(384EI) = 5 \times 0.038 \times 1200^4/(384 \times 2.06 \times 10^5 \times 121900) = 0.041 \text{mm}$$

大横杆传递荷载：

$$P = P_1 + P_2 + Q = 0.071 + 0.259 + 2.220 = 2.550 \text{kN}$$

集中荷载标准值最不利分配引起的最大挠度计算公式如下：

$$\nu_{pmax} = Pl(3l^2 - 4l^2/9)/(72EI)$$

$$\nu_{pmax} = 2550.040 \times 1200 \times (3 \times 1200^2 - 4 \times 1200^2/9)/(72 \times 2.06 \times 10^5 \times 121900)$$
$$= 6.228 \text{mm}$$

最大挠度和：

$$\nu = \nu_{qmax} + \nu_{pmax} = 0.041 + 6.228 = 6.270 \text{mm}$$

小横杆的最大挠度为 6.270mm，小于小横杆的最大容许挠度 $\min\begin{Bmatrix} L/150 = 1200/150 = 8 \\ 10\text{mm} \end{Bmatrix}$，故满足要求。

9.1.3.4　扣件抗滑力的计算

按《建筑施工扣件式钢管脚手架安全技术规范》规范表 5.1.7 规定，直角、旋转单扣件承载力取值为 8.00kN，按照扣件抗滑承载力系数 0.80，该工程实际的旋转单扣件承载力取值为 6.40kN。

纵向或横向水平杆与立杆连接时，扣件的抗滑承载力按照下式计算

$$R \leqslant R_c$$

式中　R_c——扣件抗滑承载力设计值，取 6.40kN；

　　　R——纵向或横向水平杆传给立杆的竖向作用力设计值。

横杆的自重标准值

$$P_1 = 0.038 \times 1.200 \times 2/2 = 0.046 \text{kN}$$

脚手板的自重标准值

$$P_2 = 0.350 \times 1.200 \times 1.850/2 = 0.389 \text{kN}$$

活荷载标准值

$$Q = 3 \times 1.20 \times 1.85/2 = 3.330\text{kN}$$

荷载的设计值

$$R = 1.2 \times (0.046 + 0.389) + 1.4 \times 3.330 = 5.183\text{kN} < 6.40\text{kN}$$

故单扣件抗滑承载力的设计计算满足要求。

9.1.3.5 脚手架立杆荷载的计算

作用于脚手架的荷载包括静荷载、活荷载和风荷载。

（1）静荷载标准值包括以下内容：

1）每米立杆承受的结构自重标准值，为 0.1548kN/m

$$N_{G1} = 0.155 \times 26.700 = 4.133\text{kN}$$

2）脚手板的自重标准值，采用木脚手板，标准值为 0.35kN/m²

$$N_{G2} = 0.35 \times 4 \times 1.850 \times (1.20 + 0.3)/2 = 1.942\text{kN}$$

3）栏杆与挡脚手板自重标准值，采用栏杆木，标准值为 0.14kN/m

$$N_{G3} = 0.14 \times 4 \times 1.850/2 = 0.518\text{kN}$$

4）吊挂的安全设施荷载，包括安全网，为 0.005kN/m²

$$N_{G4} = 0.005 \times 1.850 \times 26.7 = 0.247\text{kN}$$

经计算得到，静荷载标准值 $N_G = N_{G1} + N_{G2} + N_{G3} + N_{G4} = 6.841\text{kN}$

（2）活荷载为施工荷载标准值产生的轴向力总和，立杆按一纵距内施工荷载总和的 1/2 取值。经计算得到活荷载标准值

$$N_Q = 3 \times 1.20 \times 1.850 \times 2/2 = 6.666\text{kN}$$

（3）轴向压力。

考虑风荷载时，立杆的轴向压力设计值为

$$N = 1.2N_G + 0.85 \times 1.4N_Q = 1.2 \times 6.841 + 0.85 \times 1.4 \times 6.660 = 16.134\text{kN}$$

不考虑风荷载时，立杆的轴向压力设计值为

$$N' = 1.2N_G + 1.4N_Q = 1.2 \times 6.841 + 1.4 \times 6.660 = 17.533\text{kN}$$

9.1.3.6 立杆的稳定性计算

风荷载标准值按照以下公式计算

$$W_k = 0.7\mu_z \cdot \mu_s \cdot \omega_0$$

式中　　ω_0——基本风压，kN/m²，按照《建筑结构荷载规范》（GB 5009—2012）$\omega_0 = 0.57\text{kN/m}^2$；

　　　　μ_z——风荷载高度变化系数，按照《建筑结构荷载规范》（GB 5009—2012）$\mu_z = 0.74$；

　　　　μ_s——风荷载体型系数，取值为 1.560。

经计算得到，风荷载标准值为

$$W_k = 0.7 \times 0.57 \times 0.74 \times 1.560 = 0.461\text{kN/m}^2$$

风荷载设计值产生的立杆段弯矩 M_w 为

$$M_w = 0.85 \times 1.4W_k L_a h^2/10 = 0.850 \times 1.4 \times 0.461 \times 1.850 \times 1.450^2/10 = 0.213\text{kN} \cdot \text{m}$$

考虑风荷载时，立杆的稳定性计算公式

$$\sigma = N/(\varphi A) + M_w/W \leqslant [f]$$

立杆的轴心压力设计值：$N = 16.134\text{kN}$；

不考虑风荷载时，立杆的稳定性计算公式

$$\sigma = N/(\varphi A) \leqslant [f]$$

立杆的轴心压力设计值：$N = N' = 17.533\text{kN}$；

计算立杆的截面回转半径：$i = 1.58\text{cm}$；

计算长度附加系数参照《建筑施工扣件式钢管脚手架安全技术规范》（JGJ 130—2011）表5.3.4得：$k = 1.155$；

计算长度系数参照《建筑施工扣件式钢管脚手架安全技术规范》（JGJ 130—2011）表5.3.4得：$k_u = 1.530$；

计算长度，由公式 $l_0 = k_u h$；确定：$l_0 = 2.562\text{m}$；长细比：$l_0/i = 162$；

轴心受压立杆的稳定系数 φ 由长细比 l_0/i 的结果查表得到：$\varphi = 0.268$；

立杆净截面面积：$A = 4.89\text{cm}^2$；立杆净截面模量（抵抗矩）：$W = 5.08\text{cm}^3$；钢管立杆抗压强度设计值：$[f] = 205\text{N/mm}^2$。

考虑风荷载时

$$\sigma = 16134/(0.268 \times 489) + 213198/5080 = 165.08\text{N/mm}^2 < [f] = 205\text{N/mm}^2$$

故满足要求。

不考虑风荷载时

$$\sigma = 17533/(0.268 \times 489) = 133.79\text{N/mm}^2 < [f] = 205\text{N/mm}^2$$

故满足要求。

9.1.3.7　连墙件的计算

连墙件的轴向力设计值应按照下式计算

$$N_l = N_{lw} + N_0$$

连墙件风荷载基本风压值 $W_k = 0.461\text{kN/m}^2$；

每个连墙件的覆盖面积内脚手架外侧的迎风面积 $A_w = 16.095\text{m}^2$；

连墙件约束脚手架平面外变形所产生的轴向力 $N_0 = 5.000\text{kN}$；

风荷载产生的连墙件轴向力设计值，按照下式计算

$$N_{lw} = 1.4 \times W_k \times A_w = 10.379\text{kN}$$

连墙件的轴向力设计值

$$N_l = N_{lw} + N_0 = 15.379\text{kN}$$

连墙件承载力设计值按下式计算

$$N_f = \varphi \cdot A \cdot [f]$$

式中，φ 为轴心受压立杆的稳定系数，由长细比 $l/i = 300/15.8$ 的结果查表得到 $\varphi = 0.949$。

连墙件轴向承载力设计值为

$$N_f = 0.949 \times 4.89 \times 10^{-4} \times 205 \times 10^3 = 95.133\text{kN}$$

$N_l = 15.379 < N_f = 95.133$，连墙件的设计计算满足要求。连墙件采用双扣件与墙体连接。

9.1.3.8　最大搭设高度的计算

不考虑风荷载时，采用单立管的敞开式、全封闭和半封闭的脚手架可搭设高度按照下式计算

$$H_s = \frac{\phi A\sigma - (1.2N_{G_2k} + 1.4N_{Qk})}{1.2g_k}$$

构配件自重标准值产生的轴向力 N_{G_2k} 计算公式为

$$N_{G_2k} = N_{G2} + N_{G3} + N_{G4} = 2.707\text{kN}$$

活荷载标准值:

$$N_Q = 6.660\text{kN}$$

每米立杆承受的结构自重标准值: $G_k = 0.155\text{kN/m}$

$$H_s = \frac{0.268 \times 4.890 \times 10 - 4 \times 205.000 \times 103 - (1.2 \times 2.707 + 1.4 \times 6.660)}{1.2 \times 0.155}$$

$$= 76.942\text{m}$$

脚手架搭设高度 H_s 等于或大于 26m,按照下式调整且不超过 50m:

$$[H] = \frac{H_s}{1 + 0.001H_s}$$

$$[H] = 76.942/(1 + 0.001 \times 76.942) = 71.445\text{m}$$

$[H] = 71.445$ 和 50 比较取较小值。得到脚手架搭设高度值 $[H] = 50.000\text{m}$。

考虑风荷载时,采用单立管的敞开式、全封闭和半封闭的脚手架可搭设高度按照下式计算:

$$H_s = \frac{\phi A\sigma - [1.2N_{G_2k} + 0.85 \times 1.4(N_{Qk} + \phi A \cdot M_{wk}/W)]}{1.2g_k}$$

构配件自重标准值产生的轴向力 N_{G_2k} 计算公式为

$$N_{G_2k} = N_{G2} + N_{G3} + N_{G4} = 2.707\text{kN}$$

活荷载标准值

$$N_Q = 6.660\text{kN}$$

每米立杆承受的结构自重标准值

$$G_k = 0.155\text{kN/m}$$

计算立杆段由风荷载标准值产生的弯矩

$$M_{wk} = M_w/(1.4 \times 0.85) = 0.213/(1.4 \times 0.85) = 0.179\text{kN} \cdot \text{m}$$

$$H_s = \{0.268 \times 4.890 \times 10^{-4} \times 205.000 \times 10^{-3} - [1.2 \times 2.707 + 0.85 \times 1.4 \times (6.660 + 0.268 \times 4.890 \times 0.179/5.080)]\}/(1.2 \times 0.155) = 54.863\text{m}$$

脚手架搭设高度 H_s 等于或大于 26m,按照下式调整且不超过 50m:

$$[H] = \frac{H_s}{1 + 0.001H_s} = 54.863/(1 + 0.001 \times 54.863) = 52.009\text{m}$$

$[H] = 52.009$ 和 50 比较取较小值。经计算得到脚手架搭设高度限值 $[H] = 50.000\text{m}$。

9.1.3.9 立杆的地基承载力计算

立杆基础底面的平均压力应满足下式的要求

$$p \leqslant f_g$$

地基承载力设计值

$$f_g = f_{gk} \times K_c = 200.000\text{kN/m}^2$$

其中，地基承载力标准值

$$f_{gk} = 500.000 \text{kN/m}^2$$

脚手架地基承载力调整系数

$$K_c = 0.400$$

立杆基础底面的平均压力为

$$p = N/A = 179.268 \text{kN/m}^2$$

其中，上部结构传至基础顶面的轴向力设计值为

$$N = 16.134 \text{kN}$$

基础底面面积为

$$A = 0.090 \text{m}^2$$

$$p = 179.268 \leqslant f_g = 200.000 \text{kN/m}^2$$

故地基承载力的计算满足要求。

9.1.4　施工准备

（1）技术准备。

1）落地架的设计制作等必须遵守国家的有关规范标准。

2）脚手架搭设之前，应根据工程的特点和施工工艺确定搭设方案，内容应包括基础处理、搭设要求、杆件间距及连墙杆设置位置、连接方法，并绘制施工详图及大样图。

3）落地架施工前应编制专项施工方案，符合安全技术条件，审批手续齐全并在专职安全管理人员监督下实施。

（2）材料及机具准备。

1）严把材料质量关，对进场的脚手架材料必须检查验收，验收合格后方可使用。

2）搭设脚手架用钢管其材质应符合现行国家标准的规定。钢管表面应平直光滑，不应有裂纹、分层、压痕、划道和硬弯，新用的钢管要有出厂合格证。脚手架施工前必须将入场钢管取样，送有相关国家资质的试验单位进行钢管抗弯、抗拉等力学试验，试验结果满足设计要求后，方可在施工中使用。

3）本工程钢管脚手架的搭设使用可锻铸造扣件，应符合建设部《钢管脚手扣件标准》（JGJ 22—85）的要求，由有扣件生产许可证的生产厂家提供，不得有裂纹、气孔、缩松、砂眼等锻造缺陷，扣件的规格应与钢管相匹配，贴合面应干整，活动部位灵活。如使用旧扣件时，扣件必须取样送有相关国家资质的试验单位进行扣件抗滑力等试验，试验结果满足设计要求后方可在施工中使用。

4）工程施工过程中，必须采用合格的密目式安全网对建筑物进行全封闭，应当沿脚手架外立杆的内侧满挂密目式安全网，并用符合要求的系绳将网周边系牢在脚手架管上。

5）脚手板、脚手片采用符合有关要求。

6）连墙件采用钢管，其材质应符合现行国家标准《碳素钢结构》（GB/T 700）中Q235A钢的要求。

（3）人员准备。

1）安全管理责任。落地式脚手架搭设必须明确安全管理责任，建立并执行安全生产责任制。建设行政主管部门负责本行政区域内建筑施工落地式脚手架的安全监督管理。落

地架在搭设中，应当服从施工总承包单位对施工现场的安全生产管理，落地架搭设单位应对搭设质量及其作业过程的安全负责。

2）建立安全生产管理体系。按照《职业健康安全管理体系规范》（GB/T 28001—2001）组织安全施工，并严格执行国家工程施工安全标准与规范，加强全过程安全控制，规范安全管理工作。建立以项目经理为第一责任人的安全生产管理体系。由项目管理层、质安技术组及相关职能部门、项目施工部质安员、施工班组兼职安全员实施安全生产管理。

3）安全检查。各级各部门应按要求对脚手架进行安全检查，对查出的安全隐患要做到"五定"，即定整改人、定整改措施、定整改完成时间、定整改完成人、定整改验收人。

4）安全技术管理。安全技术管理必须把好安全生产"六关"，即措施关、交底关、教育关、防护关、检查关、改进关。

9.1.5 施工要求

9.1.5.1 一般规定

（1）主杆基础。脚手架的基础部位应在地梁浇筑完成后，采用强度等级不低于 C15 的混凝土进行硬化，混凝土硬化厚度不小于 10cm。地基承载能力能够满足外脚手架的搭设要求。

（2）立杆间距。脚手架的底部立杆采用不同长度的钢管参差布置，使钢管立杆的对接接头交错布置，高度方向相互错开 500mm 以上，且要求相邻接头不应在同步同跨内，以保证脚手架的整体性。立杆应设置垫木，并设置纵横方向扫地杆，连接于立脚点杆上，离底座 20cm 左右。立杆的垂直偏差应控制在不大于架高的 1/400。

（3）大横杆、小横杆设置。大横杆在脚手架高度方向的间距为 1.8m，以便立网挂设，大横杆置于立杆里面，每侧外伸长度为 150mm。外架子按立杆与大横杆交点处设置小横杆，两端固定在立杆，以形成空间结构整体受力。

（4）剪刀撑。脚手架外侧立面的两端各设置一道剪刀撑，并应由底至顶连续设置；中间各道剪刀撑之间的净距离不应大于 15m。剪刀撑斜杆的接长宜采用搭接，搭接长度不小于 1m，应采用不少于 2 个旋转扣件固定。剪刀撑斜杆应用旋转扣件固定在与之相交的横向水平杆的伸出端或立杆上，旋转扣件中心线离主节点的距离不宜大于 150mm。

（5）脚手板、脚手片的铺设要求。脚手架里排立杆与结构层之间均应铺设木板：板宽为 200mm，里外立杆应满铺脚手板，无探头板。满铺层脚手片必须垂直墙面横向铺设，满铺到位，不留空位，不能满铺处必须采取有效的防护措施。脚手片须用 18 铅丝双股并联绑扎，不少于 4 点，要求绑扎牢固，交接处平整，铺设时要选用完好无损的脚手片，发现有破损的要及时更换。

（6）防护栏杆。脚手架外侧使用建设主管部门认证的合格绿色密目式安全网封闭，且将安全网固定在脚手架外立杆里侧。选用 18 铅丝张挂安全网，要求严密、平整。脚手架外侧必须设 1.2m 高的防护栏杆和 30cm 高踢脚杆，顶排防护栏杆不少于 2 道，高度分别为 0.9m 和 1.3m。脚手架内侧形成临边的（如遇大开间门窗洞等），在脚手架内侧设 1.2m 的防护栏杆和 30cm 高踢脚杆。

（7）连墙件。脚手架与建筑物按水平方向 3.6m，垂直方向 3.6m，设一拉结点。楼层高度超过 4m，则在水平方向加密，如楼层高度超过 6m 时，则按水平方向每 6m 设置一道斜拉钢丝绳。拉结点在转角范围内和顶部处加密，即在转角 1m 以内范围按垂直方向每 3.6m 设一拉结点。拉结点应保证牢固，防止其移动变形，且尽量设置在外架大小横杆接点处。外墙装饰阶段拉结点也须满足上述要求，确因施工需要除去原拉结点时，必须重新补设可靠有效的临时拉结，以确保外架安全可靠。扣件上螺栓应保持适当的拧紧程度。对接扣件安装时其开口应向内，以防进雨水，直角扣件安装时开口不得向下，以保证安全。

（8）架体内封闭。脚手架的架体里立杆距墙体净距为 200mm，如因结构设计的限制大于 200mm 的必须铺设站人片，站人片设置平整牢固。脚手架施工层里立杆与建筑物之间应采用脚手片或木板进行封闭。施工层以下外架每隔 3 步以及底部用密目网或其他措施进行封闭。

（9）文明施工要求。进入施工现场的人员必须戴好安全帽，高空作业系好安全带，穿好防滑鞋等，现场严禁吸烟。进入施工现场的人员要爱护场内的各种绿化设施和标示牌，不得践踏草坪、损坏花草树木、随意拆除和移动标示牌。严禁酗酒人员上架作业，施工操作时要求精力集中，禁止开玩笑和打闹。

9.1.5.2　验收要求

（1）脚手架搭设完毕，应由施工负责人组织，有关人员参加，按照施工方案和规范分段进行逐项检查验收，确认符合要求后，方可投入使用。

（2）检验标准：钢管立杆纵距偏差为 ±50mm；钢管立杆垂直偏差不大于 $1/100H$，且不大于 100mm（H 为总高度）。

（3）架子搭设完毕在投入使用前，应逐层、逐段由主管施工员、架子施工队长、架子作业班班长和项目安全员等组织一起验收，验收时必须有主管审批架子搭设技术方案人员和安全部门参加，并填写验收单。凡不符合规定的应立即进行整改，对检查结果及整改情况应按实测数据进行记录，并由检测人员签字。

（4）每搭好二层四步应进行检查，办理中间验收手续后，才可以继续搭设。架子投入使用时，施工管理人员架子人员采取经常性检查，在前半年使用中应每月至少检查一次，在使用半年后应每半月至少检查一次，在检查中发现存在安全隐患应及时加固处理，确保施工安全。

9.1.6　施工方法

（1）落地脚手架搭设的工艺流程。场地平整、夯实→基础承载力实验、材料配备→定位设置通长脚手板、底座→纵向扫地杆→立杆→横向扫地杆→小横杆→大横杆（搁栅）→剪刀撑→连墙件→铺脚手板→扎防护栏杆→扎安全网。

在搭设首层脚手架过程中，沿四周每框架格内设一道斜支撑，拐角除双向增设，待该部位脚手架与主体结构的连墙件可靠拉接后方可拆除。当脚手架操作层高出连墙件两步时，宜先立外排，后立内排。

（2）定距定位。根据构造要求在建筑物四角用尺量出内外立杆离墙距离，并做好标记；用钢卷尺拉直，分出立杆位置，并用小竹片点出立杆标记；垫板、底座应准确地放在定位线上，垫板必须铺放平整，不得悬空。

（3）脚手架的拆除顺序。安全网→侧挡板→脚手板→扶手（栏杆）→剪刀撑（随每步脚手架拆除）→搁栅→大横杆→小横杆→立杆。

9.1.7 安全注意事项

9.1.7.1 准备阶段的安全注意事项

（1）搭设架子前应进行保养，除锈并统一涂色，颜色力求环境美观。

（2）脚手架的基础必须经过夯实处理，满足承载力要求，做到不积水、不沉陷。

（3）脚手架的搭设应由专业的施工队伍进行；施工单位要明确脚手架专项施工的技术负责人及专职安全员。建议各项目部应加强管理，使架子工从一开始就能够按规范要求搭设脚手架。

（4）严格明确落实持证上岗制度，脚手架作业人员必须是经国家考核管理规则考核达标的架子工。

（5）施工组织过程中对上岗人员健康状况应及时检查，合格者才能上岗。

（6）脚手架要按规定在四角设防雷装置。

（7）架子必须正确使用"三宝"，进入施工现场必须戴好安全帽。不准穿拖鞋、高跟鞋、硬底鞋上岗，不得打赤脚，要穿防滑鞋。严禁酒后上岗，搭设操作时思想集中，不准在架上往下抛物，架子工须持有劳动部门颁发的特殊工种操作证，并经体检合格后才准上岗。架子工班组人员必须自觉遵守施工规章制度，不得违章作业，施工操作时应严格按安全技术交底和操作规程作业。

9.1.7.2 安装及使用的安全注意事项

（1）脚手架上不得超载，不得将模板支架、悬挑平台、缆风绳、卸料槽以及泵送混凝土和砂浆的输送管等固定在脚手架上。

（2）当有六级及六级以上大风、雾、雨、雪天气时，应停止脚手架的使用与搭设作业。

（3）外脚手架不得搭设在距离外电架空线路的安全距离内，并做好可靠的安全接地处理。

（4）定期检查脚手架，发现问题和隐患，在施工作业前及时维修加固，以达到坚固稳定，确保施工安全。

（5）外脚手架严禁钢竹、钢木混搭，禁止扣件、绳索、铁丝、竹篾、塑料篾混用。

（6）外脚手架搭设人员必须持证上岗，并正确使用安全帽、安全带、穿防滑鞋。

（7）严禁脚手板存在探头板，铺设脚手板以及多层作业时，应尽量使施工荷载内外传递平衡。

（8）保证脚手架体的整体性，不得与井架、升降机一并拉结，不得截断架体。

（9）脚手架必须配合施工进度搭设，一次搭设高度不得超过相邻连墙件以上两步。在搭设过程中应由安全员、架子班长等进行检查、验收。每两步验收一次。任何班组长和个人，未经同意不得任意拆除脚手架部件。

（10）严格控制施工荷载，脚手板不得集中堆料施荷，施工荷载不得大于 $3kN/m^2$，确保较大安全储备。

（11）结构施工时不允许多层同时作业，装修施工时同时作业层数不超过两层，临时性用的悬挑架的同时作业层数不超过两层。

（12）当作业层高出其下连墙件 3.6m 以上且其上尚无连墙件时，应采取适当的临时撑拉措施。

（13）各作业层之间设置可靠的防护栅栏，防止坠落物体伤人。

（14）脚手架立杆基础外侧应挖排水沟，以防雨水浸泡地基。

（15）脚手架要及时进行验收，及时消除隐患，验收符合要求后方可使用。

9.1.7.3　拆除施工的安全注意事项

（1）拆架前，全面检查待拆脚手架，根据检查结果，拟订出作业计划，报请批准，进行技术交底后才准工作。架体拆除前，必须察看施工现场环境，包括架空线路、外脚手架、地面的设施等各类障碍物、地锚、缆风绳、连墙杆及被拆架体各吊点、附件、电气装置情况，凡能提前拆除的尽量拆除掉。脚手架拆除时，应在拆除前对脚手架的扣件连接、连墙件、支撑体系等是否符合构造要求作全面检查，根据检查结果，先拟订拆除方案，报请批准；进行安全技术交底后，才准开始拆除工作。

（2）脚手架拆除前必须制定拆除方案，并向拆架人员进行安全技术交底。同时，拆架前应全面检查脚手架的扣件连接，连墙件、支撑体系等是否符合构造要求，对影响拆架安全的部位采取必要的临时加固措施后，再按顺序进行拆架作业。

（3）拆除脚手架时，地面应设围护栏杆和警告标志，并派专人看守，严禁一切非操作人员入内。

（4）拆架程序应遵守由上而下，先搭后拆的原则，即先拆拉杆、脚手板、剪刀撑、斜撑，而后拆小横杆、大横杆、立杆等，并按一步一清原则依次进行；严禁上下同时进行拆架作业。

（5）拆架时，首先应清除脚手架上的材料、杂物和地面障碍物。拆立杆时，要先抱住立杆再拆开最后两个扣，拆除大横杆、斜撑、剪刀撑时，应先拆中间扣件，然后托住中间，再解端头扣。连墙杆（拉结点）应随拆除进度逐层拆除，拆抛撑时，应用临时撑支住，然后才能拆除。

（6）拆下的材料要徐徐下运，严禁抛掷。运至地面的材料应按指定地点随拆随运，分类堆放，当天拆当天清，拆下的扣件和铁丝要集中回收处理。拆下的杆件、配件和绑扎铁丝等严禁向下抛掷，应利用绳索、滑轮和其他垂直运输设施及时运往地面，分类集中堆放。

（7）翻掀垫铺竹笆应注意站立位置，并应自外向里翻起竖立，防止外翻将竹笆内未清除的残留物从高处坠落伤人。

（8）拆架的高处作业人员应戴安全帽、系安全带、扎裹腿、穿软底防滑鞋。

（9）高层建筑脚手架拆除，应配备各良好的通信装置，拆除时要统一指挥，上下呼应，动作协调，当解开与另一人有关的结扣时，应先通知对方，以防坠落。

（10）拆架时如附近有外电线路，务必倍加注意安全，不要损坏隔离围护设施，不要将杆件接触电线；同时不要碰坏建筑物的门窗、水落管、墙面等，要注意成品保护。

（11）在拆架时，不得中途换人，如必须换人时，应将拆除情况交代清楚后方可离开；当天离岗时，应及时加固尚未拆除部分，防止存留隐患造成复岗后的人为事故。

（12）如遇强风、雨、雪等特殊气候，不应进行脚手架的拆除，严禁夜间拆除。

9.1.8 事故应急措施

（1）脚手架坍塌防治措施。施工现场发生脚手架坍塌事件，由项目经理负责现场总指挥；发现事故发生人员首先应该高声呼喊，应急小组成员立即查看是否有人受伤，并设立危险警戒区域，迅速确定事故发生的准确位置、可能波及的范围、脚手架损坏的程度、人员伤亡情况等，以根据不同情况进行应急处置。对未坍塌部位进行抢修加固或者拆除，封锁周围危险区域，防止进一步坍塌。拨打 120 急救电话时，应详细说明事故地点和人员伤害情况，并派人到路口进行接应。在没有人员受伤的情况下，应根据实际情况对脚手架进行加固或拆除，在确保人员生命安全的前提下，组织恢复正常施工秩序。

（2）脚手架倾覆事故救援预案。发生脚手架倾覆事故时，各工长等人员协助生产负责人对现场清理，抬运物品，及时抢救被砸人员或被压人员，最大限度减少重伤程度，如有轻伤人员可采取简易现场救护工作，如包扎、止血等措施，以免造成重大伤亡事故。如有脚手架倾覆事故发生，按小组预先分工，各负其责，但是架子工长应组织所有架子工，立即拆除相关脚手架，外包队人员应协助清理有关材料，保证现场材料畅通，方便救护车辆出入，以最快的速度抢救伤员，将伤亡事故降到最低。如事故严重立即上报公司安全科，并请求公司启动公司级应急救援预案。

（3）物体打击事故救援预案。发生物体打击事故后，由项目经理负责现场总指挥，发现事故发生人员首先高声呼喊，通知现场安全员，由安全员打事故抢救电话 120，向上级有关部门或医院打电话抢救，同时通知生产负责人组织紧急应变小组进行可行的应急抢救，如现场包扎、止血等措施，防止受伤人员流血过多造成死亡事故发生。预先成立的应急小组人员分工，各负其责，重伤人员由水电工长协助送外抢救工作，门卫在大门口迎接来救护的车辆，有序处理事故、事件，最大限度减少人员伤亡和财产损失。

（4）高空坠落事故救援预案。一旦发生高空坠落事故由安全员组织抢救伤员，项目经理拨打电话 120 给急救中心，由土建工长保护好现场防止事态扩大。其他义务小组人员协助安全员做好现场救护工作，水、电工长协助送伤员外部救护工作，如有轻伤或休克人员，现场安全员组织临时抢救、包扎止血或做人工呼吸或胸外心脏挤压，尽最大努力抢救伤员，将伤亡事故控制到最小程度，损失降到最小范围。

（5）雷电事故救援预案。发生事故后，指挥部领导小组应在第一时间赶到事故现场，按照制定的应急救援预案，立即自救或者实施援救。保护好现场和保证通信设备完好，内外、上下主要信息联络畅通。指挥部领导小组接到雷电灾害事故报告后，立即向上级主管部门领导报告，并组织有关人员赶赴现场，对抢险救灾事故处理实行统一指挥。参加抢险救援工作，不得拖延、推诿，应当采取有效措施，减少事故损失，防止事故蔓延扩大。

（6）触电事故应急预案。触电事故发生后应迅速切断电源，如是低压触电，迅速到附近把电源开关或电源插销切断。如触电地点远离电源开关或电源插销，现场用有绝缘柄的电工钳、干燥木棒、竹竿挑开电线，或用干燥的衣服、手套、绳索、木板拉开触电者。若触电者脱离电源后，呼吸、心跳已停止应立即就地对触电者施行人工呼吸和胸外心脏挤压抢救，抢救时应把触电者移至通风、凉爽的地方进行，若天气寒冷应注意保温，并快速送医院。查明事故原因及责任人，制定有效的预防措施，防止此类事故再次发生。

9.2　钢桁架吊装安全专项方案

9.2.1　工程概况

某工程主要为混凝土框架结构，屋面采用钢桁架结构，钢结构工程建设的主要内容是：钢桁架梁的制作与吊装。屋面构件体积大，构件属于大截面大尺寸大跨度，吊装难度很大，吊装过程必须与土建穿插，构件多，安装精度要求高。单榀桁架重95t，安装跨度28.2m，总共分三段完成，桁架底标高27m，置于钢筋混凝土柱上。

9.2.2　编制依据

(1)《建筑机械使用安全技术规范》(JGJ 33—2012)。

(2)《建筑施工安全检验标准》(JGJ 59—2011)。

(3)《建筑工程施工质量验收统一标准》(GB 50300—2013)。

(4)《建设工程项目管理规范》(GB/T 50326—2017)。

(5)《钢结构设计规范》(GB 50017—2014)。

(6)《建设工程施工现场供用电安全规范》(GB 50194—2014)。

(7)《建筑施工高处作业安全技术规程》(JGJ 80—2016)。

(8) 建筑施工相关技术资料等。

9.2.3　设计计算

9.2.3.1　吊装机具选择

根据构件及场地现状，决定采用液压传动汽车式起重机，这种起重机的优点是机动性好、转移迅速。双机台吊，吊装机型号的选择如下。

(1) 吊装高度

$$H = H_1 + H_2 + H_3 + H_4 \tag{9.1}$$

式中　H——构件吊装高度，m；

　　　H_1——吊钩及钢丝绳高度，取3m；

　　　H_2——构件高度，取4.4m；

　　　H_3——构件底至地面高度，取20.87m；

　　　H_4——安装间隙高度，取0.3m。

计算得到

$$H = 3 + 4.4 + 20.87 + 0.3 = 28.57m$$

(2) 吊装重量及起吊荷载

$$Q = Q_1 + Q_2 + Q_3 \tag{9.2}$$

式中　Q——吊装重量，t；

　　　Q_1——吊钩及钢丝绳重量，取3t；

　　　Q_2——最大构件重量，取95t；

　　　Q_3——卡具及其他重量，取2t。

计算得到

$$Q = 3 + 95 + 2 = 100t$$

考虑到钢桁架的吊装采用焊接吊装环，吊装环焊接于桁架的上弦杆。为了避免桁架上弦杆节间受力引起受弯，吊装环的位置尚应考虑桁架的节点间距，吊点分别设置在距构件重心 10.1m、12.6m 处，受力图如图 9.5 所示。

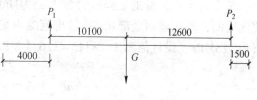

图 9.5 构件受力简图

$G = 100t$，根据平衡条件，计算起吊荷载：

$$P_1 = 55.5t, \quad P_2 = 44.5t$$

（3）起重机性能参数。根据构件重量、吊装高度及现场状况，对该桁架采用两台 QY16 型汽车式起重机，双台整吊，根据起重机性能参数，回转半径 7m，吊车出杆 30.4m，吊车起吊重量 56t。

9.2.3.2　吊点受力计算

（1）吊装点焊缝长度计算。吊装鼻子承受的最大荷载为 55.5t，拟采用 50mm 厚 Q345 钢板制作，一级全熔透侧面角焊缝，焊角尺寸 $h_f = 10mm$，焊缝强度为 $160N/mm^2$，则所需焊缝长度计算如下

$$l_w = \frac{N}{2h_f f_f^w} = \frac{555000}{2 \times 0.7 \times 10 \times 160} = 247mm$$

考虑焊缝质量，为更好地保证安全，取焊缝长度 $l_w = 660mm$。

（2）吊装环截面尺寸确定。考虑吊装承受动力荷载，取动力荷载分项系数为 1.4，钢材强度 $295N/mm^2$，所需吊装环截面面积为

$$A_s = \frac{1.4 \times 555000}{295} = 2634mm^2$$

根据吊装要求，吊装环上需开直径为 150mm 的圆孔，根据钢板的构造要求，拟采用图 9.6 所示截面，钢板厚度 50mm，则吊装环孔净截面面积为：

$A = (400 - 150) \times 50 = 12500mm^2 > 2634mm^2$
满足要求。

在吊装时在吊装环两侧各焊接两块 50mm 厚 400×300 的加劲板，防止侧向倾覆。

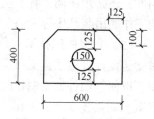

图 9.6　净面积计算简图

（3）吊装绳子选择及卡环确定。起吊时，吊装绳夹角约为 35°，根据上述计算，吊点承受的动力荷载为 77t，选用 50t 双股吊装绳，每股吊装绳承受的拉力验算如下：

$$N = \frac{1}{2}(\sin\alpha \times P_1) = \frac{1}{2} \times 0.58 \times 77 = 44.7t$$

故满足要求。同时，卡环选用 63t 卡环，也满足要求。

9.2.3.3　地面受力计算

QY16 型汽车式起重机自重 160t，吊装构件等自重约 60t，根据汽车式起重机外形尺寸、出杆长度、支脚纵横间距，安装满吊时不向前倾覆，计算出前面两个支脚承受的压力；空吊时不向后倾计算出后面两个支脚的压力，后面两个支脚压力大于前面两个支脚压

力，取后面两个支脚压力的 1/2 作为单支脚的竖向压力，为 82.5t。

考虑汽车式起重机支脚压力较大，为防止地面沉陷，地面采用 300mm 厚钢筋混凝土硬化地面，硬化地面底部 45°扩散角范围内采用素土夯实，查得素填土的地基承载力标准值为 115MPa，设计值为 1.1×115＝126.5 MPa，则单个支脚竖向压力所需的底面积为：

$$A \geqslant \frac{F}{f - \gamma d} = \frac{825000}{126.5 - 20 \times 0.3} = 6.85 \text{mm}^2$$

为避免四个支脚不均匀沉降，将四个压脚基础连在一起，并考虑支脚纵向间距 6.25m，横向间距 6m 以及场地条件，以站位为原型为对角线交点固化 7×7m² 面积，基础底板按构造要求配置#12@200 的构造钢筋。

9.2.4 施工准备

9.2.4.1 技术准备

（1）大跨度钢桁架采用分段吊装法进行施工时，根据其结构形式、分段的重量、分段的就位标高以及现场的施工条件，可选用塔式起重机、桅杆式起重机和自行杆式起重机。通常用起重量、起重高度和起重半径这三个指标来评价这些起重机械的性能。选择起重机械时，还得考虑它们的起重臂长、行走方式和开行路线等的影响。

（2）在吊装施工中，一般无需考虑塔式起重机和桅杆式起重机的移动性能，但必须分析钢桁架结构及其结构分段与自行杆式起重机行走方式和开行路线之间的相互影响。

（3）汽车式起重机和轮胎式起重机不能负载行驶，其开行路线应根据现场条件和施工平面布置图确定。涉及吊装工艺的现场条件主要有道路、停机点位置和工作空间等。起重机的开行路线与结构在现场的分布密切相关，必须根据施工平面布置图制定起重机的开行路线。

（4）履带式起重机可以负载行驶，其开行路线除了考虑现场条件和施工平面布置的影响外，还必须协调工程的主体结构、钢桁架分段间的相对位置关系、钢桁架分段吊装的前期工作的吊装顺序等矛盾。

（5）积极组织技术人员在熟悉施工图纸的基础上抓紧做好钢构件二次设计工作，并及时交送设计院审核且必须得到设计院的认可。安排人员进行钢筋翻样，绘制型钢穿筋孔图，以便钢构件加工制作时留设穿筋孔。组织人员编制科学、合理的钢结构制作吊装施工方案。加强技术交底工作，做到统一操作方法、统一质量要求、统一验收标准。

9.2.4.2 材料及机具准备

（1）钢材应有出厂合格证、出厂质量证明书，制作前应依据国家现行相关标准复查出厂质量证明书。

（2）所用钢材的抗拉强度、伸长率、屈服点、冷弯性能、力学性能及化学成分均应符合规范要求。

（3）焊接所用焊条的品种、规格、型号应与焊件的材质、规格相适应，并应符合现行国家标准的规定与设计要求，选择屈服强度较低、冲击韧性较好的低氢焊条。

（4）吊装前的最后检查：索具、工具是否齐全，符合安全要求；所有钢桁架编号，控制线是否齐全；安全设施是否齐备，道路是否平整，起重设备是否完好。

（5）在原材入库之前，钢结构材料厂对所有原材料进行严格的检查、检测。对本工程所有钢板取样，送国家质量检测部门，对机械性进行检验；高强螺栓及所有钢构件都有产品合格证书，坚决杜绝不符合国家标准的原材料进场使用。

9.2.4.3 人员准备

（1）施工准备阶段的质量保证措施：建立完善的质量保证体系，实施质量否决制度，在吊装期间做到各负其责，严格三检，层层把关，把质量事故消灭在萌芽阶段，对技术难点进行攻关。

（2）成立安全文明施工领导小组，项目经理为组长，技术负责人或工地负责人为副组长，项目部管理人员为组员，以"安全第一、预防为主"的指导思想，建立本工程的安全文明施工保证体系。

（3）企业必须在劳动者上岗前对其进行劳动安全卫生教育，以防止劳动过程中发生事故。进行三级安全教育——上岗必须进行公司、工程项目部和作业班组三级安全教育。安全教育应使劳动者了解将进行作业的环节和危险程度，熟悉操作规程，检查劳动保护用品是否完好并会正确使用。

（4）吊装人员必须经过项目部安全人员的安全培训教育，吊装指挥人员、铆工、焊工、起重工、司机等参与吊装的工作人员必须有相应的上岗工作证书，否则严禁进入施工吊装现场。

（5）贯彻落实"以人为本，珍惜生命；关爱健康，保护环境；预防为主，强化监督；科学管理，持续改进"的管理方针，遵守国家、地方有关法律法规，为员工创造良好的生活、工作环境，最大限制地减少不安全行为，实现工程项目安全和职业健康安全目标。

9.2.5 施工要求

（1）钢桁架分段的断开点应尽量设在结构受力较小的位置。结合钢桁架的结构形式，参考设计计算书，正确把握结构的应力分布情况，特别是钢桁架节点的受力状况。从结构特征来说，有节点的钢桁架，特别是球节点，钢桁架分段一般应在节点处断开。

（2）钢桁架分段的吊装重量不能超出起重机的提升能力。起重机的选用主要是由现场的施工条件决定。在划分钢桁架之前，应该清楚每个网格的粗略自重，将吊装索具的重量和施工荷载考虑后，要保证每片钢桁架分段的吊装重量必须在起重机的起重范围内。

（3）每片钢桁架分段都应有足够多的绑扎位置。一般设在刚度大、便于调节索具的节点附近。由于横吊梁的使用不方便，所以还得尽量满足各个绑扎点间有合适的距离，以保证绳索的吊装角度。

（4）钢桁架分段的划分也要考虑钢桁架分段间的相互影响。首先能保证钢桁架分段间的吊装不会相互妨碍，其次要方便高空焊接连接钢桁架分段。临时支架的搭设不能影响结构中混凝土梁、柱的完整性，而钢桁架分段的大小决定了临时支架的搭设位置，因此，钢桁架分段的划分必须结合整个主体结构。

（5）钢桁架分段的划分必须考虑其吊装时的刚度和稳定性。钢桁架在吊装过程中，因其自重会使受力状况发生变化，部分设计为受压构件的会成为受拉构件，或其内力变大，这就会导致钢桁架发生变形。所以，划分后的钢桁架分段要能保证其在吊装时不会产生太大应力重组和变形。必要时，要增设加固构件，满足吊装的可靠性条件。

（6）构件运输应配套、按顺序进行，先吊的先运，避免混乱和增加二次搬运。构件运输时的受力情况和支承方式应尽可能接近设计放置状态，如受力状态改变，应对杆件进行验算，不够时进行适当加固。

（7）构件的支承点应水平，并尽量对称，使荷重均匀。对高宽比较大或多层叠放的运输构件，应设置固定架或倒链等予以固定，以防倾倒。各构件间须用隔板或垫木隔开，上下垫木应在同一直线上，并加垫楞木或草袋等物使其紧密接触，用钢丝绳及法兰螺栓将其连成一体拴牢于车厢上，以免运输时滑动、变形。

（8）吊装前，项目经理、安全员必须在现场进行监督，发现问题及时下令停止，配合总指挥的工作，最终达到"分工明确，有章可依"的目的。施工吊装阶段，配置专职的质量检查员，进行跟班跟点的质量检查和吊装工作检查验收，应遵守设计和施工质量验收规范的要求。

（9）钢桁架吊装前，应对桁架两侧杂物进行清理，对吊车吊装位置的场地进行平整，便于吊装作业。吊装前将钢桁架吊装场地硬化，满足吊装要求。对现场安装人员做好技术和安全交底，并做好记录。钢桁架吊装前核实好安装制作几何尺寸。

（10）建筑物及支架结构混凝土的强度应符合设计要求；轴线偏差、柱顶标高、外形尺寸不得超差；预埋件位置、平整度应符合设计要求。根据土建提供的现场实测位置尺寸，对施工现场与钢桁架吊装有关的构件进行分中、弹线、抄平，清理预埋件上的杂物，并将钢桁架吊装所使用的各种工具事先准备齐全。保证钢桁架结构的几何尺寸，对钢桁架及零部件的型号尺寸进行复核。保证钢桁架安装的垂直度、位移，桁架安装时焊接及紧固的质量。钢桁架吊装前，质检人员对钢桁架构件进行检查、复核，检查合格后及时通知监理检查，经监理检查合格后方可进行吊装。

（11）建立安全管理制度。

1）安全检查制度。做好安全检查工作，进行安全责任考核，督促做好安全防护工作，严格执行安全管理制度。

2）安全教育制度。对进场人员进行安全教育，包括安全的基本常识、安全责任制、安全作业方法等的教育，形成人人懂安全、人人管安全的环境。

3）安全交底制度。做好二级交底工作，技术部向工程部交底，工程部在施工前必须逐组进行安全技术交底，交底内容针对性要强，做好记录，并明确安全责任。

（12）施工现场安全管理。贯彻执行劳动保护、安全生产、消防工作的各类法规、条例、规定，遵守工地的安全生产制度和规定。施工负责人必须对职工进行安全生产教育，增强法制观念和提高职工的安全生产思想意识及自我保护能力，自觉遵守安全纪律、安全生产制度，服从安全生产管理。

所有的生产及管理人员必须严格遵守安全生产纪律，正确穿、戴和使用好劳动防护用品。认真贯彻执行分部分项、工种及生产技术交底要求。施工负责人必须检查具体制作人员的落实情况，并经常性督促、指导，确保施工安全。生产负责人应对所属区域的安全质量、防火、卫生各方面全面负责。

对生产区域、作业环境、操作设施设备、工具用具等必须认真检查。发现问题和隐患，立即停止并落实整改，确认安全后方准生产。机械设备等设施，使用前需经有关部门按规定验收，并做好验收及交付使用的书面手续。

特殊工种的操作人员必须按规定经有关部门培训，考核合格后持有效证件上岗作业。

进入现场，必须戴好安全帽，扣好帽带，并正确使用个人劳动防护用品。2m 以上的高空、悬挂作业，无安全设施的，必须戴好安全带，扣好保险钩。吊装区域非操作人员严禁入内，吊装机械必须完好，垂直下方不准站人。

必须严格执行各类防火防爆制度，易燃易爆场所严禁吸烟及动用明火，消防器材不准挪作它用。电焊、气割作业应按规定办理动火审批手续，严格遵守"十不烧"规定，严禁使用电炉。各种电动机械设备，必须有可靠有效的安全接地和防护装置，方能开动使用。未经交底人员一律不准上岗。

（13）现场安全用电。为防止电气设备或系统的金属外壳因绝缘损坏而带电，必须将正常情况下不带电的金属外壳或构架与 PE 线相连，并作重复接地，即保护接零。保护零线由工作接地线、配电房的零线或第一级漏电保护器的电源侧引出，保护零线除在配电房外接地外，还需在配电线路的中间处和末端处重复接地，接地电阻不大于 10Ω，接地体深埋 2.5m 左右，配电箱、设备外壳的接地线采用直径不小于 2.5mm^2 的多股铜芯线。

1）施工现场一切用电设备安装必须严格按施工方案进行。供电干线、配电装置、发电房、配电房完工后，必须会同设计者、动力科、质安科共同检查验收合格后才允许通电运行。电气设备的设置、安装、防护、使用、维护、操作人员都必须符合施工现场临时用电安全技术规范要求。

2）接地装置必须在线路及配电装置投入运行前完工，并会同动力科及设计者共同检测其接地电阻值。接地电阻不合格者，严禁现场使用带有金属外壳的电器设备，并应增加人工接地体的数量，直至接地体完全合格为止。

3）电气设备在正常情况下不带电的金属外壳等均应作保护接零。保护零线应与工作零线分开，单独敷设，不作它用，保护零线必须采用绿/黄双色线。保护零线必须在配电室配电线路中间和末端至少三处作重复接地，重复接地线应与保护零线相连接。保护零线的截面应不小于工作零线截面的 1/2，同时必须满足机械强度要求。

4）一切用电的施工机具运至现场后，必须由电工检测其绝缘电阻及检测各部分电气附件是否完整无损，绝缘电阻小于 0.5Ω 或电气附件损坏的机具不得安装使用。配电系统中开关电器必须完好，设置牢固、端正。带电导线接头间必须绝缘包扎，严禁挂压其他物体。

5）保护移动式设备的漏电开关、负荷线每周检查一次；保护固定使用设备的漏电开关应每月检查一次。防雷接地电阻每月一日前进行全面检测。漏电保护器只能通过工作线，开关箱应实行一机一闸制。配电箱、开关箱应配锁，专人负责，定期检修。

6）在电气装置和线路周围不堆放易燃、易爆和强腐蚀物质，不使用火源。在电气装置相对集中场所，配置绝缘灭火器材，并禁止烟火。合理设置防雷装置，加强电气设备相间和相地间绝缘，防止闪烁。加强电气防火知识宣传，对防火重点场所加强管制，并设置禁止烟火标志。

（14）防火防爆安全措施。重视安全宣传，加强防火意识教育。制定严格的防火措施，以教育为主辅以惩罚来做好防火工作；对易燃、易爆物品（如氧气、乙炔等）一定要加强保管，并派专人定期检查，禁止随意堆放；现场焊接或切割等动火操作时要注意周围上下环境有无危险性，严禁在焊接或切割时，生拉硬拽电线或气管。

现场要配备足够的防火器材，如干冰灭火器、消防桶、消防沙及消防铁锹等。对化学灭火器要定人定期检查，超过使用日期的要及时更换；电气控制等重要部位要采取专人值班、保管措施，安全员必须养成良好工作习惯，不动与自己无关的一切电气开关。

在现场醒目处悬挂警示牌：严禁在生产现场内吸烟。对在现场内吸烟者，一旦发现就进行罚款并进行教育；现场电工要持证上岗，要认真负责，及时排除一切可能由电引起的火灾隐患。

9.2.6　施工方法

钢桁架单元拼装完成后，即可开始钢桁架的吊装。大跨度钢桁架一般应从结构的两端轮流对称吊装，多用履带式起重机进行吊装，以满足负载开行的要求。钢桁架分段的常用吊装方法有单机吊装和双机抬吊两种方法，双机抬吊与单机吊装的区别仅在于起重机工作的协调上，具体的施工方法可概括如下。

（1）桁架提升准备。钢桁架在拼装平台上拼装，拼装完成后用25t汽车吊将拼装好的钢桁架梁吊运至安装位置。为保证吊装施工的正常进行，要求25t汽车吊行走路线场地需要平整、硬化处理。绑扎点位置确定后，用钢索绑扎，将吊装分段与滑轮、手动葫芦和吊车挂钩连接起来，并检查各绳索是否牢固可靠。此外，应在吊装分段的两端系上缆风绳，在钢桁架分段提升时，人工拉紧缆风绳，以防止发生分段摆动或旋转。平稳、竖直、缓慢提升结构分段，使该钢桁架分段与周围的拼装钢桁架结构脱开，并将该钢桁架分段提升至距地面拼装结构2m高左右，之后停止抬升起重臂。在钢桁架提升阶段必须尽量避免桁架的碰撞，防止杆件发生不必要的变形。

（2）结构分段的调位。桁架提升后，如果桁架的倾斜角度不满足安装就位要求，就需要对结构分段进行必要的调位。调位可在脱模之后、吊运之前进行，也可在吊运之后、安装就位之前进行。考虑场地及施工特点，调位常在脱模之后、吊运之前进行。

结构分段脱模后，由履带式起重机将其吊到就近的平整场地放下。根据结构分段的安装就位角度，调节滑轮和手动葫芦，改变各条钢索的起吊长度，来调节吊装分段的倾斜角度，以满足其就位要求。此工序要保证绳索与起重机吊钩的中心线应通过钢桁架分段的重心。

结构分段的调位除了可以满足吊装分段的就位倾斜角度，方便安装外，还可使分段在就位时所受的力均匀化。吊装分段的倾斜角度与其支承结构的高差一致，分段安装时，它的各支承点会同时与对应的支承结构接触，就能同时受力，可以减少分段就位时的部分杆件因受力过大而产生应力集中和大变形。

（3）结构分段的吊运。完成结构分段的调位后，接着可以进行下一步吊运工序：将结构分段从调位位置吊运到安装位置。这步操作主要处理起重机与结构分段之间的协调，即采用合理的开行方法，将钢桁架分段安全吊运到安装位置。

起重机移动前，应该将结构分段提升到一定高度，该高度一般要高于开行路线附近的结构高度，避免结构分段在吊运过程中受阻。开行过程中，应保证分段的平稳移动；需要升降时，吊车必须停止移动。

考虑到安全性和稳定性的要求，常用的吊运工序可为：将结构分段提升至一定高度后，再旋转起重臂，将结构分段从起重机的侧面旋至其正前方或正后方；缓慢开行起重机，同时用两端的缆风绳维持结构分段的稳定，并调整其方向；到达安装位置附近时，起重机停止移动，提升结构分段至超过安装高度 2m 左右；再次旋转起重臂，将结构分段吊装到安装位置上空；在伸长或缩短起重臂，尽量满足分段的悬空方位与就位位置一致。

钢桁架分段在吊运途中，必须安排工人牵拉系在钢桁架分段两端的缆风绳。首先，牵拉缆风绳能阻止钢桁架分段摇晃，维持分段自身的静止受力状态。这样可以防止因摇晃过大产生不可忽略的振动荷载，从而改变结构的受力状况，最终导致钢桁架分段绑扎点处的受力增大。其次，牵拉缆风绳可以维持钢桁架分段的稳定，还能平衡起重机和分段间的稳定性。起重机在开行过程中，如果所吊装的钢桁架分段来回摇晃，会导致起重臂的负载不断变动，从而影响起重机与分段间的重心不断移动，尤其是起重臂要负担摇摆的荷载，最终可能会导致起重机开行不稳定。最后，牵拉缆风绳能调整钢桁架分段的方向。由于场地环境的限制，钢桁架分段在吊装途中可能会碰撞到结构突出物，这时可通过调整钢桁架分段的朝向来避免该现象的发生。

在钢桁架分段吊至就位位置上空前，应尽量保证分段的方向与就位方向粗略一致，避免将结构分段停在就位位置上空再旋转以达到朝向一致的要求。一般而言，在吊运始或吊运末时，可通过牵拉缆风绳调整分段朝向来满足这个需求。

（4）结构分段的就位。采用分段吊装的钢桁架单元，由于其宽度小、长度大，常在分段的两端各设一个支承点。就位时，结构分段的两端都应该支承在定位结构上。

由于结构分段的吊装顺序不同，其就位支承方式也就不同。首吊分段的两端均应就位于定位结构上。结构分段的吊装一般是从钢桁架整体结构的两端开始，首吊的结构分段一端支于支座上，另一端支于临时支架上。在就位过程中，应用全站仪进行坐标定位，通过可调整模板来调整临时支架的坐标，直至定位正确。定位时必须考虑分段间的接口间隙以及连接变形，吊装时应避免分段间产生碰撞。

（5）结构分段的固定。各分段间的标高应跟踪测量，并考虑焊接变形。结构分段的安装高度和水平位置经校核合格后，可进行各分段之间的连接固定。支承于混凝土结构上的分段，一般不需采用另外的固定措施，将其支承于混凝土结构上即可。支承于临时支架上的结构分段，也不需采用连接固定措施。与混凝土或钢支座连接的结构分段，以及一端支于相邻钢桁架结构上的结构分段，在就位后应立即采取相应措施连接固定。

起重机应在连接固定完成后脱钩，以避免连接部位由于受力过大而影响其连接质量。为了避免因此脱钩造成临时支架受力过大而产生较大变形，起重机脱钩释放提升力一般分三次进行：第一次释放 1/4 左右的力，第二次释放 1/2 左右的力，第三次完全释放剩余的力。在释放过程中观测临时支架、结构分段有无变化，并做好记录以备检测。

（6）生命线的设置与拆除。由于钢结构吊装在高空作业，作业人员在钢结构梁或檩条上行走或操作时面临各种各样很大的风险，发生人身坠落是其中最大的风险，造成的后果也是最严重的。为确保高空作业人员的人身安全，在施工过程中采取临时安装一系列的钢丝网格线在钢结构建筑的高空作业面上，这种临时安装的钢丝绳被称为"生命线"。作业人员在高空作业时将身上佩带的安全绳扣在生命线上，万一发生作业人员失足坠落时，身体仍然可悬挂在生命线上，不会坠落到地面而发生安全事故。

1）生命线必须具备以下特点：安全可靠，必须确保足够的强度和稳定性，这样才可承受人身坠落时对生命线产生的冲力；方便可行，布置完成的生命线必须不影响工程的每道作业工序，作业人员在操作过程中使用方便；易于安装和拆除，生命线的安装和拆除都不宜花费太多的人力和物力，以免影响工程的工期进度和成本。

2）架设生命线注意事项：生命线应在地面拼装时安装就位，随屋面桁架一起吊装，以减少高空作业的风险。每一榀桁架上均需设置。生命线必须架设在固定立杆上，离开桁架的上弦高度可在1m，以提高挂点。立杆间距应根据立杆的强度、立杆支撑点的承载力确定，不得大于7.5m。

3）生命线须选用直径不小于8mm、最小破断力不小于38.1kN的钢丝绳，端部固定必须使用绳卡连接的方式，同时应保证连接强度不得小于钢丝绳破断拉力的85%，禁止用打结的方式来固定。

4）生命线使用时的注意事项和维护：作业人员由外脚手架上人斜道登上屋面桁架，开始高空作业前将安全绳扣在生命线上。作业或移动时，安全绳一直扣在生命线上并和作业人员一起移动。在从一段生命线换到另外一段生命线时，必须先扣好另外一根安全绳后方可松开已经扣好的安全绳。每天派专人检查生命线的使用情况，如发现有磨损或其他安全隐患，立即采取措施纠正，并作好记录。每天检查生命线与梁面钢管的连接，如发现有U形卡松动或其他安全隐患，立即采取措施纠正，并作好记录。

5）生命线的拆除：在开始安装屋面板和保温棉后，便要开始安排人员拆除生命线。生命线拆除时应分步分块进行，依照顺序逐步拆除所有的生命线。

9.2.7　安全注意事项

9.2.7.1　准备阶段的安全注意事项

（1）高处作业中的安全标志、工具、仪表、电气设施和各种设备，必须在施工前加以检查，确认其完好，方能投入使用。避免电焊机碰撞或剧烈震动，室外地面使用的电焊机放置在集装箱内；在电焊机部位配备有效的灭火器。根据工程情况及工程顺序，在吊装之前，施工区域应提前标出所有的轴线及标高并画出平面布置图，注明轴线及预埋件的复核尺寸，用水平仪对预埋件顶面进行测量并用垫板找平，做好施工场地的平整及布局工作，保持施工现场电源、道路的畅通及架子的搭设工作。

（2）对关键控制点进行复核，复核后，及时在支架预埋件安装位置画线，并在支架预埋安装部分设置焊接定位角钢，画出钢桁架支座底板的中心线，做到标记齐全、位置准确、色泽鲜明。根据设计标高，拉通长钢丝轴线，作为吊装高程及轴线控制准线。

（3）轴线、标高复核。钢桁架结构安装前对混凝土支架、结构轴线和标高再次进行检查，并应符合如下要求：

1）支架之间与栈桥有安装联系的主体结构间距符合标准要求。

2）支架之间与栈桥有安装联系的主体结构垂直度符合标准要求。

3）认真检查预埋件位置是否准确，预埋螺栓误差不得超过2mm。

（4）吊车运至现场组装后应对各部件进行性能测试，验收合格后方可用于实际吊装。钢桁架吊装前，应对桁架两侧杂物进行清理，对吊车吊装位置的场地进行平整，便于吊装作业。

（5）攀登和悬空高处作业人员以及搭设高处作业安全设施人员，必须经过专业技术培训及专业考试合格，持证上岗，并必须定期进行体格检查。严禁患有高血压、心脏病、恐高症、精神失常的人员从事高空作业。攀登和高空作业时必须佩戴安全带，穿防滑鞋。吊装人员必须经过项目部安全人员的安全培训教育，吊装指挥人员、焊工、起重工、司机等参与吊装的工作人员必须有相应的上岗工作证书，否则严禁进入施工吊装现场。

（6）为了保证钢桁架吊装的安全和质量，吊装前必须具备以下条件：编制专项吊装施工方案，并向操作人员进行技术和安全交底；进场起重机械检验合格，并报审监理部门；钢桁架组装检验批，报验、验收合格；混凝土支架结构及与栈桥有安装联系的主体结构全部施工结束，并有工序交接资料；认真检查组装好的钢桁架构件是否放平、垫实，防止变形扭曲；起重工必须认真检查好吊具，如钢丝绳、卡环、倒链等吊具；吊装工作必须有专人指挥吊装。

（7）施工准备阶段的质量保证措施：建立完善的质量保证体系，实施质量否决制度，在吊装期间做到各负其责，严格三检，层层把关，把质量事故消灭在萌芽阶段，对技术难点进行攻关。工人在上岗时要坚决拒绝"三违"（违章指挥、违章作业、违反劳动纪律），佩戴好个人防护用品。

（8）在钢桁架吊装就位前，必须将混凝土支架上安装部位的预埋件清理干净。再次测量各支架牛腿、结构的标高、轴线，当支架牛腿支座标高或水平度不符合要求时，可采用垫铁或刨削预埋件支座底面的方法来调节。钢桁架起吊前由制作位置吊到混凝土支架下临时停放位置。桁架在起吊前进行试吊。两台吊车起吊各自的试吊高度，均为钢桁架底部离地面 200~300mm 左右，这时钢桁架重量全部负载到两台吊车上，观察吊车的运转情况，检查各钢丝绳受力是否均匀，持续 5min，再看有无下沉现象，如情况良好，可正式起吊。双机抬吊时，吊车驾驶员必须熟练掌握抬吊中配合程序，起升和下降时两台吊车应基本保持速度一致。

（9）对于大构件必须进行吊装工况计算，根据计算确定重心、吊点、吊索的位置，并设计调平措施；所有起重机工具，应定期进行检查，对损坏者鉴定。绑扎方法应正确牢靠，以防吊装中吊索破断或从构件上滑脱，使起重机失重而倾翻。

9.2.7.2 施工阶段的安全注意事项

（1）在起吊过程中，两台吊车必须相互配合，吊车司机应时刻注意指挥人员的哨音和旗语，严格遵守哨音和旗语的命令，还应密切注意钢桁架，使其在空中平稳。起重吊装的指挥人员必须持证上岗，作业中，如机械（吊车）遇突发故障，应及时将吊物放置在安全的地方，再整修机械，直到确定机械没有问题时，再进行起吊。

（2）吊装过程中，吊装作业人员服从现场指挥人员的统一指挥，非吊装人员不许接近现场，负责人在发现违章作业时，应及时劝阻、制止，对不听劝阻继续违章操作者应立即停止其工作。现场指挥吊装人员必须是经验丰富之人，如有必要，可设置正副两人指挥，正指挥在下面负责全面指挥，副指挥站在混凝土支架上指挥钢桁架的就位工作。

（3）塔吊司机上班前必须进行交接手续，检查机械履历书及交接班记录等的填写情况及记载事项。起吊时，应先将钢桁架吊离地面约 1m 停住，确认制动器是否灵敏可靠，钢管柱绑扎是否牢固可靠，吊索器具位置是否正确，确认无误后，方可指挥起升。在防护栏杆的部位进行检查、维修、加油保养时，必须系好安全带。吊装过程存在群塔作业，因此一定要保证塔吊作业的统一、协调，传递要到位，指挥要准确，塔吊作业过程中，塔吊转臂、起落钩时要缓慢、平稳。

（4）桁架起吊的速度应均匀缓慢，同时将桁架上的缆风绳固定在各个角度，使起吊中不致摆动。当由水平状态逐渐倾斜时，应注意绑绳处所垫的破布、木块等是否滑落。

（5）当桁架逐渐落到支架、结构安装位置上时应特别小心，防止损坏预埋板的承力面，并使桁架支腿尽量抵靠限位角钢。此时可以察看桁架支座底板的中心线与支架、牛腿结构上预埋件的中心线是否吻合，并在桁架悬吊状态下进行调整。

（6）桁架提升超过建筑物结构或混凝土支架、安装位置约 $300 \sim 500\text{mm}$，然后将桁架缓慢降至安装位置进行对位，安装对位应以建筑物的定位轴线为准。因此在钢桁架吊装前，应用经纬仪在支架、结构安装位置上放出定位轴线。如截面中线与定位轴线偏差过大，应调整纠正。桁架对位后，立即进行临时固定。临时固定稳妥后，吊车方可摘去吊钩。

（7）严禁超载吊装。每次吊装前应严格检查吊索具、卡环、钢丝绳等，要做好验收记录，对于不符合吊装要求的吊索具需及时更换。要尽量避免满负荷行驶，构件摆动越大，超负荷就越多，就可能发生翻车事故。双机起吊时，根据起重机的起重性能进行合理的负荷分配（每台起重机的负荷不宜超过其安全负荷的 80%）并在操作时统一指挥。两台起重机的驾驶员应互相密切配合，防止一台起重机失重而使另一台起重机超载。在整个抬吊过程中，两台起重机的吊钩滑车组均应保持铅垂状态。单机起吊时，起重机的负荷不宜超过其安全负荷的 80%。

（8）校正和最后固定。钢桁架就位采取低端先做临时固定，而后继续起吊高端就位，桁架经对位、临时固定后，主要校正桁架垂直偏差。规范要求：垂直度偏差不大于 $h/250$，且不应大于 15mm；相邻两结构支架之间、支架与建筑结构物上安装栈桥支腿的预埋钢板的设计标高的高差，不应大于 $L/1500$，且不应大于 10mm。检查时可用铅锤或经纬仪，校正无误后，立即用电焊焊牢作为最后固定，焊接时采用对角施焊，以防焊缝收缩导致桁架倾斜。

（9）吊装期间，项目部安全员应对所有参与吊装的人员进行安全教育、安全技术交底，还应对劳保用品进行检查（安全帽、安全鞋等），对高处作业人员的安全带的质量进行严格检查，以免出现不安全事故。高处作业人员配带安全带时，应严格遵守"高挂低就"的原则。

（10）钢桁架安装后，必须检查连接质量，必须在连接确实安全可靠后，才能松钩或拆除临时固定工具，受拉、受剪焊缝要达到满焊，焊缝高度符合设计要求时，方可松钩。

（11）吊装作业区域挂设安全警示牌，并将吊装作业区封闭，设专人加强安全警戒，防止其他人员进入吊装危险区。吊装施工时设专人收听天气预报，当风速达到 6 级以上时，吊装作业必须停止，并做好风雷雨雪天气前后的防范检查工作。

（12）禁止在高空抛掷任何物件，传递物件用绳拴牢。高处作业中的螺杆、螺帽、手动工具、焊条、切割块等必须放在完好的工具袋内，并将工具袋系好固定，不得随意放置，以免物件发生坠落打击伤害。

（13）必须将电焊机平稳地安放在通风良好、干燥的地方，不准靠近高热以及易燃易爆危险环境。焊接操作时，施工场地周围应清除易燃易爆物品或进行覆盖、隔离，下雨时停止露天焊接作业。电焊机外壳必须接地良好，其电源线的拆装由专业电工进行，并设单独的开关，开关放置在防雨的闸箱内。焊钳与把线绝缘良好，连接牢固，更换焊条时戴手套。在潮湿地点工作必须站在绝缘板或模板上。更换场地或移动把线时切断电源，不得手持把线爬梯登高。

（14）气割作业场所必须清除易燃易爆物品，乙炔瓶和氧气瓶存放距离不得小于 2m，使用时两者不得小于 10m。施工时尽量避免交叉作业，如不得不交叉作业时，应避开同一垂直方向作业，否则应根据现场实际情况设置安全防护层。

（15）施工现场整齐、清洁，设备材料、配件按指定地点堆放，并按指定道路行走，不准从危险地区通过，不能从起吊物下通过，与运转中的机器保持距离。下班前或工作结束后要切断电源，检查操作地点，确认安全后方可离开。现场留专业看场人员 24h 看护现场。

9.2.8　事故应急救援措施

（1）指挥领导小组负责本项目部"事故预案"的制定、修订，组建应急救援专业队伍，实施救援行动和演练，检查督促做好重大事故的预防措施和应急救援的各项必须的准备工作。由指挥部发布或解除应急救援命令、信号，就地组织由成员为骨干的救援队伍，实施有序救援行动；及时向公司通报事故情况或请求支援，必要时向有关单位（如 110、120、119 电话）发出救援请求。事后组织事故调查，总结应急救援经验教训。

（2）一旦有重大事故出现，事故现场必须将事故基本情况报告公司安监部，同时立即做好应急救援准备，指挥领导小组立即进入紧急状态，在统一指挥下，按事故特征选用处置方案，有条不紊果断处理，尽可能地把事故控制在最小范围内，最大限度减少人员伤亡和财产损失。高空坠落、构件压伤或发生触电事故应立即送当地医院抢救。

（3）有效的工程抢险抢修是控制事故、消灭事故的关键手段，抢险人员根据指挥部的处置方案，在做好自身防护的基础上，以最快的速度及时堵漏排险，有力地控制事态扩大，迅速完成事故善后处理。

（4）及时有效的现场医疗救护是减少伤亡的重要环节，一旦出现伤员要做好自救互救，发生重大火灾事故，对人民群众安全构成威胁时，在统一指挥下，对与事故应急救援无关的人员进行紧急疏散，疏散的安全地点处于事故发生地的上风向；当可能威胁到周边人员安全时应由指挥部立即与地方有关部门联系，引导周边人员迅速撤离到安全地点。

（5）施工现场发生人员受伤事故，伤者或目击者应大声疾呼，同时要立即报警，发出求救信号并向领导汇报，通知项目应急领导小组；应急领导小组立即赶赴事故现场，采取必要的救护和应急急救措施；应急领导小组与就近医院联系，通报伤者情况、出事地点、时间，并让医院做好急救准备；填写应急救护报告，由应急领导小组组长将事故情况上报公司应急处理办公室。

（6）财产损坏事故发生后，首先确定有无人员伤害或困在设施或设备中，同时切断受损设备或设施的电源、火源、动力，防止二次事故发生；如有人被伤害或困在设施或设备中，应首先抢救人员；如无人被伤害，则视设备受损情况采取相应的控制措施，防止损害升级；清理事发现场，如有替代设备，则将受损设备换下，同时，项目应急领导小组组织相关工程技术人员或聘请外界专业维修部门尽快修复设备，缩短事故损失工作时间；填写应急救护报告，由应急领导小组组长将事故情况上报公司应急办公室。

（7）有发生起重设备倾斜倒塌或起重物掉落可能性时的应急措施：不论任何人一旦发现有起重设备倒塌或起重物倾斜掉落的可能性时，第一目击者或设备操作者或值班安全员应立即停止吊装，停止起重吊装作业，同时大声呼叫在场全体人员进行隐蔽疏散。由安全员或作业班长利用电话向管理人员或指挥长报告险情。由应急领导小组组长启动紧急情况响应状态，组织抢险队对起重吊装作业区域进行封闭隔离，禁止无关人员进入。由项目总工程师组织专家对现场风险进行评估并制定相应的措施后，方能采取措施对倾斜的起重设备扶正。采取措施时，抢险人员避免站在起重设备倾斜侧以及大臂下，防止起重设备继续倒塌造成人员的二次伤害。

（8）发生起重设备倒塌时，应准确引导作业的疏散线路。班组长和安全员应立即通过电话向现场负责人报告，宣布进入紧急状态；指挥员应观察事故的状态，是否还会造成更严重的后果，确定抢救措施；由施工单位和附近医院联系组成救护组，初步判断现场伤员情况，对重伤员立即拨打120送往医院紧急救护，轻伤员做临时紧急救护。

复习思考题

9-1　脚手架的安全防护措施有哪些？

9-2　落地式脚手架在拆除过程中需要注意哪些问题？

9-3　落地式脚手架施工过程中的安全注意事项有哪些？请简要说明。

9-4　根据本章的内容，谈谈自己对脚手架施工的新认识。

9-5　某写字楼工程是一个综合性工程。写字楼地上9层，地下1层；建筑高度34.5m，地下一层高度为4.5m，一层高4.5m，二层至八层高3.6m，九层高4.8m，总建筑面积为18036m²。根据以上所给信息编制一份脚手架施工的安全专项施工方案。

9-6　钢桁架吊装过程中出现事故，其应急救援措施有哪些？

9-7　简述钢桁架吊装的施工过程和施工方法。

附 录

附录1 施工安全专项方案的主要编制依据

(1)《建筑基坑支护技术规程》(JGJ 120—2012)

(2)《建筑地基基础工程施工质量验收规范》(GB 50202—2018)

(3)《建筑地基基础设计规范》(GB 50007—2011)

(4)《建筑边坡工程技术规范》(GB 50330—2013)

(5)《建筑地基处理技术规范》(JGJ 79—2012)

(6)《岩土工程勘察规范》(GB 50021—2017)

(7)《建筑桩基技术规范》(JGJ 94—2008)

(8)《建筑桩基检测技术规范》(JGJ 106—2014)

(9)《建筑结构荷载规范》(GB 50009—2012)

(10)《混凝土结构设计规范》(GB 50010—2010)(2015 版)

(11)《建筑结构设计术语和符号标准》(GB/T 50083—1997)

(12)《混凝土结构工程施工质量验收规范》(GB 50204—2015)

(13)《建筑工程施工质量验收统一标准》(GB 50300—2013)

(14)《建筑结构可靠度设计统一标准》(GB 50068—2001)

(15)《钢管脚手架扣件》(GB 15831—2006)

(16)《钢板冲压扣件》(JC 3061—2010)

(17)《建筑施工扣件式钢管脚手架安全技术规范》(JGJ 130—2011)

(18)《建筑施工门式钢管脚手架安全技术规范》(JGJ 128—2010)

(19)《建筑施工附着升降脚手架安全技术规程》(DGJ 08-905—99)

(20)《建筑施工附着升降脚手架管理暂行规定》(建〔2000〕230 号)

(21)《建筑机械使用安全技术规程》(JGJ 33—2012)

(22)《直缝电焊钢管》(GB/T 13793—2016)

(23)《低压流体输送用焊接钢管》(GB/T 3091—2015)

(24)《碳素结构钢》(GB/T 700—2006)

(25)《金属材料低温拉伸试验方法》(GB/T 13239—2006)

(26)《建筑施工安全检查标准》(JGJ 59—2011)

(27)《建筑施工高处作业安全技术规范》(JGJ 80—2016)

(28)《钢结构设计规范》(GB 50017—2017)

(29)《网架结构设计与施工规程》(JGJ 7—1991)

(30)《钢网架检验及验收标准》(JG 12—1999)

(31)《钢网架螺栓球节点用高强螺栓》(GB/T 16939—2016)

(32)《钢结构高强度螺栓连接的设计、施工及验收规程》(JGJ 82—2011)

（33）《钢结构工程施工质量验收规范》（GB 50205—2001）

（34）《建筑变形测量规程》（JGJ 8—2016）

（35）《施工企业安全生产评价标准》（JGJ/T 77—2016）

（36）《建设工程施工现场供用电安全规范》（GB 50194—2014）

（37）《施工现场临时用电安全技术规范》（JGJ 46—2005）

（38）《建筑施工现场环境与卫生标准》（JGJ 146—2013）

（39）《建筑拆除工程安全技术规范》（JGJ 147—2016）

（40）建（构）筑物设计文件、地质报告

（41）地下管线、周边建筑物等情况调查报告

（42）工程施工组织总设计及相关文件

附录2 附 表

附表1 敞开式单排、双排、满堂脚手架与满堂支撑架的挡风系数 φ 值

步距 /m	纵距/m										
	0.4	0.6	0.75	0.9	1.0	1.2	1.3	1.35	1.5	1.8	2.0
0.60	0.260	0.212	0.193	0.180	0.173	0.164	0.160	0.158	0.154	0.148	0.144
0.75	0.241	0.192	0.173	0.161	0.154	0.144	0.141	0.139	0.135	0.128	0.125
0.90	0.228	0.180	0.161	0.148	0.141	0.132	0.128	0.126	0.122	0.115	0.112
1.05	0.219	0.171	0.151	0.138	0.132	0.122	0.119	0.117	0.113	0.106	0.103
1.20	0.212	0.164	0.144	0.132	0.125	0.115	0.112	0.110	0.106	0.099	0.096
1.35	0.207	0.158	0.139	0.126	0.120	0.110	0.106	0.105	0.100	0.094	0.091
1.50	0.202	0.154	0.135	0.122	0.115	0.106	0.102	0.100	0.096	0.090	0.086
1.60	0.200	0.152	0.132	0.119	0.113	0.103	0.100	0.098	0.094	0.087	0.084
1.80	0.7959	0.148	0.128	0.115	0.109	0.099	0.096	0.094	0.090	0.083	0.080
2.00	0.1927	0.144	0.125	0.112	0.106	0.096	0.092	0.091	0.086	0.080	0.077

附表2 满堂脚手架立杆计算长度系数

步距 /m	立杆间距/m			
	1.3×1.3	1.2×1.2	1.0×1.0	0.9×0.9
	高宽比不大于2	高宽比不大于2	高宽比不大于2	高宽比不大于2
	最少跨数4	最少跨数4	最少跨数4	最少跨数5
1.8	—	2.176	2.079	2.017
1.5	2.569	2.505	2.377	2.335
1.2	3.011	2.971	2.825	2.758
0.9	—	—	3.571	3.482

注:1. 步距两级之间计算长度系数按线性插入值。

2. 立杆间距两级之间,纵向间距与横向间距不同时,计算长度系数按较大间距对应的计算长度系数取值;立杆两级之间值,计算长度系数取两级对应的较大的 μ 值。要求高宽比相同。

3. 高宽比超过表中规定时,应按规范执行。

附表 3　满堂支撑架（剪刀撑设置普通型）立杆计算长度系数 μ_1

步距 /m	立杆间距/m										
	1.2×1.2		1.0×1.0		0.9×0.9		0.75×0.75		0.6×0.6		0.4×0.4
	高宽比不大于2		高宽比不大于2		高宽比不大于2		高宽比不大于2		高宽比不大于2.5		高宽比不大于2.5
	最少跨数4		最少跨数4		最少跨数5		最少跨数5		最少跨数5		最少跨数8
	$a=0.5$ m	$a=0.2$ m	$a=0.5$ m	$a=0.2$ m	$a=0.5$ m	$a=0.5$ m	$a=0.5$ m	$a=0.5$ m	$a=0.5$ m	$a=0.5$ m	$a=0.5$ mx	$a=0.5$ m
1.8	—	—	1.165	1.432	1.131	1.388	—	—	—	—	—	—
1.5	1.298	1.649	1.241	1.574	1.215	1.540	—	—	—	—	—	—
1.2	1.403	1.869	1.352	1.799	1.301	1.719	1.257	1.669	—	—	—	—
0.9	—	—	1.532	2.153	1.473	2.066	1.422	2.005	1.599	2.251	—	—
0.6	—	—	—	—	1.699	2.622	1.629	2.526	1.839	2.846	1.839	2.846

注：1. 步距两级之间计算长度系数按线性插入值。

　　2. 立杆间距两级之间，纵向间距与横向间距不同时，计算长度系数按较大间距对应的计算长度系数取值；立杆两级之间值，计算长度系数取两级对应的较大的 μ 值。要求高宽比相同。

　　3. 立杆间距 0.9m×0.6m 计算长度系数同立杆间距 0.75m×0.75m 计算长度系数，高宽比不变，最小宽度 4.2m。

　　4. 高宽比超过表中规定时，应按规范执行。

附表 4　满堂支撑架（剪刀撑设置加强型）立杆计算长度系数 μ_1

步距 /m	立杆间距/m										
	1.2×1.2		1.0×1.0		0.9×0.9		0.75×0.75		0.6×0.6		0.4×0.4
	高宽比不大于2		高宽比不大于2		高宽比不大于2		高宽比不大于2		高宽比不大于2.5		高宽比不大于2.5
	最少跨数4		最少跨数4		最少跨数5		最少跨数5		最少跨数5		最少跨数8
	$a=0.5$ m	$a=0.2$ m	$a=0.5$ mx	$a=0.2$ m	$a=0.5$ m	$a=0.5$ m	$a=0.5$ m	$a=0.5$ m	$a=0.5$ m	$a=0.5$ m	$a=0.5$ m	$a=0.5$ m
1.8	1.099	1.35	1.059	1.305	1.031	1.269	—	—	—	—	—	—
1.5	1.174	1.494	1.123	1.427	1.091	1.269	—	—	—	—	—	—
1.2	1.269	1.685	1.233	1.636	1.204	1.596	1.168	1.546	—	—	—	—
0.9	—	—	1.377	1.940	1.352	1.903	1.285	1.806	1.294	1.818	—	—
0.6	—	—	—	—	1.556	2.395	1.477	2.284	1.497	2.300	1.497	2.300

附表 5　满堂支撑架（剪刀撑设置普通型）立杆计算长度系数 μ_2

步距 /m	立杆间距/m					
	1.2×1.2	1.0×1.0	0.9×0.9	0.75×0.75	0.6×0.6	0.4×0.4
	高宽比不大于2	高宽比不大于2	高宽比不大于2	高宽比不大于2	高宽比不大于2.5	高宽比不大于2.5
	最少跨数4	最少跨数4	最少跨数5	最少跨数5	最少跨数5	最少跨数8
1.8	—	1.750	1.697	—	—	—
1.5	2.089	1.993	1.951	—	—	—
1.2	2.492	2.399	2.292	2.225	—	—
0.9	—	3.109	2.985	2.896	3.251	—
0.6	—	—	4.371	4.211	4.744	4.744

附表 6　满堂支撑架（剪刀撑设置加强型）立杆计算长度系数 μ_2

步距 /m	立杆间距/m					
	1.2×1.2	1.0×1.0	0.9×0.9	0.75×0.75	0.6×0.6	0.4×0.4
	高宽比不大于 2	高宽比不大于 2	高宽比不大于 2	高宽比不大于 2	高宽比不大于 2.5	高宽比不大于 2.5
	最少跨数 4	最少跨数 4	最少跨数 5	最少跨数 5	最少跨数 5	最少跨数 8
1.8	1.656	1.595	1.551	—	—	—
1.5	1.893	1.808	1.755	—	—	—
1.2	2.247	2.181	2.128	2.062	—	—
0.9	—	2.802	2.749	2.608	2.626	—
0.6	—	—	3.991	3.806	3.833	3.833

附表 7　构配件质量检查表

项目	要　求	抽检数量	检查方法
钢管	应有产品质量合格证、质量检验报告	750 根为一批，每批抽取 1 根	检查资料
	钢管表面应平直光滑，不应有裂缝、结疤、分层、错位、硬弯、毛刺、压痕、深的划道及严重锈蚀等缺陷，严禁打孔；钢管使用前必须涂刷防锈漆	全数	目测
钢管外径及壁厚	外径 48.3mm，允许偏差+0.5mm 壁厚 3.6mm，允许偏差+0.36mm，最小壁厚 3.24mm	3%	游标卡尺测量
扣件	应有生产许可证、质量检测报告、产品质量合格证、复试报告	《钢管脚手架扣件》规定	检查资料
	不允许有裂缝、变形、螺栓滑丝；扣件与钢管接触部位不应有氧化皮；活动部位应能灵活转动，旋转扣件两旋转面间隙应小于 1mm；扣件表面应进行防锈处理	全数	目测
扣件螺栓拧紧扭力矩	扣件螺栓拧紧扭力矩值不应小于 40N·m，且不应大于 65N·m	按规范	扭力扳手
可调托撑	可调托撑抗压承载力设计值不应小于 40kN。应有产品质量合格证、质量检验报告	3‰	检查资料
	可调托撑螺杆外径不得小于 36mm，可调托撑螺杆与螺母旋合长度不得少于 5 扣，螺母厚度不小于 30mm。插入立杆内的长度不得小于 150mm。支托板厚不小于 5mm，变形不大于 1mm。螺杆与支托板焊接要牢固，焊缝高度不小于 6mm	3%	游标卡尺钢板尺测量
	支托板、螺母有裂缝的严禁使用	全数	目测

项目	要　　求	抽检数量	检查方法
脚手板	新冲压钢脚手板应有产品质量合格证		检查资料
	冲压钢脚手板板面挠曲 ≤12mm（l≤4m）或 ≤16mm（l>4m）；板面扭曲 ≤5mm（任一角翘起）	3%	钢板尺
	不得有裂纹、开焊与硬弯；新、旧脚手板均应涂防锈漆	全数	目测
	木脚手板材质应符合现行国家标准《木结构设计规范》，目测扭曲变形、劈裂、腐朽的脚手板不得使用	全数	目测
	木脚手板的宽度不宜小于 200mm，厚度不应小于 50mm；板厚允许偏差-2mm	3%	钢板尺
	竹脚手板宜采用由毛竹或楠竹制作的竹串片板、竹笆板	全数	目测
	竹串片脚手板宜采用螺栓将并列的竹片串连而成。螺栓直径宜为 3~10mm，螺栓间距宜为 500~600mm，螺栓离板端宜为 200~250mm，板宽 250mm，板长 2000mm，2500mm，3000mm	3%	钢板尺

参 考 文 献

[1] 中华人民共和国国务院令第 393 号．建筑安全生产管理条例［Z］.2003.

[2] 中华人民共和国住房和城乡建设部．危险性较大的分部分项工程安全管理办法（建质〔2009〕87 号）［Z］.2009.

[3] 吉林省危险性较大的分部分项工程安全管理实施细则［Z］.2010.

[4] 钱勇，等．危险性较大工程的安全监管及施工安全专项方案编制指南［M］.北京：中国建筑工业出版社，2012.

[5] 中华人民共和国国家标准．建筑结构可靠性设计统一标准［S］.北京：中国建筑工业出版社，2001.

[6] 中华人民共和国国家标准．建筑结构荷载设计规范［S］.北京：中国建筑工业出版社，2016.

[7] 中华人民共和国国家标准．混凝土结构设计规范［S］.北京：中国建筑工业出版社，2010.

[8] 朱合华．地下建筑结构［M］.北京：中国建筑工业出版社，2005.

[9] 门玉明．地下建筑工程［M］.北京：冶金工业出版社，2014.

[10] 门玉明，王启耀．地下建筑结构［M］.北京：人民交通出版社，2007.

[11] 汪班桥．支挡结构设计［M］.北京：冶金工业出版社，2012.

[12] 李凯玲，翟越．建筑结构设计原理［M］.北京：冶金工业出版社，2016.

[13] 中华人民共和国国家标准．建筑施工扣件式钢管脚手架安全技术规范［S］.北京：中国建筑工业出版社，2011.

[14] 中华人民共和国国家标准．建筑施工门式钢管脚手架安全技术规范［S］.北京：中国建筑工业出版社，2010.

[15] 上海市建设委员会科学技术委员会．建筑施工附着升降脚手架安全技术规程［S］.1999.

[16] 江正荣．建筑施工计算手册［M］.北京：中国建筑工业出版社，2001.

[17] 白仁堂．建筑工程施工计算实例及详解 1000 例——建筑结构工程［M］.武汉：华中科技大学出版社，2011.

[18] 徐蓉，王旭峰，师安东．建筑施工安全计算［M］.北京：中国建筑工业出版社，2007.

[19] 杜晓玲，廖小建．危险性较大工程安全专项施工方案编制与实例精选［M］.北京：中国建筑工业出版社，2007.

[20] 杜荣军．混凝土工程模板与支架技术［M］.北京：机械工业出版社，2004.

[21] 门玉明．建筑施工安全［M］.北京：国防工业出版社，2012.

[22] 中华人民共和国行业标准．建筑施工模板安全技术规范［S］.北京：中国建筑工业出版社，2008.

[23] 中华人民共和国行业标准．建筑工程大模板技术规程［S］.北京：中国建筑工业出版社，2003.

[24] 中华人民共和国行业标准．液压滑动模板施工安全技术规程［S］.北京：中国建筑工业出版社，2013.

[25] 中华人民共和国行业标准．施工现场临时用电安全技术规范［S］.北京：中国建筑工业出版社，2005.

[26] 中华人民共和国国家标准．供配电系统设计规范［S］.北京：中国计划出版社，2009.

[27] 中华人民共和国国家标准．建设工程施工现场供用电安全规范［S］.北京：中国建筑工业出版社，2014.

[28] 中华人民共和国国家标准．建筑物防雷设计规范［S］.北京：中国计划出版社，2010.

[29] 中华人民共和国国家标准．低压配电设计规范［S］.北京：中国计划出版社，1996.

[30] 中华人民共和国国家标准．建筑工程施工现场供电安全规范［S］.北京：中国华侨出版社，1994.

[31] 中华人民共和国行业标准．施工现场临时用电安全技术规范［S］.北京：中国建筑工业出版社，2010.

[32] 中华人民共和国行业标准．建筑施工安全检查标准［S］.北京：中国建筑工业出版社，2011.

[33] 中华人民共和国行业标准．通用用电设备配电设计规范［S］.北京：中国计划出版社，2014.

冶金工业出版社部分图书推荐

书　名	作　者	定价(元)
冶金建设工程	李慧民　主编	35.00
岩土工程测试技术（第2版）（本科教材）	沈　扬　主编	68.50
现代建筑设备工程（第2版）（本科教材）	郑庆红　等编	59.00
土木工程材料（第2版）（本科教材）	廖国胜　主编	43.00
混凝土及砌体结构（本科教材）	王社良　主编	41.00
工程经济学（本科教材）	徐　蓉　主编	30.00
工程地质学（本科教材）	张　荫　主编	32.00
工程造价管理（本科教材）	虞晓芬　主编	39.00
建筑施工技术（第2版）（国规教材）	王士川　主编	42.00
建筑结构（本科教材）	高向玲　编著	39.00
建设工程监理概论（本科教材）	杨会东　主编	33.00
土力学地基基础（本科教材）	韩晓雷　主编	36.00
建筑安装工程造价（本科教材）	肖作义　主编	45.00
高层建筑结构设计（第2版）（本科教材）	谭文辉　主编	39.00
土木工程施工组织（本科教材）	蒋红妍　主编	26.00
施工企业会计（第2版）（国规教材）	朱宾梅　主编	46.00
工程荷载与可靠度设计原理（本科教材）	郝圣旺　主编	28.00
流体力学及输配管网（本科教材）	马庆元　主编	49.00
土木工程概论（第2版）（本科教材）	胡长明　主编	32.00
土力学与基础工程（本科教材）	冯志焱　主编	28.00
建筑装饰工程概预算（本科教材）	卢成江　主编	32.00
建筑施工实训指南（本科教材）	韩玉文　主编	28.00
支挡结构设计（本科教材）	汪班桥　主编	30.00
建筑概论（本科教材）	张　亮　主编	35.00
Soil Mechanics（土力学）（本科教材）	缪林昌　主编	25.00
SAP2000结构工程案例分析	陈昌宏　主编	25.00
理论力学（本科教材）	刘俊卿　主编	35.00
岩石力学（高职高专教材）	杨建中　主编	26.00
建筑设备（高职高专教材）	郑敏丽　主编	25.00
岩土材料的环境效应	陈四利　等编著	26.00
建筑施工企业安全评价操作实务	张　超　主编	56.00
现行冶金工程施工标准汇编（上册）		248.00
现行冶金工程施工标准汇编（下册）		248.00